# 挟沙水流数学模型的研究与实践

陈雄波　郜国明　顾列亚　著

黄 河 水 利 出 版 社
·郑州·

## 内 容 提 要

本书针对水流泥沙数学模型发展过程中遇到的关键性的技术难题，采用理论分析和实际编程计算相结合的方法对它们进行了研究。根据研究内容分为上篇、中篇、下篇。其中：上篇主要对多沙河流的一些重要参数、适用公式和处理方法等进行了研究，建立了多泥沙河流平面二维泥沙数学模型，并对在数学模型中如何体现多沙河流特殊的演变规律也进行了研究；中篇主要对计算过程收敛性、自由水面的确定、泥沙扩散系数的取值等进行了研究，建立了三维水流泥沙数学模型，并进行了初步验证；下篇搭建了黄河治理人工智能体系的理论框架，介绍了与之有关的人工神经网络模型、中常洪水的演进方法、河道冲淤平衡水沙关系的部分研究成果。

本书可供泥沙与河流动力学、水利、水文、地理、防洪减灾等专业的规划、设计、科研、管理人员以及高等院校师生阅读和参考。

图书在版编目(CIP)数据

挟沙水流数学模型的研究与实践/陈雄波，郜国明，顾列亚著. —郑州：黄河水利出版社，2010.10
ISBN 978-7-80734-911-2

Ⅰ.①挟… Ⅱ.①陈…②郜…③顾… Ⅲ.①含沙水流–数学模型–研究 Ⅳ.①TV131.3

中国版本图书馆 CIP 数据核字(2010)第 185140 号

组稿编辑：王路平 电话：0371-66022212 E-mail：hhslwlp@126.com

出 版 社：黄河水利出版社
地址：河南省郑州市顺河路黄委会综合楼 14 层 邮政编码：450003
发行单位：黄河水利出版社
发行部电话：0371-66026940、66020550、66028024、66022620(传真)
E-mail：hhslcbs@126.com
承印单位：黄河水利委员会印刷厂
开本：787 mm×1 092 mm 1/16
印张：10.5
字数：240 千字 印数：1—1 000
版次：2010 年 10 月第 1 版 印次：2010 年 10 月第 1 次印刷

定价：29.00 元

# 前　言

20 世纪 50 年代以来，随着科学技术的进步和计算机技术的发展，计算流体力学逐渐成为一门独立的学科。水流泥沙数学模型作为河床变形定量预测的重要手段日益受到重视，目前长河段、长时间的一维和水深平均的平面二维泥沙数学模型已经得到广泛应用，三维泥沙数学模型发展也较快，在水利工程的规划、设计、运营中发挥着越来越大的作用。

由于很多大江大河的平面尺度远远超过垂向尺度，物理量沿水深方向的变化在许多情况下不是重点考查的对象，与三维数学模型相比计算又大大简化，因此水深平均的平面二维泥沙数学模型有着独特的优点，是目前应用最为广泛的数学模型。在泥沙数学模型应用过程中，发现已有的二维数学模型大多只适用于计算少沙河流，多沙河流数学模型落后于清水和少沙河流数学模型的发展，其主要原因是对多沙河流的一些重要参数、适用公式和处理方法等认识不够深入，同时在数学模型中如何体现多沙河流特殊的演变规律也存在较大争议。例如：高含沙洪水和低含沙洪水在汛期往往交替发生，在数值模拟中如何选用适宜的流变方程；高含沙洪水的挟沙能力具有“多来多排”和形成“浆河”等特点，使数学模型中应用的挟沙力公式易与实际不甚符合；多沙河流大都拥有散乱型流路，主流在宽广的大堤内摆动游荡，往往滩槽区分并不明显，还有可能形成“二级悬河”，使得断面概化困难；对很多系数和处理方法存在较大的争议，如流场与沙场是否应耦合计算、收敛判断条件、计算时段选取规则等，尚无定论，特别是对恢复饱和系数的取值争议很大。我国西北和华北一些地区河流汛期含沙量都比较高，因此对多沙河流的平面二维数学模型进行进一步研究是很有必要的，本书的上篇“多泥沙河流平面二维泥沙数学模型”即进行了这方面的研究工作。

二维泥沙数学模型只能反映平面上水沙因子的变化，而河流的弯曲和分汊是自然现象，环流结构及其引起的泥沙输移是河流水沙运动的重要特征，水利工程建筑物(如丁坝、桥墩等)附近水流三维特征十分明显。因此，随着计算成本的降低，建立三维泥沙数学模型是水流泥沙数值模拟的发展方向，其优势不可替代。在应用压力—速度场迭代求解的方法进行三维水沙数值模拟时，由于控制方程组的高度非线性特性、初始设定的压力场和速度场协调性及流速分量非对称性等原因，计算过程容易发散；同时自由水面的确定一直是一个较难的课题，以前的方法，如静水压力分布假定和“刚盖假定”，或是采用一阶迎风格式来计算自由水面高程，或者是求解二维压力 Poission 方程等方法，在计算中都没有考虑动水压力的影响，因而存在一定的局限性；三维泥沙数学模型中泥沙扩散系数的取值，也有多种说法。因此，作为发展中需要克服的困难，三维泥沙运动数值模拟中还有很多问题需要深入探讨。

针对以上提及的水流泥沙数学模型发展过程中遇到的关键性的技术难题，采用理论分析和实际编程计算相结合的方法进行了研究。本书的主要内容可概括为：对多沙河流的几个重要公式和参数进行了研究，得出了相应的结论，在数值模拟时应用到相应的计算模块中；采用有限体积法离散水深平均的二维和三维水流泥沙控制方程，对存在的若干技术难题进行了分析和改进，并利用计算机语言编制程序进行数值模拟，通过与理论分析结论或实测资料的对比说明了本书的研究成果是正确的。

本书建立的二维和三维水流泥沙数学模型是紧密联系的，主要有：它们都采用有限体积法离散，求解步骤均为SIMPLE系列格式，三维计算程序是在二维程序基础上编制而成的；三维水流计算时为了避免初始设定的流速场和压力(水位)场不协调而导致计算发散，采用异步修正方法时，初始水位场采用二维数学模型的计算结果；三维水流计算自由水面的模块是在二维模型计算水位方法的基础上改进而成的，绝大部分程序源代码相同；二维水流泥沙控制方程是在三维方程沿水深方向积分后忽略一些相对小量而得到的，因而可看做是三维解法的简化。

黄河是世界上河性最为复杂、治理最为困难的河流，在黄河规划实践中，泥沙数学模型发挥了很大的作用。本书下篇“黄河治理开发中的实用泥沙数学模型”，搭建了黄河治理人工智能体系的理论框架，介绍了与之有关的人工神经网络模型、中常洪水的演进方法、河道冲淤平衡水沙关系的一些成果。其特点是：既有坚实的理论基础，也有很强的实用性，在目前有限资源约束条件下，提出了一种在一定程度上解决黄河泥沙复杂的非线性动力学系统的方法。

泥沙运动规律是极其复杂的，对控制方程采用相同的离散格式和数值计算方法，但使用不同的泥沙计算公式和参数，得出的结论有可能完全不同。将理论分析的结论和数学模型的计算结果紧密结合、互相验证、对比分析是本书的特色。本书对多沙河流泥沙运动规律进行了讨论，并在数学模型中得到应用；对数学模型计算格式进行改进时也特别注意到它在数学上和物理上的意义；对数学模型的计算结果也作了深入分析，以弥补理论认识的不足和实际测量操作上的困难。通过这种方法，力图对挟沙水流运动的基本规律和数学模型的认识都有所深化，更有利于发挥数学模型对实际工程的指导作用。为推广和交流研究心得，推动泥沙工程学的发展，特撰写成书。

本书为合作研究成果，其中上篇由陈雄波、顾列亚执笔；中篇由陈雄波、郜国明执笔；下篇及参考文献由郜国明、顾列亚执笔。陈雄波负责全书的统稿工作。在本书编著过程中，黄河勘测规划设计有限公司的刘继祥、杨丽丰，河海大学的唐洪武、俞国青等多位教授级高级工程师、学者提出了宝贵意见和建议，谨此致谢。

作 者

2010 年 6 月

# 目 录

# 上篇　多泥沙河流平面二维泥沙数学模型

# 第一章　绪　论

## 第一节　问题的提出

### 一、泥沙问题的存在及其危害

我国河流众多，流域面积在 100 $km^2$ 以上的就有 5 万多条，在 1000 $km^2$ 以上的有 1500 多条。从古到今，大型河流两岸区域都是人类活动的中心地带。河流既给人类带来取水和舟楫的便利，也带来洪水灾害，天然河流往往需要整治。在大江大河治理过程中，一个十分突出的问题是泥沙问题。我国不少地区水土流失严重，全国水土流失面积达 367 万 $km^2$，其中水蚀面积为 179 万 $km^2$，每年土壤流失量达 50 亿 t，被冲走的氮、磷、钾等营养物质约 4000 万 t。流失的泥沙约有 1/3 沉积在江河湖库，淤高河床，使河道防洪能力下降，水库库容减小甚至成为病险水库。不仅人们所熟悉的长江、黄河等大江大河上中游地区水土流失严重，东北黑土区的水土流失也很严重。从流域内冲刷外移的大量泥沙，通过小溪、山涧，汇集于大江大河，使我国西北及华北地区一些河流中下游含沙量很高。挟带泥沙的河道水流属于两相流，与清水水流(单相流)相比，具有迥然不同的特色，给经济建设和沿岸居民生活带来一系列困难，主要有防洪问题、水库淤积问题、灌溉渠系淤积问题、港湾河口淤积问题等。

泥沙灾害虽然没有直接出现在国际减灾委员会所列的 29 种自然灾害之列，但隐含在其他自然灾害中。我国是世界上泥沙问题最严重的大国，自 20 世纪 80 年代以来，由于泥沙灾害带来的直接和间接经济损失总体上呈上升趋势。1998 年特大洪水造成的直接经济损失超过 2000 亿元，长江、松花江干流很多水文站实测洪峰流量并没有达到历史记录最大值，但最高水位接近或超过历史最高记录。出现上述现象的最主要原因是河道和湖区内的泥沙淤积。以长江为例，有关资料显示长江上游地区土壤年侵蚀量达 22.4 亿 t，超过了黄河流域的 18.7 亿 t，长江干流的淤积率约为 0.01 m/a；宜昌站实测年平均输沙量由 20 世纪 60 年代的 4.4 亿 t 增加到目前的约 5.3 亿 t。洞庭湖 1951~1996 年平均每年淤高 0.029 m，鄱阳湖的淤积也较严重。像这样“小雨量、高水位”和“小流量、高水位”的现象，在太湖流域、淮河、汾河、渭河等均有出现，增大了防洪压力。国外也有很多泥沙问题，如清水冲蚀、港口航道淤积、岸滩和桥墩冲刷、泥石流灾害等。

由于我国很多河流含沙既多且细，在水利、水电、交通建设中引起了一系列特殊矛盾，因此需要加强对河道水流泥沙运动规律的研究。

## 二、泥沙运动规律的复杂性

河流泥沙工程学是以造福于人类为目标的对河流控制和利用的学科，重点着眼于河流的自然变动及诸如筑坝、渠化、引水、建桥和河道采沙等人类行为引起的河流短期及长期的变化。此外，认识河流特性对改善环境也是必要的。然而水力学、河流动力学和河床演变学的一些主要问题仅在近几十年才被认识,另外还有许多其他问题仍未被认识。江河里的泥沙是从流域地表侵蚀、沟壑冲蚀而来的，其运动规律复杂，主要原因如下：

(1)河道水流的紊动性和泥沙性质的变异性。天然河道水流一般为紊流，挟带泥沙后成为两相紊流，紊流运动规律仍需继续探索；泥沙颗粒的大小、形状、圆度、矿物质成分等各不相同，群体泥沙由不同粒径和级配、孔隙率、渗透率、抗剪强度的沙样组合而成，此外细颗粒泥沙表面还有不同的物理化学特性。泥沙颗粒个体和群体性质的多样性是泥沙运动规律复杂的重要原因。

(2)水沙运动的不平衡性、不恒定性和河道边界的不规则性。挟带泥沙的水流存在着水流对泥沙的作用、泥沙之间的相互作用、泥沙对水流的作用，使水沙两相流呈现非平衡性；河流上游的来水来沙随时间而变，河床自身也处在不断的调整中，且两者互相联系，更增加了研究的难度；天然河流平面形态复杂，岸线曲折，各种河型演变规律各异，一般都具有复杂的三维特性。

(3)泥沙颗粒的运动既具有受力学规律支配的必然性，又具有受统计理论支配的随机性。河流中的泥沙一般为散粒群体，在运动过程中，常被视为连续介质。但如果沙粒在水流中含量很低，只能作为散粒个体看待时，自然也就不能作为连续介质考虑。不接受紊动扩散作用的散粒个体泥沙，在水流中的运动迹线与接受紊动扩散作用的散粒群体泥沙的运动迹线完全不同。清水与泥沙的上述特性，决定了泥沙颗粒在运动过程中，受力学规律支配的必然性和受统计理论支配的随机性是交替出现的。采用单纯的力学分析方法往往无法解释泥沙输移的很多实际现象，甚至会得出不可靠的结论；采用统计分析方法则会引入较多的概率参数，且不易确定。

(4)对泥沙运动规律认识不深入制约着泥沙数学模型的发展。目前，国内外水流泥沙数值模拟已取得大量研究成果，在工程上得到广泛应用，但由于泥沙运动机理和数学表达式均不完善，数值计算时所必需的很多公式和参数都是经验性的，往往需要用实测资料来校验。这一点在多沙河流数学模型发展过程中表现更为明显，如恢复饱和系数的取值就存在很大争议。

## 三、研究泥沙数学模型的意义

对泥沙问题的研究有三种方法：用理论分析方法探讨河床演变；物理模型试验；数值模拟计算。理论分析是在对大量原型观测资料进行定性和定量分析的基础上，根据所研究水域的水文、泥沙特征，利用水力学及河流动力学和相关学科理论，探讨河道地形的历史演变、近期演变和将来的演变趋势，为水利工程的建设和运行方式提供科学依据。

物理模型试验依据水流、泥沙的运动学和动力学方程，建立一定的相似准则，将原型河流缩制成模型河流，在模型上进行水流泥沙运动研究，预测拟建工程的作用与效果，以及工程对附近水流的影响，再依据模型相似率推广到原型，为工程设计和运营提供科学依据。数值模拟计算是运用一定的离散方法，数值求解水流及泥沙运动方程，得出工程水域在设计水文情况下的水流、泥沙情况，预测拟建工程的作用与效果，为工程的前期规划和多方案比选提供依据。

20 世纪 50 年代以来，随着科学技术和计算机技术的发展，计算流体力学逐渐成为一门独立的学科。1952~1954 年 Isaclcson 和 Twesch 首次建立了俄亥俄河和密西西比河的部分河段数值模型，并进行了洪水过程的模拟。泥沙数值模型以水流数值模型为基础，其发展总是滞后于水流数值模型，现代泥沙数值模型到 20 世纪 70 年代后期才发展起来，进入 80 年代以后，不少研究、设计部门集中力量加强了数学模型的研究、开发。现在的中小型工程问题，一半以上的研究、设计工作均由数学模型完成，大型工程物理模型的边界条件也往往由数学模型给出。与物理模型相比，数学模型的优点是：研究费用低，周期短，运用灵活，不存在比尺效应和试验环境影响等，因而具有不可替代的优势。

目前国内外泥沙数值模拟已取得大量研究成果，在工程上得到广泛应用，但水流泥沙运动的基本规律仍需要进一步深入研究，以确定数学模型中的公式和参数，数值计算中的求解方法仍需改进。在实际工作中，人们往往对垂线平均值表示的平面流场更感兴趣，同时对多沙河流数学模型如何体现其特殊的运动规律有不同说法。另外，三维数学模型能够全面给出流场信息，其优势不可替代。所以，研究多沙河流水深平均的二维和三维水流泥沙数学模型，是很有实际意义的。

水流泥沙数学模型必须建立在对泥沙运动规律的深刻理解的基础上，根据实际问题的特征，研究其相关的物理—化学过程及相应的数学方法。在建立数学模型前，了解泥沙运动规律的研究进展是必要的。

## 第二节　泥沙运动规律研究进展

泥沙运动规律研究包括河流动力学和河床演变学在内的泥沙研究，它的母体在欧美各国为水力学，属于技术科学范畴，在苏联则被视为地球物理学的一部分，属于基础科学范畴。随着国民经济的发展，水利工程和港口航道工程的建设日趋增多，泥沙问题越来越突出，这为泥沙运动理论研究和数学模型的发展提供了良好的机遇。20 世纪 90 年代中期以前欧美各国的泥沙研究进展，王兆印等作了详细的叙述。王光谦简要说明了泥沙学科的特点，介绍了我国泥沙研究取得的重要成果，讨论了泥沙学科未来的发展趋势。张红武叙述了河工动床模型相似率研究进展。周志德在总结 20 世纪泥沙研究发展概况时，认为在 20 世纪上半叶逐步积累的基础上，作为一个标志性成果，1950 年 Einstein 提出了第一个泥沙运动力学理论体系；在下半叶进入百家争鸣时代，70 年代以来又根据大量实测资料，利用计算机进行回归分析而得到阻力和输沙率公式，而不拘泥于发展新的理论。近年来一些困扰人们多年的理论问题，如水流流速分布、泥沙运动与紊流强度和猝发的关系等都有了较大进展。清华大学、河海大学等高校和科研院所对泥沙问题的研究也取得了丰硕的成果。本节将叙述20世纪90年代中后期以来泥沙运动规律在几个方面的研究进展。

## 一、水流挟沙力规律

水流挟沙力是指在一定的来水来沙条件下单位水体所能挟带和输运的悬移质中的床沙质数量。在解决工程泥沙问题时，水流挟沙力规律是必然要遇到的难题之一。在数学模型中计算河床变形时，要根据挟沙力计算的结果来判断河道的冲淤特性。因此，水流挟沙能力一直是工程界和学术界研究的热点问题之一，受到学者们的普遍关注。

从能量平衡原理出发进行推导是研究挟沙力的重要方法。近期余明辉等以“制紊假说”为理论基础，考虑浑水相对黏滞性、上游来水来沙条件和床沙级配等因素对水流挟沙力的不同影响，建立了非均匀沙分组挟沙力公式。Joseph以1 506组试验资料为依据，分析颗粒剪应力在输沙率中所占的比重，发现当床面紧密性提高时，该比重迅速下降。他应用水流能量分割方法，进一步研究输沙率。王国兵从两相流能量方程出发，引入若干近似条件，通过解单宽输沙率的一阶线性微分方程，探讨了水流挟沙规律，结合大量的实测资料得到新的计算公式，与天然沙和电木粉的实测资料对比表明，该式基本能反映水流挟沙规律。

王士强从床沙、推移质、悬移质相互交换、相互衔接的物理图形出发，在力学分析、随机分析及紊动扩散分析的基础上，提出推移质、悬移质和全沙统一的非均匀沙挟沙力公式，计算结果与实测值符合良好。Wu 针对非均匀沙的遮蔽作用和暴露作用，引入与颗粒直径和级配相关的修正系数，得到冲积河流非均匀沙的挟沙力公式，计算结果与实测资料符合很好。Patel基于广泛的实测资料，提出了一个能联合考虑影响非均匀推移质输沙多个因素的经验公式。

总的说来，以上工作或是对原有公式的改进，或将颗粒运动的必然性和随机性相结合进行推导，或从两相流能量方程出发，得出水流挟沙规律。固液两相流理论是研究泥沙运动的基础。由于两相紊流的结构十分复杂，目前还没有比较成熟的理论能够描述其变化规律，因此在推导时往往要作一些近似处理。而天然河流挟带的泥沙往往处在过饱和状态或欠饱和状态，即非平衡状态下的输沙，在某一特定断面的挟沙力也须经过多次测量才能得到有规律性的认识，并且这种认识不能无限制地推广到异地。同时，多家公式并不能阐述高含沙水流的挟沙规律。因此，挟沙力规律还需要更深入的探讨。

## 二、河床平面形态

冲积河流平面形态是不断变化的。左东启指出：长江中下游平均河宽也就1~2 km，就能大体安全地宣泄80 000 $m^3/s$的洪水，入海年径流量达9 700亿$m^3$；而海河流域“减河”、“新河”的总宽度若干倍于长江，淮河流域已建的入江水道、在建的入海水道宽度加起来也超过长江，怎么总怕泄不了水呢？这说明目前对河道平面形态和断面形态的认识还远远不足。

Pierre 对泥沙颗粒在三维空间上的稳定条件进行分析，论述了河道几何形态变化的理论及应用。Hagerty讨论了近岸水流冲击导致堤防失事的计算方法。Albert应用能量原理分析恒定输沙时粗糙度和床面形态的关系，发现可用“床面谱”代替目前使用的简单关系式，并分析了平均流速、脉动能大小、泥沙的沉积与再悬浮之间的相互关系，进而推求出床面形态。为确定各种水流条件下的阻力，同时确定床面的分类，他绘制了一张图表，用实验室和野外观测资料进行了验证，表明功率理论在床面形态研究中很有应用前景。国内也对河道横向变形进行了综述和研究，所采用的研究途径是依据力学分析方法得到河岸边坡的临界失稳和临界堆积方程。总体上讲，由于河道的变迁直接关系到防洪安全，对河床形态的研究应进一步深入。

## 三、河道阻力规律

对阻力问题的研究，不仅具有重要的理论意义，在治河实践上也很有实用价值。实际工作中常将河床阻力划分为河底阻力和河岸阻力两部分，河底阻力又包括沙粒阻力和沙波阻力。Robert 计算了平滩流量下的沙粒阻力和沙波阻力，发现沙波阻力可能占总阻力的 0 ~ 90%。M.Cellino 计算了床面沙波存在时的泥沙扩散系数和动量扩散系数，得到 Rouse 公式中的参数，比较了无沙波和有沙波时浓度分布的不同之处，并分析了流层结构。J. Sieben 从理论上分析了床沙的粗化过程，当初始床面为均匀沙时，通过解床面高程的偏微分方程，代入初始条件和边界条件得到分析解，其计算结果与实测值符合较好。Wang 在研究床面抗冲性时提出“床面惯性”的概念，认为“床面惯性”是床面的一个重要特性，并把它应用到河床受冲刷时的分析中。

冲积河流的横断面很多是具有主槽和滩地的复式断面，洪水一般由流域上游暴雨引起，来水量增加很快，但河道比降平缓，排泄能力不够，造成洪水持续时间延长，洪峰“肥胖”。引起这种现象的主要原因之一是河道主槽与滩地之间过流能力存在差异，水流阻力较大。复式断面主槽与滩地水流特性、相互关系及其对阻力的影响等是河流动力学界关注的重点问题之一。Myer 等深入研究了滩槽水流相互影响的机制与作用。Thomas 等用大涡模拟法研究一对称的复式断面，计算结果能显示出主槽与滩地复杂的动量交换，能得到床面应力分布、流速分布等，并能观察到拐点处的旋涡。Lin 等用线性和非线性 $k-\varepsilon$ 紊流模型和 SIMPLER 模式，建立复式断面三维水流数学模型来计算溶解质的浓度输运，结果表明掺混过程受次生流的重大影响。周宜林通过求解交界区水流的二阶常微分方程，得到了流速沿横向分布的计算公式，与试验资料符合好。张幸农等采用理论分析和水槽概化试验相结合的方法，探讨了不同滩槽形态、过水面积比例以及糙率大小等因素与断面过流能力和沿程水面比降之间的关系，分析它们的规律和对河道行洪的影响。

以上的研究主要集中于滩槽交界处水流的细部结构、扩散系数纵向和横向分布，而对于分析滩槽的过流能力、水面纵比降和横比降等则明显不足。在实际的防洪工程中这往往是优先考虑的，该问题有进一步讨论的必要。

## 四、高新技术、新的数学理论和数学方法的应用

水利是一门传统学科，随着科学技术的不断发展，高新技术在水利行业发挥着越来越大的作用。计算机技术、微电子技术、现代通信技术、遥感技术、地理信息系统、全球定位系统及自动化技术等在泥沙研究方面的应用越来越广泛，物理模型与数学模型联

合运作的“合交模型”的发展也推动着测量仪器的不断进步。为实现数据采集、处理和输出的一体化，还需要付出艰巨的努力。

描述水流运动的 *N–S* 方程和泥沙输运的对流–扩散方程都是非线性的。近年来，各种非线性数学方法在泥沙研究领域有了很多应用。紊流和输沙过程中都存在混沌和分形现象。王协康等利用分形理论研究初始及粗化床面粗糙度的分形特征。熵表示的是物体内能状态的参数。Yang 分析比较了最大信息熵原理、最小能量原理和最小能量扩散率原理，并应用于河流形态领域。Deng 用最大信息熵原理导出冲积平原河床形态变化的机理，并给出了弯曲度和稳定性的定量数值。Cao 应用熵原理确定渠道过流能力最大时的断面水力尺寸，其预测值与试验资料符合好。

人工神经网络(ANN)理论是 20 世纪 80 年代中后期世界范围内迅速兴起的一个前沿研究领域，其发展已经对计算机科学、人工智能、认知科学等领域产生了重要影响，近年来这种研究方法已经渗透到水力学及河流动力学研究领域。Jahangir 等采用 ANN 方法计算地下水输移，并比较了误差逆传播(Back-Propagation，简称 BP)算法和遗传算法(Genetic Algorithm，简称 GA)在该领域的适用性。Yonas 等讨论了 ANN 在水流数值模型中的使用情况。Nagy 采用 BP 网络，确定天然河流的输沙率，精选输入因子，将数据精确可靠的试验组次作为输入资料，网络训练后进行预测，结果与实测值符合很好。张小峰等将 ANN 用于分析岸滩变形。李义天等将 ANN 与河网水沙连续方程联系起来，建立具有河网水沙运动特点的人工神经网络模型，赋予神经网络内部参数的物理概念，所建立的模型对 BP 算法作了较大的改进。

从以上论述可以看出，由于泥沙运动机理复杂，在解决实际问题时需要借助先进的数学工具。同时，数学方法得出的结果同理论分析的结论互相联系将有助于对泥沙运动的力学机制的更深刻的了解。这种力学和数学交叉结合的研究思路在泥沙研究领域有广阔的应用前景。鉴于这方面的研究显著不足，本书在探讨描述多沙河流运动规律的重要参数时，也采用 ANN 方法来进行分析，并对其结果进行了探讨。

## 第三节　泥沙数学模型研究进展

广义说来，凡是通过数学提法来定量描述特定的物理过程并回答某些理论或实际问题的方法，都是数值模拟方法。以计算水力学、河流动力学等学科为基础的河道挟沙水流数学模型近年来有很大发展。河道挟沙水流数学模型是预测河道水流泥沙运动及河床演变的重要工具之一，由于解决实际问题所必要的方程比较复杂，传统的数学物理方法难以得到解析解，而数学模型与高速计算机和数值求解技术相结合可使问题变得相对简易。

在计算机与水流泥沙计算相结合而成为现代泥沙数学模型之前，20 世纪 50 年代美国、苏联和西欧的一些国家就曾经使用计算方法来研究水库淤积、水库下游河道冲刷和潮汐河口等方面的问题。现代泥沙数学模型是到 20 世纪 70 年代后期才发展起来的。目前在美、荷、法等国已研制出相当多的一维模型；二维模型正处于发展阶段，实际应用最为广泛；三维模型则处于开始研制的阶段。我国泥沙数模的前期工作是从 20 世纪 60

年代开始的，许协庆、朱鹏程(1964)研究了河道中一维悬沙运动引起的河床变形，窦国仁(1963)运用不平衡输沙概念分析河流及河口的河床变形，韩其为、林秉南等对一维不平衡输沙模型进行了分析。经过 40 多年的发展，泥沙数学模型经历了由一维向二维、近期又向三维的迈进，由原先在概化水文、泥沙及河床条件下数学模型的建立、率定和验证，发展到与物理模型相互配合共同回答工程水流和泥沙问题(合交模型)，现在有相当一部分工作，如库区长河道、长系列河床演变计算及河口海岸大范围的冲淤问题，都可由数学模型独立解决，并具有不可替代的优势。目前中小河流、河口治理基本上都采用数学模型来解决工程实际问题，在规划阶段数学模型应用更为普遍，数学模型已部分取代物理模型试验工作，其应用范围正在进一步拓展，回答问题的深度也在进一步加深。谢鉴衡等于 1986 年扼要介绍了河流泥沙数学模型的概况，并指出了已取得的成就及改进方向。陈国祥等于 1989 年概述了冲积河流数学模型的发展，1998 年介绍了三维泥沙数学模型的研究进展。泥沙数学模型作为河床变形定量预测的重要手段日益受到重视，并已广泛用于实际工作中，发展前景十分广阔。

挟沙水流数学模型是依据水动力学、河流动力学和数学方程式的解来模拟和预测水流泥沙运动和河床变形。它包括水流模型和泥沙模型两类，前者着眼于研究不动周界的水流演进过程，而后者侧重于研究周界可动时的河床变形。天然挟沙水流多是二相紊流，河床演变是具有不恒定进出口条件及复杂可动边界的水沙两相流运动的一种表现形式，泥沙运动是水流、河床相互作用的纽带。所以，先概述紊流基本理论和三维水流数学模型的发展是必要的。

## 一、紊流方程和紊流模型

天然地表水域中的流动多为紊流。不可压缩流体三维紊流的时均流动用 Reynolds 方程组来描述，其方程为：

$$\frac{\partial u_j}{\partial x_j}=0 \tag{1-1}$$

$$\frac{\partial u_i}{\partial t}+u_j\frac{\partial u_i}{\partial x_j}=f_i-\frac{1}{\rho}\frac{\partial P}{\partial x_i}+\frac{1}{\rho}\frac{\partial \tau_{i,j}}{\partial x_j} \tag{1-2}$$

式中：下标($i,j$=1,2,3)为直角坐标系下的三个分量；$u$ 为时均流速；$f$ 为单位质量的质量力；$\rho$ 为流体的密度；$P$ 为单位面积上的压力；$\tau_{i,j}$ 为分子黏滞应力和雷诺应力之和，$\tau_{i,j}=\mu\partial u_i/\partial x_j-\rho\overline{u_i' u_j'}$，其中 $-\rho\overline{u_i' u_j'}$ 称为紊动应力或 Reynolds 应力，产生的物理机理是紊动引起的相邻流层间的动量交换，表现为相邻流层间的切应力，即紊流脉动所造成的附加应力。在采用紊动黏滞系数法时，把紊动应力表示成紊动黏滞系数$\gamma_t$(或称涡黏性系数)的函数，计算的关键在于确定紊动黏滞系数在流场中的值。按照 Boussinesq 假设，将紊流脉动所造成的附加应力与时均流速的应变率联系起来，将紊动应力表示为如下的形式：

$$-\overline{u_i'u_j'}=\gamma_t\left(\frac{\partial u_i}{\partial x_j}+\frac{\partial u_j}{\partial x_i}\right)-\frac{2}{3}k\delta_{ij} \tag{1-3}$$

$\gamma_t$是空间坐标的函数，取决于流动状态而不是流体的物理特性。$k$ 为单位质量流体紊流脉动动能：

$$k = \frac{1}{2}(\overline{u'^2} + \overline{v'^2} + \overline{w'^2}) \tag{1-4}$$

将式(1-4)代入式(1-3)中，并注意到 $\delta_{ij}$ 函数的性质，即有：

$$\frac{\partial u_i}{\partial t} + \frac{\partial (u_i u_j)}{\partial x_j} = f_i - \frac{1}{\rho}\frac{\partial (P + 2\rho k/3)}{\partial x_i} + \frac{1}{\rho}\frac{\partial}{\partial x_j}\left[\mu\frac{\partial u_i}{\partial x_j} + \rho\gamma_t\left(\frac{\partial u_i}{\partial x_j} + \frac{\partial u_j}{\partial x_i}\right)\right] \tag{1-5}$$

紊动正应力的作用方式与压力类似，垂直于控制体积的表面，而且脉动动能是标量，上式中的 $2\rho k/3$ 项可被吸收到压力梯度项之中，则式(1-2)中的压力项被$(P+2\rho k/3)$所取代作为未知量，即：

$$\frac{\partial u_i}{\partial t} + \frac{\partial (u_i u_j)}{\partial x_j} = f_i - \frac{1}{\rho}\frac{\partial P_{eff}}{\partial x_i} + \frac{1}{\rho}\frac{\partial}{\partial x_j}\left[\mu\frac{\partial u_i}{\partial x_j} + \rho\gamma_t\left(\frac{\partial u_i}{\partial x_j} + \frac{\partial u_j}{\partial x_i}\right)\right] \tag{1-6}$$

其中：$P_{eff} = P + 2\rho k/3$。

引入 Boussinesq 假设后，计算紊流运动的关键在于如何确定 $\gamma_t$。所谓紊流模型是指把紊流的脉动附加值与时均值联系起来的一些特定关系式，也就是确定 $\gamma_t$ 的关系式。紊流模型主要分为零方程模型、一方程模型、二方程模型、雷诺应力模型(RSM)和代数应力模型(ASM)。本书采用的是二方程 $k$–$\varepsilon$ 紊流模型，基本方程如下。

从 $k$ 的定义出发，通过对瞬态 $N$–$S$ 方程及其时均形式运算后可得到：

$$\frac{\partial k}{\partial t} + u_j\frac{\partial k}{\partial x_j} = \frac{\partial}{\partial x_j}\left[\left(\gamma + \frac{\gamma_t}{\sigma_k}\right)\frac{\partial k}{\partial x_j}\right] + \gamma_t\frac{\partial u_j}{\partial x_i}\left(\frac{\partial u_j}{\partial x_i} + \frac{\partial u_i}{\partial x_j}\right) - C_D\frac{k^{3/2}}{l} \tag{1-7}$$

这里$\sigma_k$称为脉动动能的 Prandtl 数，其值在 1.0 左右，系数 $C_D$ 在文献中没有比较一致的值，$l$ 是紊流脉动的长度标尺。

将紊动耗散率 $\varepsilon$ 定义为 $\varepsilon = C_D k^{3/2}/l$，从 $N$–$S$ 方程出发可得出 $\varepsilon$ 方程：

$$\frac{\partial \varepsilon}{\partial t} + u_k\frac{\partial \varepsilon}{\partial x_j} = \frac{\partial}{\partial x_j}\left[\left(\gamma + \frac{\gamma_t}{\sigma_\varepsilon}\right)\frac{\partial \varepsilon}{\partial x_j}\right] + \gamma_t\frac{C_1\varepsilon}{k}\frac{\partial u_i}{\partial x_j}\left(\frac{\partial u_j}{\partial x_i} + \frac{\partial u_i}{\partial x_j}\right) - C_2\frac{\varepsilon^2}{l} \tag{1-8}$$

采用 $k$–$\varepsilon$模型时，紊动黏滞系数写成：

$$\gamma_t = C_\mu\frac{k^2}{\varepsilon} \tag{1-9}$$

在采用 $k$–$\varepsilon$模型求解紊流问题时，控制方程包括连续方程、动量方程、能量方程以及 $k$、$\varepsilon$方程。在这一方程组中，引入了三个系数 $C_1$、$C_2$、$C_\mu$以及两个常数$\sigma_k$和$\sigma_\varepsilon$。Splading 和 Launder 建议使用表 1-1 列出的各个系数值。

**表 1-1　$k$–$\varepsilon$模型中的系数**

| $C_1$ | $C_2$ | $C_\mu$ | $\sigma_k$ | $\sigma_\varepsilon$ |
|---|---|---|---|---|
| 1.44 | 1.92 | 0.09 | 1.0 | 1.3 |

这组系数经过了很多自由紊流计算的检验，并且被广泛应用于壁面剪切流动。根据许多学者多年来对二维、三维问题的计算结果，表明 $k-\varepsilon$模型和表 1-1 所列的系数是比较成功和可靠的，其通用性比混合长假设、一方程模型要好得多。采用同样的经验系数，$k-\varepsilon$模型可以模拟许多种类的自由剪切层、附壁边界层和明渠、管道水流等。研究表明，预测同样的边界层流动，$k-\varepsilon$模型所得到的结果比混合长假设、一方程模型的结果更加准确。

但 $k-\varepsilon$模型也存在一些问题。如：$C_\mu$的数值在较大的范围内变化，反映了模型的不足；在时均流速梯度为零时，该模型得到的脉动流速也为零，这与试验资料不符；紊动黏滞系数和紊动扩散系数在 $k-\varepsilon$模型中被设定为各向同性，事实上在复杂的流动中，它们会因不同方向上的应力分量或通量分量而异。

## 二、紊流数学模型的研究进展

紊流数值求解方法主要有三种：直接求解法(DNS)、大涡模拟法(LES)和紊流模型法(TM)。这些方法所涉及的控制方程均可归类于输运方程的基本形式。

直接求解法将网格布置细微到能反映流体内部动量交换和能量交换的程度，控制方程中的偏导数一般近似用相邻网格物理量的差值除以距离来表达，直接求解 *N–S* 方程。这需要大内存、高速度的超级计算机来实现，目前只在一些大型研究机构才有所突破。

Maurizio 用 DNS 解 *N–S* 方程，分析圆柱体绕纵轴振荡时柱体内的水流流态，并与定常旋转柱体内的流态作了对比，以 DNS 计算结果分析了边壁和周围旋涡的相互作用。Li 在直接模拟紊流时，采用跟踪质点法，让较大的固体颗粒占据几个网格，研究颗粒与流体的相互作用，发现近壁区水流脉动增强，大颗粒有较长的弛豫时间。

直接求解法的优点是不需引进其他假设，能反映极小微元水体的瞬态变化，缺点是计算量大。随着计算机技术的高速发展，DNS 将有广阔的发展前景。

大涡模拟法基于三个主要假定：①紊流流动由流体的有序运动和无序混沌运动两部分组成，有序运动包括时均运动和大涡运动两部分，无序运动为小涡运动部分；②能量级串假定成立，即流体内存在尺度大小连续变化的涡旋，能量由时均流流向大涡，由大涡传向小涡，形成单向能流；③在涡旋尺度范围内，存在一惯性能区，在此区内传能涡的紊动产生和紊动耗散可以忽略，此能区外的大涡以产生紊动能为主，而能区内的小涡主要耗散能量。根据试验观测，当紊流充分发展时，上述三条假定基本符合实际情况。大涡模拟的关键是建立能够模拟小尺度运动的亚格子尺度模型(SGS)。Bradbrook 等将 LES 应用于河道汇流区域存在的大尺度旋涡中，将计算网格尺寸定为与大涡相同的数量级，用亚格子雷诺应力方程来表征雷诺应力，结果表明 LES 能获取汇流口门处水流运动的一些重要特征。

紊流模型法引入 Boussinesq 假设，将雷诺应力与时均流速梯度联系起来。目前 TM 的应用很多。Meselhe 用 $k-\varepsilon$模型封闭紊流方程，将计算区域离散为正交坐标系下的曲线网格，为了表征弯道引起的水面超高，计算自由水面时使最上层网格变形，以满足能量方程和动量方程的守恒性。数学模型计算结果表明，用这种方法代替刚盖假定是可行的。很多泥沙数学模型中的水流计算模块也采用了 $k-\varepsilon$紊流模型。

目前求解 *N–S* 方程和雷诺方程的数值离散方法主要有三种：有限差分法(FDM)、有限元法(FEM)、有限体积法(FVM)，并多已应用于解决工程实际问题。此外，还有谱方法、边界元法(BEM)、有限分析法(FAM)和 Lattice Boltzmann 方法等。近年来，一些学者不断提出许多“杂交”数值方法来综合各种离散方法的优点，如有限杂交法、剖开算子法、分步法等，并已取得相应的成果。

总的来说，水流数学模型已经发展到较高的水平，在计算水跃、溃坝、挑流、突扩等边界突变水流、大梯度流速引起的周围水体的伪扩散效应等时，用三维数学模型都与实测试验资料符合较好，取得了理想的成果。目前存在的主要问题有计算易发散、自由水面的处理困难、复杂几何区域的回流次生流计算结果和实测值有一定差别等。

## 三、多泥沙河流数学模型研究进展

高含沙水流是普遍存在的自然现象。我国黄河中、下游绝大部分地区，汛期河流含沙量都比较高，每 $1\,m^3$ 水体中沙量可达几百千克甚至 1 000 kg 以上，实测最大含沙量达 $1\,500 \sim 1\,600\ kg/m^3$。此外，泥石流、高浓度浑浊流、管道输运的高浓度两相流运动等也与高含沙水流运动规律有相似之处，因此研究多沙河流的运动规律是很有实际意义的。泥沙数学模型作为河床变形定量预测的重要手段日益受到重视，但现有模型大都只适应于少沙河流情况。因此，将现有模型进行改进，将之推广到多沙河流十分必要。张红武等构建起具有通用性的黄河下游一维非恒定输沙数学模型，给出了悬移质含沙量以及平均粒径沿横向分布的计算方法，阐明了冲淤过程中河宽变化规律的模拟技术，对三场洪水验证均较好。

一维模型对于河宽变化较大的河段计算可靠性较差，主要原因是河宽变化剧烈的河段洪枯水流路不一致，并且突嘴、整治建筑物(如丁坝)或江心洲尾部常有各种各样的副流(如回流)，在一维数学模型中这是不能体现出来的。因此，建立二维数学模型对河道水流、悬移质含沙浓度、推移质输沙率平面分布及河床的平面变化进行比较细致的模拟十分必要。按积分方向的不同，二维泥沙数学模型可分为立面二维模型和平面二维模型。立面二维模型通过求解二维泥沙扩散方程来研究悬移质的输沙过程，对含沙量沿垂线分布及悬移质沿程运动过程进行数值模拟，是灌溉引水口及水库排沙孔位置设置的重要依据。陈界仁模拟了北方某高含沙渠道的流动、紊动黏滞系数的断面分布，并与实测结果进行对比。曹志先提出了“浓度边界层”的概念，用它来描述近底含沙浓度方程，模拟小浪底水库的平衡漏斗形态及相应的流速、含沙量沿垂线分布。万洪涛等采用守恒形式的垂向平均二维浅水方程，建立的数学模型能较好地模拟黄河洪水，但仅限于含沙量较小时的情况。

立面二维的研究方法无法计算大河床面积的冲淤变化。在实际问题中，由于天然河流深度尺寸往往比平面尺寸要小得多，物理量沿水深的分布在很多情况下不是重点关注的对象，实际工作时多对垂线平均值表示的平面流场更感兴趣，故可以采用沿水深平均的二维方程来求解获得流场数值。

O'Brien 用 $\tau = \tau_B + \eta(\mathrm{d}u/\mathrm{d}y) + \xi(\mathrm{d}u/\mathrm{d}y)^2$ 作为泥石流的流变方程，发展了一种称为 FLO–2D 的平面二维模型，模拟 Utah 州 Rudd 河谷 1983 年的一场泥石流，模型计算结论与实测结果符合很好。张世奇计算了黄河干流孤柏嘴至郑州铁路桥之间的河段变形情况。张红艺等修正泥沙运动方程，采用水流挟沙力、河床糙率、异重流等方面的最新研究成果，建立准二维高含沙水库泥沙数学模型。通过选择黄河三门峡水库及巴家嘴水库的泥沙观测资料进行仿真计算，证明了所建立的数学模型是可靠的。

多沙河流输沙主要是悬沙，在只考虑悬沙输移的情况下分组均匀沙引起的河床变形方程，以第 $n$ 组泥沙为例为：

$$\gamma'\frac{\partial \eta_n}{\partial t}=\alpha_n\omega_n(S_n-S_{n*}) \tag{1-10}$$

式中：$\gamma'$为泥沙干容重；$\eta_n$ 为冲淤厚度；$\alpha_n$ 为恢复饱和系数；$\omega_n$ 为泥沙沉速；$S_n$ 为含沙量；$S_{n*}$为分组挟沙力。

从式(1-10)可以看出，河床冲淤量对恢复饱和系数的变化十分敏感。所以 Fang 等在介绍中国泥沙学科状况时，讨论的两个问题之一就是恢复饱和系数的取值。刘金梅针对非均匀床沙，提出床沙交换速率的物理概念，研究了不同床沙交换速率时表层床沙的粗化过程及非均匀沙含沙量恢复饱和过程，对恢复饱和系数进行了重点研究。王新宏基于力学分析方法建立滩槽交换模式，分析了冲淤变化量沿横断面的分布，对$\alpha$值作了讨论，得到$\alpha$随含沙量的增大而逐步减小这一初步结论。张红武指出，恢复饱和系数的确定是数学模型中的关键难点，现有河流数学模型特别是黄河中下游模型，无论理论认识或实际经验都甚感不足。该问题的解决程度是黄河数学模型完善与否的标志之一。

恢复饱和系数是反映悬移质不平衡输沙时水体含沙量向挟沙能力接近的参数，它既与水流动力、泥沙条件有关，又与地形有关，是个复杂的函数。只有在理论分析和数值计算过程中进行更多的实践，找出与$\alpha$系数相关的因素，以及这些因素改变对$\alpha$值的影响，才能对$\alpha$有更深一步的认识。

此外，在多泥沙数学模型发展过程中，对流变方程的选取、水沙场是否要耦合求解、计算时段的选择、河道冲淤过程中的断面调整模式等，都存在争议，需要进行更深入的探讨。

## 四、三维泥沙数学模型的研究进展

三维泥沙数学模型主要用于研究沿水深方向流速变化引起的河床变形。近期的三维数学模型成果有：Nils 等对河床近底边界条件采用 Rijin 公式，模拟圆柱体周围的局部冲刷，将流场与沙场耦合计算，用自适应网格来拟合冲深坑的发展，计算结果与水槽试验相当一致，Nils 等还用该模型计算非均匀沙在沉沙池中的冲淤过程，数学模型结果与物理模型符合好；Jia 等用 CCHE3D 软件计算射流进入散粒体均匀沙河床后形成的冲刷坑，床面边界应用准平衡条件下冲刷深度的经验公式来校正与脉动上举力有关的系数，计算结果与试验数据符合良好；Sanjiv 等以曲线坐标系统模拟床面的沙波、沙丘，计算 Wanapum 大坝下游 4 km 河道，有关参数用实测资料率定，然后进行预测，发现计算结果与野外资料对比符合较好，能反映河床演变的主要趋势。以上计算时均以 $k$–$\varepsilon$模型封闭紊流方程，表明 $k$–$\varepsilon$模型中的系数在三维情况下也是较为适用的。

Kamil 等利用 FLUENT 软件计算桥墩周围的三维流场，他计算了定床情况，也计算了动床时的冲刷发展，给出了冲刷坑深度与三个因素有关：桥墩尺度、泥沙粒径和冲刷时间，并作了曲线拟合。Emily 等用大涡模拟法计算水流越过沙波时的泥沙输运。他设计了两种沙波：一种是二维类型，另一种是三维类型，通过计算发现，近底处床面浓度在越过沙波顶部后达到最大值，在背水面缓慢减小，但到了沙波底部又有所增大。他分析了产生这种现象的原因，并比较了两类沙波水流挟沙的异同点。

Li 模拟宽阔水域有横向流时倾倒泥沙的淤积形态。将控制方程分解为三个部分：对流过程、扩散过程和压力传播过程。计算得出了两种不同的床面形态，并对其成因进行了分析。Wu 等发展的三维泥沙数学模型，其自由水面是求解沿水深方向平均的明渠流二维 Poisson 方程得到的，该方程由沿水深平均的二维动量方程导出。用该模型计算 180° 弯道的泥沙输移情况，同时包含推移质和悬移质，结果与实测值比较一致。Fang 等在正交曲线坐标系下，利用两相流张量分析法导出控制方程，在给定自由水面和河底边界条件下求解。计算得到的三峡工程建成后运行若干年后的河床形态，与清华大学物理模型试验结果十分相似。

陆永军根据紊流随机理论，建立三维紊流泥沙数学模型，应用于三峡工程坝区泥沙冲淤问题研究中，预测了三峡工程建成后坝区上游河段泥沙冲淤发展过程及其分布，河床淤积物级配及不同时期、不同高程的流场、含沙场等，计算结果与清华大学、长江科学院、南京水利科学研究院物理模型试验值比较接近。夏云峰建立三维非交错网格水流泥沙数学模型，采用拟合曲线坐标和垂向$\sigma$坐标变换，用动量插值方法计算交界面流速以避免波状压力场，由压力校正法求解压力—速度耦合问题，成功模拟了长江南京河段水流泥沙运动，结果可靠。马福喜用具有浮力特性的 $k-\varepsilon$ 紊流模型研究水中抛沙时床面淤积特性，用破开算子法将控制方程分为对流项、扩散项和源项三部分，用有限差分法对控制方程求解。通过 8 组不同的水流泥沙条件计算，表明不同的水沙组合可在床面形成两种不同类型的淤积形态：椭圆型和分汊型，结果与实测结果吻合良好。

迄今为止，三维水流数学模型已有不少研究，而三维泥沙数学模型相对较少，且发展比较缓慢，主要原因有：泥沙基本理论不成熟；三维泥沙数学模型结构复杂；缺乏验证资料等。尽管三维泥沙数学模型十分复杂，难度很大，但由于它能提供全流场完整的三维信息，应进行进一步的研究。

## 五、水流泥沙数值模拟的关键技术难点和发展方向

河道泥沙数值模拟关键技术难点有：悬移质挟沙力问题；悬移质、推移质和床沙相互交换问题，以及由此而引起的床沙粗、细化问题；推移质输沙问题；回流淤积问题；大坝下游河床下切和河道展宽问题；阻力问题；在数学模型中如何体现多沙河流特殊的运动特点等。为推动泥沙数学模型的研究和应用，应在以下几个方面开展工作：由于高含沙水流的数值模拟涉及的难点较多，包括理论认识的不深入和实际数学模型计算中如何体现其运动规律存在争议，需要对多沙数学模型作进一步研究；在应用压力—速度场耦合求解的方法进行三维水流数值模拟时，由于控制方程组的非线性特性，迭代求解过程容易发散，同时自由水面的确定一直是一个比较困难的问题；三维泥沙数学模型中泥沙扩散系数的取值也没有确定的结论。本书将对数学模型发展中遇到的这些问题进行研究。

泥沙数学模型发展中还应当考虑的问题有：①针对工程中的各种问题进行泥沙数学模型的应用，以总结经验，完善模型，不断推广；②高效数值方法研究；③加强原型观测；④开展模型的后处理及软件的商品化研究。

# 第四节　本书的研究思路及主要内容

## 一、研究思路

有限体积法是解决对流–扩散方程最有效的方法之一。利用有限体积法建立的水深平均的二维和三维水流泥沙数学模型是本书的主线。根据 Patankar 和 Splading 提出的压力和速度耦合求解的 SIMPLE 模式，本书建立了适合多沙河流的水深平均的二维水流泥沙数学模型和三维水流泥沙数学模型。

从前人的研究工作中发现，目前多沙河流的数值模拟落后于清水和少沙河流数值模拟的发展，其重要原因是一些参数确定比较困难：如汛期往往高、低含沙洪水交替出现，如何区别判断它们并用不同的模块来计算，在流变方程中的参数选择等，是多沙河流所特有的；多沙河流的挟沙能力具有“多来多排”和形成“浆河”的特点，多家水流挟沙力公式对这种情况并不完全适合；由于主流散乱游荡，滩槽分界变化迅速，多沙河流断面概化和冲淤分配也不易确定。为解决以上难题，必须先对上述多沙河流运动规律有更进一步的研究。

在多沙河流水深平均的二维数学模型中，兼顾高含沙洪水和低含沙洪水交替出现的可能性，模型中设计不同的模块，使之既适应高含沙水流，也适应清水和低含沙情况；选用适当的挟沙力公式计算水流的挟沙能力；根据实测资料反求恢复饱和系数，并指出它在河床变形过程中的变化特点。为了反映计算时床面变化比较剧烈的特征，将流场与沙场耦合求解，计算时段应满足一定的控制条件。采用上述方法后建立的多沙河流水深平均的二维泥沙数学模型，其计算结果与黄河小浪底坝区物理模型实测资料对比，表明了数学模型的正确性。

在三维水流泥沙计算时，对控制方程和相关的边界条件进行了数值离散，给出了离散过程、离散结果以及求解的方法和步骤；探讨了近底含沙量与床面交换特点，对方程的定解条件，如进出口条件、近底浓度、推移质与悬移质的交换等作了详细的讨论。为避免迭代过程发散，提出不同步修正方法，说明了这种方法的优点，并给出了具体的操作过程；自由水面确定上引入了垂向动水压力平均值沿水深方向的梯度项，推导了一种简单的计算近底平均流速的方法，求得计算的水位场；采用以上方法建立的三维水流泥沙模型，计算结果与水槽资料、明渠流和复杂断面水流、挖入式港池淤积分布的实测值或理论推导的结果对比，符合情况均较好；分析了紊动 Schmidt 数对泥沙计算结果的影响，并推荐其取值。

## 二、研究内容和章节安排

水深平均的二维和三维数学模型在泥沙数值模拟中占有最重要的地位，本书同时涉及这两个方面，因此本书分为上、中、下篇，在对近期的研究成果进行综述的基础上，第二~四章为多沙河流水深平均的二维数学模型的建立和验证，第五~七章为三维水流泥沙数学模型的研究，第八~十章论述了黄河治理开发中的实用泥沙数学模型。各章的主要内容如下：

第一章为绪论，说明泥沙研究的目的和意义，综述水流泥沙运动规律和数学模型近期的研究进展，在此基础上引出本书的研究内容。

第二章利用神经网络方法对固液两相流体的宾汉剪应力进行多次训练，推求出判断高、低含沙水流宾汉剪应力的临界值；对多组挟沙力水槽试验资料进行神经网络训练，说明高、中、低含沙水流的挟沙规律能用一个公式表达，对计算挟沙力的多家公式进行比较，推荐在数学模型中采用的公式。

第三章说明了河流断面概化的意义，提出了一种新的多沙河流断面概化模式，以宽水槽试验资料和黄河支流实测水文资料验证了其正确性，并说明了该方法在数学模型中的应用步骤。

第四章建立水沙耦合求解的多沙河流水深平均的二维泥沙数学模型，提出使计算过程更加符合实际情况的方法，同时也应用了前文的理论分析成果，与实测资料对比，表明了数学模型的正确性。

第五章概述了三维水流泥沙运动的控制方程、离散过程和数值求解步骤，对方程的定解条件，如进出口条件、近底浓度、推移质与悬移质的交换等进行了分析，为下文的有关章节提供基础和背景；分析了采用有限体积法迭代求解水流泥沙控制方程时出现发散的几个原因，提出采用不同步修正来避免迭代过程的发散，说明了采用该方法的步骤和优点，并对不同步修正方法在数学上的解释和物理意义作了简要说明。

第六章说明在计算自由水面方程时应考虑动水压力梯度的影响，给出了相应的计算步骤，推导了计算垂线平均流速的关系式。通过对水槽试验计算表明引入动水压力梯度项对计算结果的影响，说明了引入该项的合理性。

第七章为三维水流泥沙计算实例，对明渠水流、复式断面水流进行了计算，得到的水流流态与理论分析或实测资料比较符合，表明了数学模型的正确性；对计算悬移质模块，将 Schmidt 数取为 0.8，通过计算纯冲刷、纯淤积水槽和挖入式港池内水沙场的沿程变化和冲淤变化，表明了泥沙数值模拟的正确性。

本书建立的二维和三维水流泥沙数学模型的相互联系是：①它们都采用有限体积法离散，求解步骤均为 SIMPLE 系列格式，三维计算程序是在二维程序的基础上编制而成的；②三维水流计算自由水面的模块是在二维模型计算水位方法的基础上改进而成的，绝大部分程序源代码相同；③三维水流计算时为了避免初始设定的流速场和压力(水位)场不协调而导致计算发散，采用不同步修正方法时，初始水位场采用二维数学模型的计算结果；④二维水流泥沙控制方程是在三维方程沿水深方向积分后忽略一些相对小量而得到的，因此可看做是三维解法的简化。

黄河是世界上河性最为复杂、治理最为困难的河流，在黄河规划实践中，泥沙数学模型发挥了很大的作用。本书第八~十章属于下篇“黄河治理开发中的实用泥沙数学模型”，提出了黄河治理人工智能的理论框架，介绍了与之有关的人工神经网络模型、中常洪水的演进方法、河道冲淤平衡水沙关系的一些成果。

第十一章为主要结论及展望，对本书的工作进行了总结，并对今后进一步的研究方向进行了展望。

# 第二章　多沙流体流变方程和挟沙力公式的选用

高含沙水流是普遍存在的自然现象，对其进行研究是很有实际意义的。一般认为，当水体中含沙量较高，并且含有一定量的细(黏)粒($d$<0.01 mm)，使该挟沙水流的物理特性、运动特性和输沙特性等基本上不能再用牛顿流体的运动规律来描述时，这种水流称为高含沙水流。能在河道中输送高含沙水流的多沙河流演变规律比少沙河流复杂：一次到几次洪水所挟带的泥沙数量往往占全年的很大一部分，对行洪河段的年度冲淤总量产生重要的影响；可以在河道和渠道中对高浓度悬移质进行远距离输送；在洪水季节能发生“揭河底”和“浆河”现象等。近年来黄河中下游出现的高含沙水流，伴随而来的是水位陡涨猛落、护岸工程处水深急剧增加及坝头严重冲刷等现象，给防洪工作带来很大威胁，是治理黄河需要解决的技术难题之一。

尽管对多沙河流的研究有很强的现实性和紧迫感，但迄今为止，多沙河流数学模型的研究还很不足，落后于少沙河流数学模型的发展。其原因有：①高含沙洪水和低含沙洪水在汛期往往交替发生，在数学模型中如何对它们进行判断、区分，采用不同的模块来计算，以及流变方程中的参数确定等难题，都是少沙河流所无须考虑的；②水流挟沙力一直是一个比较困难的问题，而高含沙洪水的挟沙能力具有“多来多排”和形成“浆河”等特点，使数学模型中应用的挟沙力公式易与实际不甚符合；③多沙河流大都拥有散乱型流路，主流在宽广的大堤内摆动游荡，往往滩槽区分并不明显，还有可能形成“二级悬河”，使得断面概化困难；④恢复饱和系数的取值争议大，尚无定论。现有的多沙河流数学模型大多数是一维的，或者是准二维的，且对很多系数和处理方法存在较大的争议。

从以上分析可以看出，多沙河流数学模型发展的困难在很大程度上是因为对它的运动规律理解不深入。1998 年 12 月在香港举行的第七次河流泥沙国际学术讨论会上，主题报告人新西兰 A. Raudkivi 教授指出：目前许多泥沙数学模型成果是计算机软件人员的产品，他们对泥沙运动规律等专业知识是不很清楚的；他们的研究成果不是基于事实而是基于信念；只是根据他们的计算结果打印出来的图像美丽动人，具有“催眠”作用，这才打动了一些顾客。他还指出，泥沙知识是不完整的，还有许多“灰色地带”(即规律不清楚的领域)需要进一步的研究。本书在第二~三章先对多沙河流数学模型中所涉及的几个重要参数进行研究，包括宾汉剪应力的确定、挟沙力公式的选择、断面概化方法等，并将这些成果应用在相应的计算模块中，然后考虑多沙河流特殊的运动规律，在第四章建立适合多沙河流的水深平均平面二维泥沙数学模型，并进行验证。

# 第一节 模式分类的依据和实施

## 一、模式分类的依据

20 世纪 80 年代以来，一些新理论、新方法日益活跃地渗入或引入各类工程技术难题的研究，如将人工神经网络(ANN)应用到水流泥沙研究中。将 ANN 首次用于研究泥沙运动规律是 Trent 等完成的。

自 1986 年美国物理学会在 Snowbirds 召开国际 ANN 学术会议以来，各国对神经网络理论和应用的研究迅速发展，已在智能控制、模式识别、非线性优化、传感技术与机器人研制、生物医学等方面取得了重大进展。现代神经生理学和神经解剖学的研究表明，人脑是极其复杂的，由大约 100 亿个神经元交织在一起，构成网状结构。它能完成诸如智能、思维、情绪等高级神经活动，被认为是一种最复杂、最完美、最有效的信息处理系统。ANN 模仿人脑的思维方式，可以借助有限的实测资料获取经验，作出判断和预测，揭示输入资料潜在的效应和变化趋势。人脑有一项重要的功能是进行判断分类，随着 ANN 的发展，模式分类的功能已经趋于完善。在图 2-1 中，为了划分空心点和实心点，分类线 1 无疑是不成功的，因为线的上下方均有实心点；分类线 2 也不算成功，因为有实心点落在线上；而分类线 3 则是合理的，它将实心点和空心点成功分开。本章依据这种思想，认为挟沙水流随含沙量的增加从牛顿体向宾汉体过渡时，宾汉剪应力或挟沙规律的临界值可以通过 ANN 多次训练，最终由训练结果来定出。

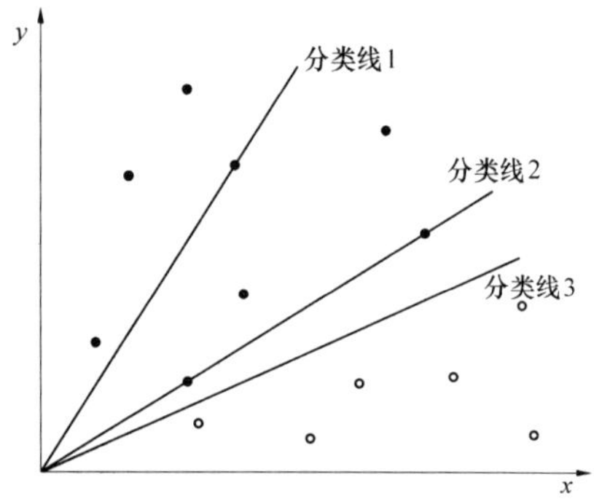


图 2-1 神经网络训练中模式分类线的确定

## 二、BP 网络训练过程

实际应用的神经网络模型大都采用误差逆传播(Back-Propagation，简称 BP)网络及其变化形式，它是前向网络的核心部分。典型的 BP 网络包含输入层、中间层(也称隐含层)和输出层，各层之间实行全连接，见图 2-2。

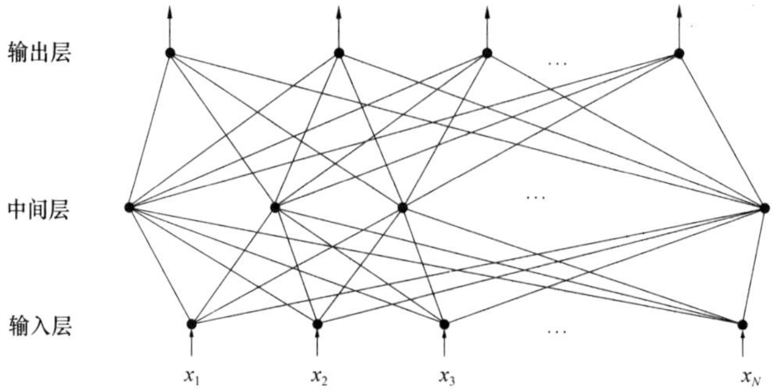


图 2-2 BP 网络模型

设 $W_{ij}$ 和 $V_{jt}$ 分别表示输入层到中间层、中间层到输出层的连接权，$\theta_j$ 和 $\gamma_t$ 分别表示中间层神经元、输出层神经元的阈值。*BP* 网络训练步骤如下：

(1)网络初始化：给各连接权值$\{W_{ij}\}$和$\{V_{jt}\}$及阈值$\{\theta_j\}$、$\{\gamma_t\}$赋予(−1，+1)间的随机值；

(2)选取训练样本组，如第 $k$ 组($k$=1,2,…, $M$)提供给网络；

(3)计算中间层第 $j$ 个神经元($j$=1,2,…,$P$)的输入 $s_j^k$ 、输出 $b_j^k$ ：

$$s_j^k = \sum_{i=1}^{N} W_{ij} x_i^k - \theta_j \tag{2-1}$$

$$b_j^k = f(s_j^k) \tag{2-2}$$

式中，$f(x)$为网络响应函数，一般取为 Sigmoid 函数：

$$f(x) = \frac{1}{1+\mathrm{e}^{-x}} \tag{2-3}$$

(4)计算输出层第 $t$ 个神经元($t$=1,2, …,$Q$)的输入 $L_t^k$ 与输出 $C_t^k$：

$$L_t^k = \sum_{j=1}^{P} V_{jt} b_j^k - \gamma_t \tag{2-4}$$

$$C_t^k = f(L_t^k) \tag{2-5}$$

(5)计算输出层各神经元的一般化误差 $d_t^k$：

$$d_t^k = (Y_t^k - C_t^k) C_t^k (1 - C_t^k) \tag{2-6}$$

式中：$Y_t^k$ 为第 $k$ 组样本第 $t$ 个神经元的希望输出，在训练过程中是给定的。

(6)计算中间层第 $j$ 神经元的一般化误差 $E_j^k$：

$$E_j^k = (\sum_{t=1}^{Q} d_t^k V_{jt}) b_j^k (1 - b_j^k) \tag{2-7}$$

(7)调整连接权值和阈值：

$$\Delta V_{jt} = \alpha d_t^k b_j^k \qquad \Delta W_{ij} = \beta E_j^k x_i^k \qquad \Delta\theta_j = -\beta E_j^k \qquad \Delta\gamma_t = -\alpha d_t^k \tag{2-8}$$

学习率$\alpha$=(0,1)、$\beta$=(0,1)。

(8)选取下一个训练样本组，返回(3)，直至所有样本组训练完毕；

(9)计算全局误差 $E$:

$$E = \sum_{k=1}^{M} \sum_{t=1}^{Q} (Y_t^k - C_t^k)^2 / 2 \tag{2-9}$$

(10)从训练样本模式中选取另一组模式，返回(3)，直至全局误差小于预定的精度或训练次数达到设定值时，学习训练过程结束。

综上所述，BP 网络的学习训练由 4 个过程组成：“模式顺传播”→“误差逆传播”→“记忆训练”→“学习收敛”过程。

根据 BP 网络训练流程，编制了中间层为一层的 BP 网络训练程序，对多沙流体的宾汉剪应力和挟沙力进行训练，并对训练结果进行分析。

### 三、模式分类方法的实施

根据 BP 网络原理，中间层起着“特征抽取器”的作用。对多组样本中抽取的特征进行分析，阐述输出层物理量的变化规律，并确定相应的分类数值，这是模式分类具体的实施方法。

## 第二节　对宾汉剪应力的 BP 网络训练结果与分析

### 一、第一次 BP 网络训练

清水和低含沙流体的流变方程为：

$$\tau = \mu \frac{\mathrm{d}u}{\mathrm{d}y} \tag{2-10}$$

式中：$\tau$ 为切应力；$\mu$为动力黏滞系数；$\mathrm{d}u/\mathrm{d}y$ 为流速梯度。

当含沙量大到一定程度时，流体的流变规律可用宾汉体方程来描述：

$$\tau = \tau_B + \eta \frac{\mathrm{d}u}{\mathrm{d}y} \tag{2-11}$$

式中：$\tau_B$ 为宾汉剪应力；$\eta$为黏度系数。$\tau_B$ 和$\eta$二者合称流变参数。不同的研究者采用不同的沙样进行试验，在理论推导时考虑不同的影响因素，所获得的流变参数也有差别。清水水流随着含沙量的增加，流变方程由式(2-10)变为式(2-11)，两者的最大区别是宾汉剪应力的存在及其大小。泥沙浓度较高是流体宾汉剪应力存在的关键因素。此外，从高含沙水流的定义来看，沙样中含有一定量的细颗粒是流变方程改变的重要原因。因此，在进行 BP 网络训练时，输入层为含沙量和泥沙颗粒的级配，输出层为多沙流体宾汉剪应力数值。

为预测和解决黄河小浪底枢纽存在的泥沙问题，南京水利科学研究院采用电木粉颗粒($\rho_s$=1.48 t/m$^3$)作为模型试验沙对原型河流进行物理模型试验，在多组次系列试验中发现，如果按照一定的比尺关系，含电木粉流体的流变特性、流动特性、阻力特性及输沙特性等均与黄河天然水流类同，说明电木粉是一种适宜的轻质模型沙，本书第二、三章与电木粉有关的实测资料均引自该系列试验。在进行 BP 网络训练时，电木粉的级配按 $d$<0.000 6 mm、0.000 6 ~ 0.003 mm、0.003 ~ 0.01 mm、0.01 ~ 0.03 mm、>0.03 mm 共分 5 组，电木粉含量和宾汉剪应力为该水沙两相流体的实测值。为便于比较，将初始连接权和阈值都设定为−0.05，$\alpha$ = 0.8、$\beta$ = 0.3，中间层神经元均为 8 个，训练总次数为 20 万次。第一次 BP 网络训练时选取 38 组实测资料，训练结果见表 2-1。

表 2-1　第一次 BP 网络训练结果

| 组次 | 各组级配的质量百分数(%) | | | | | 含沙量 (kg/m³) | $\tau_B$ 实测值 ($\times 10^{-1}$ Pa) | $\tau_B$ 训练值 ($\times 10^{-1}$ Pa) |
|---|---|---|---|---|---|---|---|---|
| | <0.0006 mm | 0.0006 ~ 0.003 mm | 0.003 ~ 0.01 mm | 0.01 ~ 0.03 mm | >0.03 mm | | | |
| 1 | 1.2 | 22.5 | 44.1 | 24.0 | 8.2 | 194.2 | 6.19 | 6.16 |
| 2 | 0 | 22.0 | 48.7 | 22.2 | 7.1 | 135.1 | 2.35 | 3.31 |
| 3 | 1.2 | 22.5 | 44.1 | 24.0 | 8.2 | 250.7 | 9.91 | 9.57 |
| 4 | 1.2 | 22.5 | 44.1 | 24.0 | 8.2 | 232.6 | 8.46 | 8.34 |
| 5 | 1.2 | 22.5 | 44.1 | 24.0 | 8.2 | 165.8 | 4.70 | 4.89 |
| 6 | 0 | 15.7 | 31.6 | 38.3 | 14.4 | 310.2 | 8.94 | 8.85 |
| 7 | 1.2 | 22.5 | 44.1 | 24.0 | 8.2 | 175.0 | 5.03 | 5.27 |
| 8 | 0.7 | 4.5 | 19.3 | 41.4 | 34.1 | 409.1 | 9.87 | 9.50 |
| 9 | 0.7 | 4.5 | 19.3 | 41.4 | 34.1 | 297.2 | 4.19 | 3.87 |
| 10 | 1.2 | 22.5 | 44.1 | 24.0 | 8.2 | 196.8 | 6.03 | 6.29 |
| 11 | 0.6 | 10.5 | 23.7 | 40.2 | 25.0 | 366.2 | 9.33 | 10.18 |
| 12 | 0.6 | 10.5 | 23.7 | 40.2 | 25.0 | 282.7 | 5.20 | 5.27 |
| 13 | 0.6 | 10.5 | 23.7 | 40.2 | 25.0 | 255.1 | 4.78 | 4.19 |
| 14 | 0 | 15.7 | 31.6 | 38.3 | 14.4 | 239.4 | 5.40 | 5.03 |
| 15 | 0 | 15.7 | 31.6 | 38.3 | 14.4 | 230.4 | 3.16 | 4.68 |
| 16 | 0 | 15.7 | 31.6 | 38.3 | 14.4 | 103.1 | 0.68 | 1.56 |
| 17 | 0 | 15.7 | 31.6 | 38.3 | 14.4 | 223.8 | 4.70 | 4.42 |
| 18 | 1.2 | 22.5 | 44.1 | 24.0 | 8.2 | 248.3 | 8.89 | 9.38 |
| 19 | 0 | 10.9 | 22.6 | 38.9 | 27.6 | 249.2 | 4.36 | 4.08 |
| 20 | 0 | 10.9 | 22.6 | 38.9 | 27.6 | 268.5 | 4.63 | 4.80 |
| 21 | 0 | 15.7 | 31.6 | 38.3 | 14.4 | 199.6 | 3.87 | 3.60 |
| 22 | 0 | 22.0 | 48.7 | 22.2 | 7.1 | 151.4 | 3.58 | 3.78 |
| 23 | 1.2 | 22.5 | 44.1 | 24.0 | 8.2 | 216.9 | 7.45 | 7.35 |
| 24 | 1.2 | 22.5 | 44.1 | 24.0 | 8.2 | 242.0 | 9.51 | 8.93 |
| 25 | 1.2 | 22.5 | 44.1 | 24.0 | 8.2 | 221.1 | 8.20 | 7.61 |
| 26 | 1.2 | 22.5 | 44.1 | 24.0 | 8.2 | 254.7 | 9.56 | 9.86 |
| 27 | 0 | 15.7 | 31.6 | 38.3 | 14.4 | 215.0 | 4.39 | 4.11 |
| 28 | 0.7 | 4.5 | 19.3 | 41.4 | 34.1 | 390.6 | 7.79 | 8.24 |
| 29 | 1.2 | 22.5 | 44.1 | 24.0 | 8.2 | 269.0 | 11.62 | 10.95 |
| 30 | 0.6 | 10.5 | 23.7 | 40.2 | 25.0 | 366.3 | 10.00 | 10.17 |
| 31 | 0.7 | 4.5 | 19.3 | 41.4 | 34.1 | 300.0 | 4.11 | 3.96 |
| 32 | 0.6 | 10.5 | 23.7 | 40.2 | 25.0 | 239.8 | 4.20 | 3.69 |
| 33 | 0 | 15.7 | 31.6 | 38.3 | 14.4 | 245.0 | 5.73 | 5.28 |
| 34 | 0 | 15.7 | 31.6 | 38.3 | 14.4 | 237.8 | 5.38 | 4.98 |
| 35 | 0.7 | 4.5 | 19.3 | 41.4 | 34.1 | 296.8 | 4.11 | 3.86 |
| 36 | 1.2 | 22.5 | 44.1 | 24.0 | 8.2 | 244.6 | 8.88 | 9.15 |
| 37 | 0 | 15.7 | 31.6 | 38.3 | 14.4 | 259.1 | 5.86 | 5.92 |
| 38 | 0 | 22.0 | 48.7 | 22.2 | 7.1 | 217.1 | 6.15 | 6.52 |

表 2-2 是第一次 BP 网络训练值与实测值的分段误差分析。

**表 2-2 第一次 BP 网络训练值与实测值的分段一般化误差**

| 实测 $\tau_B$ 范围 ( $\times 10^{-1}$ Pa) | 包含组数 | 一般化误差的平均值 | 一般化误差的平均相对值(%) |
|---|---|---|---|
| ＜3.5 | 3(2、15、16 组) | 1.12 | 72.8 |
| 3.5~4.5 | 8 | 0.28 | 6.89 |
| 4.5~5.5 | 8 | 0.29 | 5.80 |
| 5.5~6.5 | 5 | 0.23 | 3.94 |
| 6.5~7.5 | 1 | 0.10 | 1.34 |
| 7.5~8.5 | 3 | 0.39 | 4.80 |
| 8.5~9.5 | 4 | 0.43 | 4.67 |
| ＞9.5 | 6 | 0.41 | 3.98 |

38 组训练资料的全局化误差为 $4.56\times10^{-4}$(注:这是将训练组次归一化后得到的数值,下同),分析表 2-1 和表 2-2 可见,第 2、15、16 组次的一般化误差无论是绝对值还是相对值,都远远大于其他组次。以相对值为例,全体样本的平均误差为 10.5%,其中第 2、15、16 组次在其中所占的比例达到 54.9%。根据 BP 网络原理,中间层起着“特征抽取器”的作用。可以推断,从 38 组样本中抽取的特征并不是这三组本身所固有的特征,故认为第 2、15、16 组的 $\tau_B$ 太小,不宜用宾汉体方程来描述,而其他 35 组次适用宾汉体方程,因而实测 $\tau_B$ 与训练 $\tau_B$ 符合好。

## 二、第二次 BP 网络训练

为验证前述分析,将第一次 BP 网络训练的第 2、15、16 组次换以新的试验数据,按同样的方法进行训练,结果见表 2-3,而第二次 BP 网络训练值与实测值的分段误差分析见表 2-4。

此次全局化误差为 $2.83\times10^{-4}$,只有上一次的 62.1%,全体样本的相对平均误差为 4.53%,最大值不超过 14%,都远远小于上一次,说明训练样本遵循同一流变规律的“特征”好于第一次,它们都属于宾汉流体。本次训练的最大相对误差是第 22 组次,而它的实测 $\tau_B$ 是各组次中最小的。由于含电木粉流体流变特性的转化是渐变的,故可认为该组次的宾汉剪应力接近于非宾汉体向宾汉体转变的临界点。于是可以推断出,对含电木粉流体而言,非宾汉体向宾汉体转变时对应的宾汉剪应力 $\tau_B$ 约为 $3.2\times10^{-1}$ Pa。

**表 2-3　第二次 BP 网络训练成果**

| 组次 | 各组级配的质量百分数(%) | | | | | 含沙量(kg/m³) | $\tau_B$ 实测值($\times 10^{-1}$ Pa) | $\tau_B$ 训练值($\times 10^{-1}$ Pa) |
|---|---|---|---|---|---|---|---|---|
| | <0.000 6 mm | 0.000 6 ~ 0.003 mm | 0.003 ~ 0.01 mm | 0.01 ~ 0.03 mm | >0.03 mm | | | |
| 1 | 1.2 | 22.5 | 44.1 | 24.0 | 8.2 | 194.2 | 6.19 | 6.22 |
| 2 | 1.2 | 22.5 | 44.1 | 24.0 | 8.2 | 258.2 | 9.18 | 9.94 |
| 3 | 1.2 | 22.5 | 44.1 | 24.0 | 8.2 | 250.7 | 9.91 | 9.41 |
| 4 | 1.2 | 22.5 | 44.1 | 24.0 | 8.2 | 232.6 | 8.46 | 8.27 |
| 5 | 1.2 | 22.5 | 44.1 | 24.0 | 8.2 | 165.8 | 4.70 | 5.01 |
| 6 | 0 | 15.7 | 31.6 | 38.3 | 14.4 | 310.2 | 8.94 | 9.01 |
| 7 | 1.2 | 22.5 | 44.1 | 24.0 | 8.2 | 175.0 | 5.03 | 5.37 |
| 8 | 0.7 | 4.5 | 19.3 | 41.4 | 34.1 | 409.1 | 9.87 | 9.36 |
| 9 | 0.7 | 4.5 | 19.3 | 41.4 | 34.1 | 297.2 | 4.19 | 4.03 |
| 10 | 1.2 | 22.5 | 44.1 | 24.0 | 8.2 | 196.8 | 6.03 | 6.34 |
| 11 | 0.6 | 10.5 | 23.7 | 40.2 | 25.0 | 366.2 | 9.33 | 9.98 |
| 12 | 0.6 | 10.5 | 23.7 | 40.2 | 25.0 | 282.7 | 5.20 | 5.38 |
| 13 | 0.6 | 10.5 | 23.7 | 40.2 | 25.0 | 255.1 | 4.78 | 4.34 |
| 14 | 0 | 15.7 | 31.6 | 38.3 | 14.4 | 239.4 | 5.40 | 5.31 |
| 15 | 0 | 15.7 | 31.6 | 38.3 | 14.4 | 257.9 | 6.07 | 6.12 |
| 16 | 0 | 15.7 | 31.6 | 38.3 | 14.4 | 184.4 | 4.01 | 3.46 |
| 17 | 0 | 15.7 | 31.6 | 38.3 | 14.4 | 223.8 | 4.70 | 4.71 |
| 18 | 1.2 | 22.5 | 44.1 | 24.0 | 8.2 | 248.3 | 8.89 | 9.25 |
| 19 | 0 | 10.9 | 22.6 | 38.9 | 27.6 | 249.2 | 4.36 | 4.15 |
| 20 | 0 | 10.9 | 22.6 | 38.9 | 27.6 | 268.5 | 4.63 | 4.83 |
| 21 | 0 | 15.7 | 31.6 | 38.3 | 14.4 | 199.6 | 3.87 | 3.90 |
| 22 | 0 | 22.0 | 48.7 | 22.2 | 7.1 | 151.4 | 3.58 | 4.08 |
| 23 | 1.2 | 22.5 | 44.1 | 24.0 | 8.2 | 216.9 | 7.45 | 7.35 |
| 24 | 1.2 | 22.5 | 44.1 | 24.0 | 8.2 | 242.0 | 9.51 | 8.83 |
| 25 | 1.2 | 22.5 | 44.1 | 24.0 | 8.2 | 221.1 | 8.20 | 7.60 |
| 26 | 1.2 | 22.5 | 44.1 | 24.0 | 8.2 | 254.7 | 9.56 | 9.70 |
| 27 | 0 | 15.7 | 31.6 | 38.3 | 14.4 | 215.0 | 4.39 | 4.41 |
| 28 | 0.7 | 4.5 | 19.3 | 41.4 | 34.1 | 390.6 | 7.79 | 8.20 |
| 29 | 1.2 | 22.5 | 44.1 | 24.0 | 8.2 | 269.0 | 11.62 | 10.71 |
| 30 | 0.6 | 10.5 | 23.7 | 40.2 | 25.0 | 366.3 | 10.00 | 10.01 |
| 31 | 0.7 | 4.5 | 19.3 | 41.4 | 34.1 | 300.0 | 4.11 | 4.13 |
| 32 | 0.6 | 10.5 | 23.7 | 40.2 | 25.0 | 239.8 | 4.20 | 3.87 |
| 33 | 0 | 15.7 | 31.6 | 38.3 | 14.4 | 245.0 | 5.73 | 5.57 |
| 34 | 0 | 15.7 | 31.6 | 38.3 | 14.4 | 237.8 | 5.38 | 5.27 |
| 35 | 0.7 | 4.5 | 19.3 | 41.4 | 34.1 | 296.8 | 4.11 | 4.03 |
| 36 | 1.2 | 22.5 | 44.1 | 24.0 | 8.2 | 244.6 | 8.88 | 9.04 |
| 37 | 0 | 15.7 | 31.6 | 38.3 | 14.4 | 259.1 | 5.86 | 6.20 |
| 38 | 0 | 22.0 | 48.7 | 22.2 | 7.1 | 217.1 | 6.15 | 6.78 |

表 2-4 第二次 BP 网络训练值与实测值的分段一般化误差

| 实测 $\tau_B$ 范围 ($\times 10^{-1}$Pa) | 包含组数 | 一般化误差的平均值 | 一般化误差的平均相对值(%) |
|---|---|---|---|
| <3.5 | 0 | — | — |
| 3.5~4.5 | 9 | 0.21 | 5.32 |
| 4.5~5.5 | 8 | 0.21 | 4.28 |
| 5.5~6.5 | 6 | 0.25 | 4.22 |
| 6.5~7.5 | 1 | 0.1 | 1.34 |
| 7.5~8.5 | 3 | 0.4 | 4.94 |
| 8.5~9.5 | 5 | 0.4 | 4.38 |
| >9.5 | 6 | 0.46 | 4.46 |

## 三、第三次 BP 网络训练

为了更充分地说明 $\tau_B \approx 3.2\times10^{-1}$ Pa 是电木粉高含量流体非宾汉体向宾汉体转变时对应的宾汉剪应力，选取 $\tau_B<3.2\times10^{-1}$ Pa 占绝大多数的 36 组试验数据进行第 3 次 BP 网络训练，结果见表 2-5。按照前文方法进行第三次 BP 网络训练值与实测值的分段误差分析，见表 2-6。

由表 2-5 和表 2-6 可见，由于第 1 组以外的其他组次 $\tau_B<3.2\times10^{-1}$ Pa，因此本次训练获得的连接权和阈值反映的是非宾汉流体特性，所以第 1 组的一般化误差是最大的。在靠近临界值的 $\tau_B$=(2.9~3.2)$\times10^{-1}$ Pa 范围(第 23、24 组)误差也较大，说明了流体流变特性的转化是渐变的。如果将本次训练的第 1、23、24 组试验资料剔除，用剩余的 33 组资料进行训练，得到的全局化误差只有包含这三组时对应值的 24.4%，平均一般化误差的相对值和绝对值也下降较多，以相对值为例，由第三次 BP 网络训练时的 13.2%降至 9.38%。这说明剩余的 33 组资料遵循同一流变规律的程度要好得多。训练结果再次证明了含电木粉两相流非宾汉体向宾汉体转变时的宾汉剪应力 $\tau_B$ 约为 $3.2\times10^{-1}$ Pa。

## 四、产生这种现象的原因

多沙水体中固体颗粒和电介质的电化学作用，可结合在一起形成絮团。随着浓度增加，各絮团之间可互相搭接形成网状结构。网状结构并不稳固，受紊动和剪力作用后极易被破坏，但同时又具有较好的恢复和重新生成的能力。宾汉体模型正反映上述机理，$\tau_B$ 的大小便代表网状结构的强弱。网状结构破坏速度和恢复速度这两种相互作用决定着流体流变特性。因此，多沙流体的 $\tau$ ~d$u$/d$y$ 关系当 d$u$/d$y$ 很小时是曲线，随着 d$u$/d$y$ 的增加然后才是直线关系，并且曲线段斜率大于直线段的斜率。正因为这个原因，Julien 等引入表征紊动作用和离散作用的系数$\xi$，用下式来表征多沙流体的流变模式：

**表 2-5　第三次 BP 网络训练成果**

| 组次 | 各组级配的质量百分数(%) | | | | | 含沙量 (kg/m³) | $\tau_B$ 实测值 ($\times 10^{-1}$ Pa) | $\tau_B$ 训练值 ($\times 10^{-1}$ Pa) |
|---|---|---|---|---|---|---|---|---|
| | <0.000 6 mm | 0.000 6～0.003 mm | 0.003～0.01 mm | 0.01～0.03 mm | >0.03 mm | | | |
| 1 | 1.2 | 22.5 | 44.1 | 24.0 | 8.2 | 175.0 | 5.03 | 3.48 |
| 2 | 0.6 | 10.5 | 23.7 | 40.2 | 25.0 | 177.5 | 2.35 | 2.43 |
| 3 | 0 | 22.0 | 48.7 | 22.2 | 7.1 | 137.2 | 2.79 | 2.37 |
| 4 | 0 | 22.0 | 48.7 | 22.2 | 7.1 | 135.1 | 2.35 | 2.35 |
| 5 | 0 | 22.0 | 48.7 | 22.2 | 7.1 | 127.7 | 2.06 | 2.20 |
| 6 | 0 | 22.0 | 48.7 | 22.2 | 7.1 | 108.9 | 1.37 | 1.84 |
| 7 | 0 | 22.0 | 48.7 | 22.2 | 7.1 | 90.6 | 1.37 | 1.51 |
| 8 | 0 | 22.0 | 48.7 | 22.2 | 7.1 | 81.7 | 1.52 | 1.36 |
| 9 | 0 | 22.0 | 48.7 | 22.2 | 7.1 | 72.9 | 1.32 | 1.23 |
| 10 | 0 | 22.0 | 48.7 | 22.2 | 7.1 | 67.4 | 1.17 | 1.16 |
| 11 | 0 | 22.0 | 48.7 | 22.2 | 7.1 | 62.0 | 1.06 | 1.09 |
| 12 | 0 | 22.0 | 48.7 | 22.2 | 7.1 | 52.3 | 0.93 | 0.96 |
| 13 | 0.7 | 4.5 | 19.3 | 41.4 | 34.1 | 206.8 | 2.05 | 2.22 |
| 14 | 0.7 | 4.5 | 19.3 | 41.4 | 34.1 | 235.0 | 2.48 | 2.79 |
| 15 | 0.7 | 4.5 | 19.3 | 41.4 | 34.1 | 228.4 | 2.64 | 2.64 |
| 16 | 0.7 | 4.5 | 19.3 | 41.4 | 34.1 | 206.0 | 2.18 | 2.18 |
| 17 | 0.7 | 4.5 | 19.3 | 41.4 | 34.1 | 168.9 | 1.67 | 1.51 |
| 18 | 0.7 | 4.5 | 19.3 | 41.4 | 34.1 | 138.4 | 1.29 | 1.07 |
| 19 | 0.7 | 4.5 | 19.3 | 41.4 | 34.1 | 115.9 | 1.03 | 0.81 |
| 20 | 0.7 | 4.5 | 19.3 | 41.4 | 34.1 | 127.5 | 1.10 | 0.94 |
| 21 | 0.7 | 4.5 | 19.3 | 41.4 | 34.1 | 114.5 | 0.90 | 0.80 |
| 22 | 0.7 | 4.5 | 19.3 | 41.4 | 34.1 | 96.9 | 0.69 | 0.63 |
| 23 | 0 | 15.7 | 31.6 | 38.3 | 14.4 | 230.4 | 3.16 | 4.10 |
| 24 | 0 | 15.7 | 31.6 | 38.3 | 14.4 | 157.7 | 2.96 | 2.47 |
| 25 | 0 | 15.7 | 31.6 | 38.3 | 14.4 | 133.0 | 2.01 | 2.01 |
| 26 | 0 | 15.7 | 31.6 | 38.3 | 14.4 | 120.3 | 1.53 | 1.77 |
| 27 | 0 | 15.7 | 31.6 | 38.3 | 14.4 | 172.7 | 2.83 | 2.80 |
| 28 | 0 | 15.7 | 31.6 | 38.3 | 14.4 | 147.1 | 2.42 | 2.27 |
| 29 | 0 | 10.9 | 22.6 | 38.9 | 27.6 | 191.3 | 2.69 | 2.68 |
| 30 | 0 | 10.9 | 22.6 | 38.9 | 27.6 | 179.1 | 2.40 | 2.43 |
| 31 | 0 | 10.9 | 22.6 | 38.9 | 27.6 | 136.5 | 1.50 | 1.63 |
| 32 | 0 | 10.9 | 22.6 | 38.9 | 27.6 | 131.1 | 1.67 | 1.53 |
| 33 | 0 | 15.7 | 31.6 | 38.3 | 14.4 | 140.4 | 2.74 | 2.15 |
| 34 | 1.2 | 22.5 | 44.1 | 24.0 | 8.2 | 140.5 | 2.53 | 2.81 |
| 35 | 1.2 | 22.5 | 44.1 | 24.0 | 8.2 | 100.2 | 1.23 | 1.98 |
| 36 | 1.2 | 22.5 | 44.1 | 24.0 | 8.2 | 85.9 | 1.03 | 1.70 |

**表 2-6　第三次 BP 网络训练值与实测值的分段一般化误差**

| 实测 $\tau_B$ 范围 ($\times 10^{-1}$ Pa) | 包含组数 | 一般化误差的平均值 | 一般化误差的平均相对值(%) |
|---|---|---|---|
| <1.0 | 3 | 0.06 | 7.68 |
| 1.0~1.5 | 11 | 0.26 | 22.06 |
| 1.5~2.0 | 4 | 0.18 | 11.04 |
| 2.0~2.5 | 9 | 0.09 | 4.27 |
| 2.5~2.9 | 6 | 0.22 | 8.18 |
| 2.9~3.2 | 2(第 23、24 组) | 0.72 | 23.15 |
| >3.2 | 1(第 1 组) | 1.55 | 30.81 |

$$\tau = \tau_B + \eta \frac{\mathrm{d}u}{\mathrm{d}y} + \xi \left(\frac{\mathrm{d}u}{\mathrm{d}y}\right)^2 \tag{2-12}$$

取得了比用宾汉体方程更好的验证结果。Major 等设计了一种大型旋转黏度计，研究泥石流的流变特性，发现其流变性质很复杂，转筒的转动角速度对流变参数有较大影响，整个浆体不能用牛顿体方程来描述，但也不精确地符合宾汉体方程。理论分析和试验结果都说明用宾汉体方程来描述多沙河流或泥石流的流变性质并不与实际情况完全吻合。如果 $\tau$ ~du/dy 关系采用宾汉体模式表达，根据本节的研究，对电木粉高含量的流体，$\tau$ ~du/dy 关系进入直线段时的宾汉剪应力值 $\tau_B \approx 3.2 \times 10^{-1}$ Pa，即低含沙流体随着含沙量的增加由牛顿体向宾汉体的转化是渐变的，在进行分析计算时可将宾汉剪应力临界值作为区分高、低含沙水流的指标，并选用不同的流变方程。对电木粉高含量的流体，该临界值约为 $3.2\times10^{-1}$ Pa。由于起始阶段曲线的斜率大于其后直线段的斜率，所以在进行第一次 BP 网络训练时，当实测宾汉剪应力小于 $3.2\times10^{-1}$ Pa 时(第 2、15、16 组)，由 BP 网络训练出来的结果比实测值要大得多。

# 第三节　二元均匀流挟沙力的 BP 网络训练结果与分析

## 一、BP 网络训练水流挟沙力时输入因子的选择

水流挟沙力是水流、泥沙和河床周界条件之间一种总体上的相对平衡关系。1914 年 Gilbert 通过室内水槽试验，对水流输沙能力进行系统研究，从此揭开了研究挟沙力的序幕。现有的挟沙力公式依据其导出方法可分为四类：能量方法类型、输沙率型、临界流速型、经验方法型，很多学者对此作了研究。本章以下几节将说明高、中、低含沙水流的挟沙规律可用一个统一的公式表示，然后给出数学模型中挟沙公式的选择原则，经过比较后推荐在数学模型中选用的公式。

从力学机理上来讲，二元均匀流中影响挟沙力的因素应至少包括几何学量、运动学量和动力学量：①几何学量，应与泥沙粒径有关，在不考虑温度和颗粒扁度等的情况下，泥沙沉速与粒径存在一一对应关系，所以选择沉速$\omega$为代表，这也是大多数人的做法；

②运动学量，选用水流速度 $V$；③动力学量，水流对悬沙的动力作用，使其能够保持一定的能量平衡状态而不沉入河底，所以可将表征能量损失的水流比降 $J$ 作为影响因素。即：

$$S_* = f(V,\ J,\ \omega) \tag{2-13}$$

由于人工神经网络方法对非线性问题具有良好的复演和预测能力，可将这种方法应用到挟沙力的研究中，根据以上分析输入层因子选定为 $V$、$J$、$\omega$。

## 二、二元均匀流挟沙力的 BP 网络训练结果与分析

在进行 BP 网络训练时，选取了 37 组挟沙力资料，包括 24 组电木粉的水槽资料、13 组黄河沙的水槽资料，其中黄河沙的挟沙力已通过比尺关系转化为电木粉的挟沙力。各组试验资料水槽宽度均在 50 cm 以上，水深最大值不超过 16.5 cm，可近似视为二元均匀流。BP 网络训练时中间层采用 5 个神经元，结果见表 2-7、表 2-8 和图 2-3。

分析表 2-7、表 2-8 以及图 2-3 可见，在电木粉含量变化于 20.8~418.6 kg/m$^3$ 的范围内，各段实测值与训练值均符合较好，训练样本组的相对误差平均值为 11.1%，说明训练所得到的连接权和阈值能够概括各试验组次的挟沙规律。这表明：①所选择的三个因子($V$、$J$、$\omega$)能够表达二元均匀流时的挟沙能力；②高、中、低含沙水流在挟沙规律上有类似之处，有可能用一个统一的公式表达。这是在数学模型计算中针对不同含沙水流采用同一挟沙力公式的依据。

## 三、BP 网络应用于河流动力学的优点和不足之处

在 BP 网络方法应用于多沙流体宾汉剪应力和挟沙力的训练中，发现神经网络方法应用于河流动力学有一定的特色。BP 网络的优点在于：通过调整连接权和阈值，网络具有很强的适应能力，因为它输出变量时两次应用了 Sigmoid 函数，所以它对非线性问题具有很强的复演能力。

依据 BP 网络训练所获得的连接权和阈值，并结合 Sigmoid 函数的单调性，可以找出对输出量影响最大的输入因子。在上一节的工作中，通过分析各组次的连接权表明，对宾汉剪应力影响最大的是输入样本组的含沙量。通过分析本节所获得的连接权可发现，水流流速是影响挟沙力的最主要、最活跃的因素，这与河流动力学中的结论完全一致。正如李义天等所指出的那样，神经网络的内部参数是可以被赋予明确的物理概念的，其成果可用于对问题的理论分析中。这表明人工神经网络原理在河流动力学中的应用还有很大的潜力。

人工神经网络是一种数学方法，它必须先根据河流动力学的基本理论，找出影响所分析对象的主要因素，然后对大量的试验观测资料进行训练，使之掌握其中的变化规律，据此方可对所训练的资料范围内的不同情况进行预测。BP 网络得不出公式的具体形式，并且当输入的原始变量变更时，原有的连接权和阈值需要重新训练，这是它的缺点。也就是说，神经网络结果的正确与否依赖于给它的资料的正确性和完整性。目前国内外已经建立了多个泥沙运动数据库，但是与资料翔实完整、数据可信的目标数据库还有相当大的差距，特别是对于细颗粒泥沙更是如此，而这一部分粒径泥沙的特性在泥沙研究中具有重要的地位，高含沙水流挟带的泥沙大部分都处在这个范围内，该粒径组资料的缺乏是限制神经网络方法向实际推广的最大障碍。

**表 2-7　水流挟沙能力的 BP 网络训练结果**

| 组次 | 流速 $V$ (cm/s) | 比降 $J$ (‰) | 沉速 $\omega$ (cm/s) | $S_*$实测值 (kg/m$^3$) | $S_*$训练值 (kg/m$^3$) | 相对误差 (%) |
|---|---|---|---|---|---|---|
| 1 | 39.2 | 0.409 | 0.011 36 | 418.6 | 423.0 | −1.1 |
| 2 | 36.9 | 1.83 | 0.038 1 | 316 | 316.2 | −0.1 |
| 3 | 34.46 | 0.965 | 0.017 53 | 301.4 | 297.1 | 1.4 |
| 4 | 34.2 | 2.3 | 0.049 7 | 288.2 | 289.5 | −0.5 |
| 5 | 33.69 | 0.815 | 0.017 85 | 209.2 | 261.7 | −25.1 |
| 6 | 33.96 | 0.461 | 0.013 32 | 200.9 | 218.4 | −8.7 |
| 7 | 32.48 | 0.503 | 0.020 71 | 165.6 | 173.5 | −4.8 |
| 8 | 31.4 | 0.43 | 0.013 32 | 151.9 | 157.8 | −3.9 |
| 9 | 61.8 | 1.566 | 0.095 14 | 113.9 | 114.8 | −0.8 |
| 10 | 48.54 | 1.383 | 0.065 2 | 106.5 | 103.3 | 3.0 |
| 11 | 28.17 | 0.579 | 0.018 65 | 106.3 | 117.3 | −10.3 |
| 12 | 32.8 | 0.697 | 0.017 58 | 271.7 | 224.4 | 17.4 |
| 13 | 42.23 | 1.205 | 0.070 78 | 97.7 | 97.5 | 0.2 |
| 14 | 27.95 | 0.933 | 0.034 63 | 87.3 | 82.2 | 5.8 |
| 15 | 35.14 | 1.015 | 0.056 1 | 77.7 | 78.2 | −0.6 |
| 16 | 22.03 | 1.065 | 0.037 46 | 67.2 | 70.8 | −5.4 |
| 17 | 21.72 | 0.878 | 0.028 2 | 62.7 | 63.0 | −0.5 |
| 18 | 13.46 | 0.523 | 0.013 17 | 58.1 | 56.4 | 2.9 |
| 19 | 14.38 | 0.837 | 0.023 6 | 52.5 | 47.6 | 9.3 |
| 20 | 11.64 | 0.511 | 0.011 55 | 52.3 | 59.8 | −14.3 |
| 21 | 22.17 | 0.522 | 0.029 58 | 37.8 | 29.6 | 21.7 |
| 22 | 17.7 | 0.465 | 0.025 4 | 22 | 21.5 | 2.3 |
| 23 | 22.5 | 0.363 | 0.021 9 | 21.7 | 35.1 | −61.8 |
| 24 | 22.9 | 0.378 | 0.039 2 | 20.8 | 28.1 | −35.1 |
| 25 | 33.88 | 0.525 | 0.013 41 | 238.4 | 219.8 | 7.8 |
| 26 | 15.13 | 0.251 | 0.008 6 | 42.1 | 46.4 | −10.2 |
| 27 | 18.14 | 0.531 | 0.011 37 | 101.6 | 61.7 | 39.3 |
| 28 | 31.7 | 0.668 | 0.038 9 | 50.7 | 54.9 | −8.3 |
| 29 | 12.64 | 0.822 | 0.022 45 | 47.3 | 48.4 | −2.3 |
| 30 | 21.4 | 0.649 | 0.013 7 | 45.8 | 75.1 | −64.0 |
| 31 | 34.41 | 0.662 | 0.017 76 | 269.6 | 260.4 | 3.4 |
| 32 | 29 | 0.41 | 0.018 96 | 112.6 | 106.6 | 5.3 |
| 33 | 21.57 | 1.04 | 0.039 3 | 74.6 | 67.3 | 9.8 |
| 34 | 22.9 | 0.595 | 0.024 3 | 46.6 | 49.1 | −5.4 |
| 35 | 22.7 | 0.77 | 0.039 3 | 42.1 | 48.0 | −14.0 |
| 36 | 10.12 | 3.59 | 0.018 96 | 418.6 | 418.9 | −0.1 |
| 37 | 30.53 | 0.93 | 0.020 71 | 221.4 | 213.9 | 3.4 |

表 2-8　挟沙力 BP 网络训练值与实测值的分段一般化误差分析

| 实测 $S_*$范围 (kg/m$^3$) | 包含组数 | 一般化误差的平均值 | 一般化误差的平均相对值(%) |
|---|---|---|---|
| 20 ~ 60 | 13 | 7.0 | 19.4 |
| 60 ~ 100 | 6 | 2.8 | 3.7 |
| 100 ~ 150 | 5 | 12.2 | 11.7 |
| 150 ~ 250 | 6 | 18.3 | 8.9 |
| 250 ~ 350 | 5 | 12.5 | 4.6 |
| ＞350 | 2 | 2.4 | 0.6 |

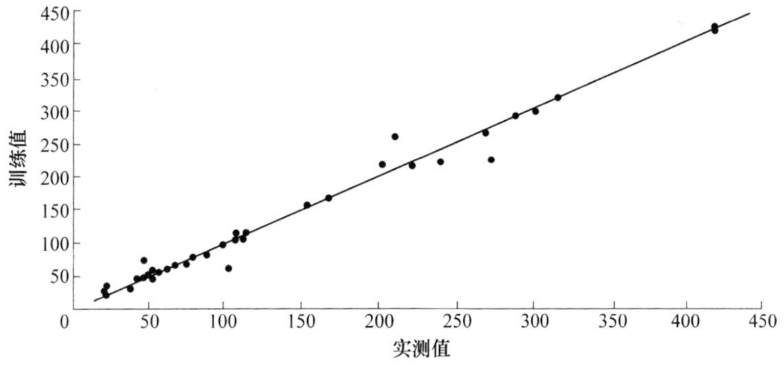


图 2-3　挟沙力的训练值与水槽试验实测资料的对比　(单位：kg/m$^3$)

实际水流的挟沙能力除跟流速、比降和沉速有关外，还与河道地形、沙样的级配、水体的温度等有关。在三维性强的河段中，挟沙力问题更是极端复杂。如果将来细颗粒泥沙输沙资料能够比较系统、完整，特别是天然实测资料十分丰富，则利用那些资料所校验的神经网络方法将可扩大其适用范围。本书在选择试验资料时设定了比较严格的标准(均匀流、水槽宽深比较大、大致均匀沙无冲泻质等)，在进行 BP 网络训练时输入样本组数相对偏少，如果将来能收集到更系统、更完整的实测资料，本书的结论应重新进行检验。

# 第四节　天然多沙河流数学模型中挟沙力公式的选用

现有的水流挟沙力公式很多，在多沙河流数学模型中选择挟沙力公式时，设定了如下几条标准：①由于在河道中输送高含沙洪水时河床变化比较迅速，床面泥沙成分应作为所要求的目标函数处理，公式中不宜包含这些未知量；②根据本章以上的研究，在二元均匀流时应能转化为 $S_*=f(V, J, \omega)$的形式；③计算结果应与现有的实测资料符合较好；④能反映高含沙水流挟沙力具有“多来多排”的特点；⑤在数值计算程序中应用比较方便。

## 一、多家公式对二元均匀流考虑因素相同

水流挟沙力公式以含沙量来表达时，最常用的武汉水利电力学院(简称武汉水院)公式为：

$$S_* = k\left(\frac{V^3}{gR\omega}\right)^m \tag{2-14}$$

式中：$k$ 为系数；$m$ 为指数。

对于均匀流，根据曼宁–谢才公式：

$$V=\frac{1}{n}R^{2/3}J^{1/2} \tag{2-15}$$

其中 $n$ 为曼宁糙率系数。一般认为，天然河流 $n$ 与床面形态、流量(可由流速和水深确定)和坡面植被等有关，在水槽试验中当水流为二维均匀流时只与水力半径有关。根据以上分析和式(2-15)，在水槽中由 $V$、$J$ 即可确定水力半径 $R$。

根据式(2-14)、式(2-15)，以及对曼宁糙率系数的讨论，在二维均匀流情况下可将武汉水院公式表达为式(2-13)的形式。此外，曹如轩公式、杨志达公式等，实际上都可视为武汉水院公式的变化形式，本节以下公式比较时选用武汉水院公式作为这三个公式的代表。

窦国仁采用能量原理得到的水流挟沙力公式为：

$$S_*=\frac{K}{C_0^{\ 2}}\frac{\gamma_s\gamma}{\gamma_s-\gamma}\frac{V^3}{gR\omega} \tag{2-16}$$

式中：$C_0$ 为无因次谢才系数，$C_0=C/\sqrt{g}$，$C$ 为谢才系数；$\gamma$、$\gamma_s$ 分别为清水和泥沙的容重；$K$ 为系数，由天然实测资料和室内试验资料求得：

$$K=0.023\left(1+\alpha\frac{\gamma_s-\gamma}{\gamma}\frac{S}{\gamma_s}\right)^{5/8} \tag{2-17}$$

系数 $\alpha$ 对于黄河天然沙为 250，对于电木粉模型沙为 50。

对于均匀流，根据谢才公式：

$$V=C\sqrt{RJ} \tag{2-18}$$

所以

$$C_0^{\ 2}=\frac{C^2}{g}=\frac{V^2}{gRJ} \tag{2-19}$$

将式(2-17)、式(2-19)代入式(2-16)并整理得：

$$S_*=0.023\left(1+\alpha\frac{\gamma_s-\gamma}{\gamma}\frac{S}{\gamma_s}\right)^{5/8}\frac{\gamma_s\gamma}{\gamma_s-\gamma}\frac{VJ}{\omega} \tag{2-20}$$

由式(2-20)可见，窦国仁公式包含上游来沙量的影响，对二维均匀流只要知道 $V$、$J$、$\omega$，就可以确定挟沙能力。窦国仁以式(2-16) ~ 式(2-20)为基础，领导设计并成功完成了黄河小浪底枢纽坝区动床泥沙模型试验研究。对此国内河工模型专家认为：“窦国仁为开展黄河高含沙水流的模拟，不是在那些很不成熟的基本方程中找突破点，而是着重研究高含沙水流挟沙力的计算方法，抓住了问题的关键，其认识很有启发性。”

李昌华从能量平衡及泥沙制紊观点出发研究水流挟沙能力，根据大量长江、黄河挟沙力实测资料和南京水利科学研究院水槽资料，得到如下挟沙力公式：

$$S_*=\frac{\lambda-\lambda_0}{\lambda}\frac{\gamma\gamma_s}{\gamma_s-\gamma}\frac{n^2V^3}{\omega H^{4/3}} \tag{2-21}$$

其中 $(\lambda-\lambda_0)/\lambda$ 是悬浮泥沙所需要的能量与含沙水流总能量损失的比值，称为挟沙系数，是含沙量的函数。对于长江中下游，$(\lambda-\lambda_0)/\lambda\approx 0.025$。

根据以上讨论，在二元均匀流中由 $V$、$J$ 可确定水力半径 $R$，从而得到曼宁糙率系数，则李昌华公式仍可用式(2-13)所给定的函数关系式来表达。如果在式(2-15)中近似以水深代替水力半径，式(2-21)可写成 $S_* = \frac{\lambda - \lambda_0}{\lambda} \frac{\gamma\gamma_s}{\gamma_s - \gamma} \frac{VJ}{\omega}$ 的形式，这更说明了李昌华公式与式(2-13)的同质性。

## 二、窦国仁公式在数值计算中的实现

窦国仁公式中没有需要确定的参数，但它不是显式的，也就是说需要试算。如果按照传统手工作业方式，通过不断试算来确定挟沙力，显然是不经济的。为了充分发挥计算机的作用，可以采用的方法有如下几种。

(1)迭代求解，将式(2-20)写成：

$$f(S) = S - 0.023\left(1 + \alpha \frac{\gamma_s - \gamma}{\gamma} \frac{S}{\gamma_s}\right)^{5/8} \frac{\gamma_s \gamma}{\gamma_s - \gamma} \frac{VJ}{\omega} \tag{2-22}$$

以牛顿迭代法为例：

$$S_*^{n+1} = S_*^n - \frac{f(S^n)}{f'(S^n)} \tag{2-23}$$

其中上标($n$、$n$+1)表示迭代步数。

采用该方法时，迭代函数的构造比较复杂，并且与输入变量有关，如果想一次性处理大量输入数据，需要设定很多中间变量，程序编制烦琐。

(2)采用专门的数值分析工具，如 MATLAB 软件，其优点是在运行界面下输入自变量很快就能得到结果，但缺点也是显而易见的：对大量数据只能分组次计算；输出结果需要记录后再整理；特别困难的是，现有数学模型计算程序大都采用高级语言(如 FORTRAN、DELPHI、C 等)编制，在数值计算时调用 MATLAB 的计算结果需要传输大量数据，不但降低计算速度，而且实际操作困难。

(3)本书采用的方法是：将手工试算方式计算机化。其基本原理是：式(2-20)等式左边在平面直角坐标系下可看做是一条直线，右边为一条曲线，两者相交时对应的数值就满足该方程。依据这种思想，编制了以循环语句为核心的计算程序，令式(2-20)两边含沙量在(1，1 500)范围内以 0.3 为单位递增，输入水槽试验中的 $V$、$J$、$\omega$ 计算右边，当式(2-20)两边差值的绝对值小于 0.5 时，对应的含沙量就是所求的挟沙力(注：设定的范围、步长和控制精度均具有经验性，可根据实际情况进行调整)。实际计算时，迭代范围、输入组次、控制精度、结果输出的大小和格式都可以根据需要调整，这对资料分析是非常有利的。更重要的是，该模块稍加改动就可以嵌入数学模型的计算程序中，表明在数学模型计算中使用窦国仁公式并不复杂。

## 三、其他公式中的参数确定

以水深代替水力半径，对武汉水院公式两边取对数：

$$\log S_* = \log k + m \log \frac{V^3}{gh\omega} \tag{2-24}$$

对于这种一元线性回归问题，采用最小二乘法，根据 37 组实测资料得出：

$S_* \approx 1.60 \times \left(\frac{V^3}{H\omega}\right)^{0.359}$；对李昌华公式，以资料总数的绝对值差最小为标准，根据 37 组资料得到：$S_* \approx 0.150 \times VJ/\omega$。

## 四、三家公式计算结果的比较与分析

下面进行三家公式与本章第三节所列实测资料的对比。计算结果见表 2-9、表 2-10 和图 2-4。

**表 2-9　三家水流挟沙力公式的比较**

| 组次 | 水深 (cm) | $S_*$实测值 ($kg/m^3$) | 武汉水院公式计算值 | 窦国仁公式计算值 | 李昌华公式计算值 |
|---|---|---|---|---|---|
| 1 | 14.33 | 418.6 | 159.6 | 303.7 | 211.7 |
| 2 | 10.7 | 316 | 107.6 | 498.1 | 265.9 |
| 3 | 9.12 | 301.4 | 139.8 | 581.5 | 284.5 |
| 4 | 6.9 | 288.2 | 105.5 | 387.7 | 237.4 |
| 5 | 11.49 | 209.2 | 124.8 | 364.3 | 230.7 |
| 6 | 9.17 | 200.9 | 151.6 | 210.1 | 176.3 |
| 7 | 10.02 | 165.6 | 119.5 | 102.7 | 118.3 |
| 8 | 10.67 | 151.9 | 132.0 | 158.8 | 152.0 |
| 9 | 7.44 | 113.9 | 153.8 | 160 | 152.6 |
| 10 | 5.03 | 106.5 | 156.3 | 163.6 | 154.4 |
| 11 | 6.34 | 106.3 | 125.4 | 122.2 | 131.2 |
| 12 | 10.71 | 271.7 | 125.0 | 256.6 | 195.1 |
| 13 | 5.16 | 97.7 | 129.4 | 88.3 | 107.8 |
| 14 | 7.15 | 87.3 | 95.4 | 95.2 | 113.0 |
| 15 | 3.21 | 77.7 | 136.8 | 70 | 95.4 |
| 16 | 5.12 | 67.2 | 80.9 | 71.5 | 93.9 |
| 17 | 3.71 | 62.7 | 99.1 | 80.2 | 101.4 |
| 18 | 3.54 | 58.1 | 79.1 | 56.5 | 80.2 |
| 19 | 4.72 | 52.5 | 62.1 | 52.9 | 76.5 |
| 20 | 5.77 | 52.3 | 59.5 | 53.5 | 77.2 |
| 21 | 8.57 | 37.8 | 73.7 | 36.7 | 58.7 |
| 22 | 6.9 | 22 | 66.0 | 28.9 | 48.6 |
| 23 | 8.6 | 21.7 | 83.3 | 34.6 | 55.9 |
| 24 | 8.8 | 20.8 | 68.3 | 18.1 | 33.1 |
| 25 | 9.32 | 238.4 | 150.0 | 267.1 | 199.0 |
| 26 | 8.46 | 42.1 | 76.5 | 43.3 | 66.2 |
| 27 | 7.64 | 101.6 | 87.2 | 115.9 | 127.1 |
| 28 | 9.0 | 50.7 | 96.5 | 58 | 81.7 |
| 29 | 6.49 | 47.3 | 49.1 | 46 | 69.4 |
| 30 | 5.7 | 45.8 | 108.3 | 158.8 | 152.1 |
| 31 | 9.34 | 269.6 | 137.8 | 249.7 | 192.4 |
| 32 | 10.83 | 112.6 | 106.2 | 71.5 | 94.1 |
| 33 | 10.95 | 74.6 | 59.2 | 62.2 | 85.6 |
| 34 | 8.8 | 46.6 | 81.1 | 60.4 | 84.1 |
| 35 | 10.95 | 42.1 | 62.5 | 43.6 | 66.7 |
| 36 | 16.41 | 418.6 | 29.4 | 595.3 | 287.4 |
| 37 | 4.35 | 221.4 | 150.8 | 285.7 | 205.6 |

**表 2-10　三家挟沙力公式与实测值的分段平均相对差值分析**

| 实测 $S_*$范围 (kg/m³) | 武汉水院公式，偏大/偏小组数 | 窦国仁公式，偏大/偏小组数 | 李昌华公式，偏大/偏小组数 |
|---|---|---|---|
| 20 ~ 60 | 100.8%，全偏大 | 31.7%，9/4 | 81.6%，全偏大 |
| 60 ~ 100 | 36.2%，5/1 | 13.3%，3/3 | 29.8%，全偏大 |
| 100 ~ 150 | 23.9%，3/2 | 31.9%，4/1 | 28.8%，4/1 |
| 150 ~ 250 | 29.1%，全偏小 | 14.1%，5/1 | 12.5%，2/4 |
| 250 ~ 350 | 57.2%，全偏小 | 3.0%，3/2 | 19.2%，全偏小 |
| ＞350 | 77.4%，全偏小 | 34.9%，1/1 | 40.4%，全偏小 |

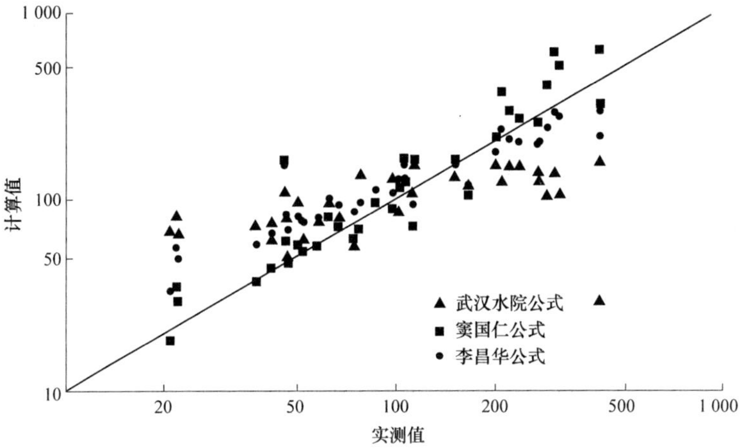


**图 2-4　三家水流挟沙力公式与实测值的比较**　(单位：kg/m³)

从表 2-9、表 2-10 可以看出，武汉水院公式计算值与实测值的平均差值达到 61.1%，说明在多沙河流计算时不宜采用该公式，可以考虑的修正方法是令式(2-14)中的 $k$、$m$ 与含沙量有关，但这种处理方法在数学模型中并不易实现；窦国仁公式和李昌华公式平均差别分别为 29.2%和 44.2%，前者计算结果明显要好一些。仔细分析还可发现：李昌华公式 $S_*$计算结果仅变化于 33.1~287.4 kg/m³，对低含沙计算值偏大，高含沙情况则正好相反，而窦国仁公式这种现象不明显，并且李昌华公式中的挟沙系数是根据给定资料确定的，而窦国仁公式中没有需要确定的系数。另外，窦国仁公式定性上能反映黄河天然水流中观测到的“多来多排”现象，在数学模型中的实际应用也是很方便的。因此，在多沙河流的数学模型中采用窦国仁公式来计算挟沙力。

必须指出的是，本章提出的高、中、低含沙水流的挟沙规律有类似之处的结论，与舒安平的结果有所不同。舒安平认为：对低含沙水流，各家公式均与实测资料相差无几；对高含沙水流，许多公式(包括窦国仁公式)与实测值差别较大。这主要是因为该文在分析诸公式时，将含沙量的影响予以忽略，而水体中沙粒浓度越高，含沙量对挟沙力的影响越大。以本节第一组实测资料为例，如果令式(2-20)中 $S$=0，则计算得出的挟沙力为

99.7 kg/m$^3$，采用完整的窦国仁公式计算值则为 303.7 kg/m$^3$，相差超过 200%，所以很容易得出窦国仁公式计算高含沙水流时数值偏小的结论，这说明该处理方法是否很合适值得进一步探讨，因为高含沙水流“多来多排”的特点说明挟沙力不仅仅是由水流特征值和悬沙粒径确定的。本章的结果与南京水科院研究小浪底坝区物理模型时的认识是一致的，同时推荐的公式在含沙量变化较大的范围内都与实测值符合较好，在数学模型中应用该公式编制程序进行河床变形计算时也不困难，这都说明了本书结论的合理性。

## 第五节　本章小结

在本章中，对模式分类的方法作了介绍，简要叙述了 BP 网络训练的步骤，在第二节选择含沙量和泥沙颗粒的级配作为输入因子，通过 BP 网络训练发现：当水沙两相流体宾汉剪应力大于某一数值的组次占训练组次的绝大多数时，这些组次训练结果与实测值符合较好；当宾汉剪应力小于某一数值的组次占绝大多数时，在这个范围内的组次训练结果与实测值符合也较好；而另外组次训练结果与实测值有较大差别。如果它们全部大于或者全部小于该临界值，则各组次训练结果与实测值符合都较好，这说明包含细颗粒的低含沙流体随着含沙量的增加，流变方程由牛顿体向宾汉体模型转化是一个渐变的过程，可将宾汉剪应力临界值作为区别高、低含沙水流的指标。对电木粉高含量的流体，该临界值约为 $3.2\times10^{-1}$ Pa。在第三~四节对 37 组水槽试验资料进行 BP 网络训练，各段训练结果与实测值相差均较小，表明高、中、低含沙水流在挟沙规律上有类似之处，可用一个公式表达；提出了数学模型中挟沙力公式的选用原则，对计算挟沙力的武汉水院公式、窦国仁公式和李昌华公式进行比较，并与已有的成果进行了对比分析，说明了数学模型中采用窦国仁公式的合理性。

# 第三章　多沙河流河床断面概化的研究

## 第一节　河床断面概化的意义和已有方程

由于工业生产和农业灌溉的需要，在大江大河两侧往往有很多引水工程。如黄河干流小浪底—夹河滩之间，较大的取水工程就有 31 处，高村—孙口有 26 处。黄河中下游很多自流引水的渠道，自取水口以下不远处就分成多条支汊的渠系，见图 3-1(a)，这些支渠的水文泥沙资料往往很不齐全，给理论分析带来很大的困难。如黄河中下游泥沙输沙量计算中长久以来存在着“断面法”和“输沙率法”的争论，两种方法所获得的结果经常差别较大，对引黄渠道带走的泥沙难以准确计量是最重要的原因之一。

这种情况给数学模型的计算也带来困难，对图 3-1(a)所示的水系进行计算，如果完全按照实际情况，需要给定支渠 1、支渠 2、支渠 3、支渠 4 的出口边界条件，计算时除主河道外，还要有各支渠的流量、水位、地形等资料，这不但难以全部获得，并且由于进入各支渠的流量、沙量远较主河道为小而无此必要。所以，计算时往往将渠系断面进行概化，见图 3-1(b)。同时断面概化方法直接关系到滩槽水沙交换的计算、河道冲淤总量沿横断面的分布等。所以，在数学模型中对河道断面概化正确与否，是一项十分重要的工作。

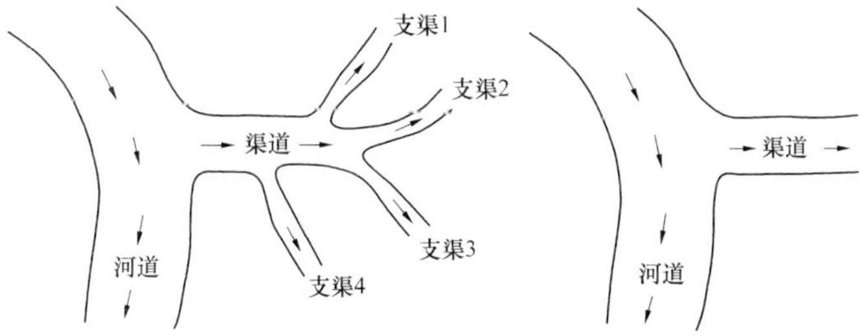


(a)天然情况　　(b)数模概化

**图 3-1　天然引水渠道断面概化**

一般天然渐变流，在输沙基本平衡时已经存在如下关系：

(1)水流连续方程：$Q = BHU$；

(2)河道阻力方程：$U = \dfrac{1}{n} H^{2/3} J^{1/2}$；

(3)水流挟沙力：如果采用窦国仁公式为式(2-16)。

显然，即使认为糙率 $n$ 保持不变，上述方程包含的未知数也是多于方程个数的，而且在流量和含沙量变化幅度较大时，糙率也明显改变。因此，对河流断面形态关系应该予以补充。补充方程一般分为以下几类：一是根据河道地形、床面泥沙的土力学参数，确定河岸边坡的临界失稳或堆积条件，得出滩槽物质横向交换方程；二是对模拟河段的特性有较深刻的了解后，得到河岸综合稳定性指标；三是对所研究的河段多次冲淤观测结果进行分析，判断滩地和主槽在冲淤总量分配中所占的比例。显然，第一类方法中床面泥沙的土力学参数并不易完整获得，第二、三类方法则有一定的经验性。

本章采用河床演变分析方法来研究多沙河流的断面概化。其依据是，河床形态是挟带泥沙的水流与河床长期相互作用下，经过河流的自动调整而形成的。能够自由发展的冲积河流，在上游来水来沙长期作用下，能形成与所在河段条件相适应的某种动态平衡关系，称为河相关系。河相关系描述的是与所在河段来水来沙条件及河床地质条件相适应的均衡形态，是冲积河流水力计算和河道整治的依据。已有很多学者对河相关系作了研究，但一般而言，所研究河流的含沙量都不大。多沙河流的断面概化方法需要进一步深入探讨。

## 第二节　多沙河流断面形态补充方程的建立和验证

### 一、断面形态补充方程的建立

多沙河流上游的来水来沙会影响本河段床沙组成、断面形态及纵比降等的变化。黄河下游输沙资料分析表明，河床调整中对来水来沙影响最敏感的是床沙粒径的变化，其次是断面形状的变化，而长河段沿程比降调整比较迟缓，短期内变化不明显。可以认为，除床沙的调整外，断面河相关系对河道整治的平面布局是最有影响的因素。依据上述思路，解决问题的关键是如何确定多沙河流的断面河相关系。已有很多学者对断面河相关系作了研究，但多数探讨的河流含沙量都不大。张仁等在《黄河下游河相关系》中作了说明:“在本书的分析中没有包括 1969 ~ 1977 年期间多次发生的高含沙洪水资料，在发生高含沙洪水时，河道断面发生强烈变化，具有特殊的演变规律，尚需进一步的探讨。”本节运用室内宽水槽和黄河支流水文站实测资料，建立多沙河流河床断面形态与上游流量、含沙量和悬沙粒径的关系式，并与实测资料进行对比。

假定来流量 $Q$、含沙量 $S$ 和悬沙粒径 $d$ 是决定河势的相关因素，$B$ 为河宽，$A$ 为过水面积，$B$、$A$ 与 $Q$、$S$、$d$ 之间的关系为：

$$B = f_1(Q,S,d) = a_1 Q^{a_2} S^{a_3} d^{a_4} \tag{3-1}$$

$$A = f_2(Q,S,d) = b_1 Q^{b_2} S^{b_3} d^{b_4} \tag{3-2}$$

两边取对数后，式(3-1)和式(3-2)都可写成如下形式：

$$y = c_1 + c_2 x_1 + c_3 x_2 + c_4 x_3 \tag{3-3}$$

其中 $c_i$ ($i$=1，2，3，4)为系数，可以采用多元线性回归分析方法求出。为了衡量回归效果，还要计算复相关系数 $r$ 和各影响因子的偏相关系数。

## 二、室内宽水槽试验资料的验证

南京水利科学研究院在室内大型宽水槽中对多沙河流断面形态进行了试验研究，试验是在长约 45 m、宽约 10 m(河道两侧可自由摆动)、深约 0.7 m 的水槽中进行的，试验用沙为电木粉模型沙。采用不同的流量、含沙量及悬沙粒径组合，共进行了 11 组试验。对每一试验组次，在水槽中部沿程布设 8 个量测断面，以平均值作为试验结果，依照表 3-1 所列的水沙要素，施放至河床冲淤相对平衡后测量模型小河的地形，探求河床形态的变化规律。

**表 3-1　试验水沙要素及断面要素**

| 组次 | 流量 ($m^3/h$) | 含沙量 ($kg/m^3$) | 悬沙中径 (mm) | 河宽 (m) | 过水面积 ($m^2$) | 平均水深 (m) |
|---|---|---|---|---|---|---|
| 1 | 216 | 50.72 | 0.022 4 | 2.10 | 0.189 | 0.090 |
| 2 | 216 | 316.0 | 0.023 4 | 1.52 | 0.164 | 0.107 |
| 3 | 216 | 20.80 | 0.021 6 | 2.36 | 0.251 | 0.111 |
| 4 | 216 | 101.7 | 0.012 6 | 1.91 | 0.194 | 0.101 |
| 5 | 90 | 102.3 | 0.012 1 | 1.15 | 0.088 | 0.076 |
| 6 | 90 | 21.67 | 0.009 0 | 1.29 | 0.110 | 0.086 |
| 7 | 90 | 288.2 | 0.032 4 | 1.06 | 0.072 | 0.069 |
| 8 | 90 | 45.16 | 0.013 0 | 1.24 | 0.109 | 0.088 |
| 9 | 36 | 45.79 | 0.007 6 | 0.82 | 0.046 | 0.057 |
| 10 | 36 | 277.5 | 0.026 2 | 0.70 | 0.029 | 0.044 |
| 11 | 36 | 21.96 | 0.015 1 | 0.82 | 0.055 | 0.069 |

采用回归分析方法，式(3-1)和式(3-2)可表示为

$$B = 0.24Q^{0.517}S^{-0.116}d^{0.049} \tag{3-4}$$

$$A = 0.002\,84Q^{0.889}S^{-0.174}d^{-0.056} \tag{3-5}$$

式中：$Q$ 的单位为 $m^3/h$；$S$ 的单位为 $kg/m^3$；$d$ 的单位为 mm。式(3-4)中 $B$ 的单位为 m，复相关系数 $r$=0.992；$Q$、$S$、$d$ 的偏相关系数分别为 0.999、0.996、0.973，计算值与实测值平均相差 1.1%；式(3-5)中 $A$ 的单位为 $m^2$，复相关系数 $r$=0.995，三个偏相关系数依次是 0.999、0.997、0.966，与实测值相差 5.0%。图 3-2、图 3-3 是式(3-4)、式(3-5)与实测资料的对比。从图上可以看出，式(3-4)和式(3-5)与水槽资料符合良好。

由式(3-4)和式(3-5)得到水深$H$的计算式如下：

$$H = 0.011\,8Q^{0.372}S^{-0.058}d^{-0.104} \tag{3-6}$$

式中：$H$为全河段平均水深，以 m 计。计算结果表明式(3-6)也能近似概括试验数据，与实测值的平均偏差为 12.0%。

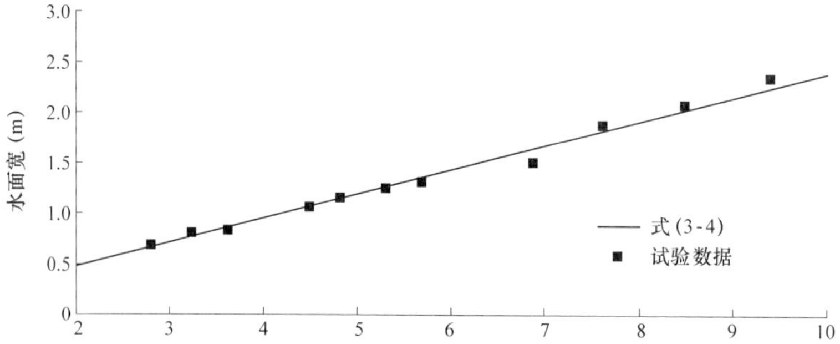


图 3-2 式(3-4)与实测水槽试验数据对比图

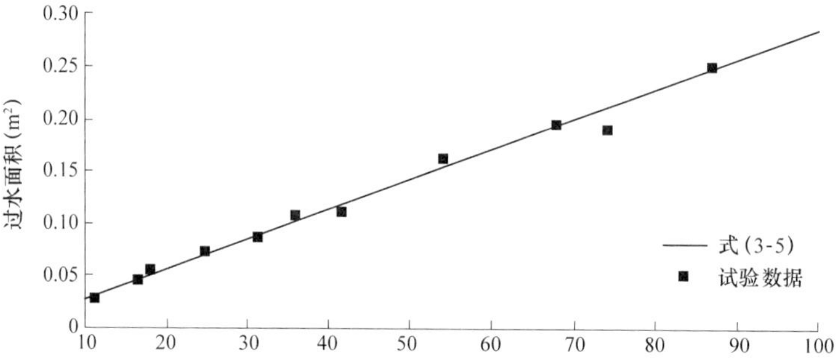


图 3-3 式(3-5)与实测水槽试验数据对比图

## 三、天然多沙河流实测资料的验证

天然多沙河流河床形态的变化受制于诸多因素，为验证所建立的关系式(3-1)、式(3-2)是否适用于天然河流，采用北洛河朝邑站 1970 年 7 月～1973 年 10 月共 24 组实测数据对本书模式予以检验。

北洛河为黄河较大的支流，汛期来水来沙变化剧烈。所采用的资料，$Q$变化于 15.6～292 m³/s，$S$变化于 44.1～894 kg/m³，泥沙粒径变幅为 0.040 7～0.079 9 mm。三个自变量因子变幅均较大，说明分析这些资料具有代表性。由于上游来水来沙变化较快，短期内河道是否达到冲淤平衡状态很难判断，但从长期而言，冲淤是基本平衡的。分析时认为由于河流的自动调整作用，各组水沙组合都达到了使河床变化在微冲微淤范围内的要求，能进行河相关系分析。实测水文资料见表 3-2，表中第 5 列为床沙中值粒径，由于多沙河流悬沙占总输沙量的绝大部分且与床沙交换量大，分析时用床沙的中值粒径来作为悬沙的代表粒径。

**表 3-2　北洛河朝邑站实测水流泥沙特征值**

| 序号 | 时间<br>(年-月-日) | $Q$<br>(m$^3$/s) | $S$<br>(kg/m$^3$) | $d$<br>(mm) | $B$<br>(m) | $A$<br>(m$^2$) |
|---|---|---|---|---|---|---|
| 1 | 1970-07-03 | 79.3 | 44.1 | 0.0799 | 46.0 | 61.1 |
| 2 | 1970-07-18 | 74.7 | 78.4 | 0.0640 | 48.5 | 52.4 |
| 3 | 1970-08-04 | 118 | 388 | 0.0715 | 53.5 | 89.0 |
| 4 | 1970-08-10 | 130 | 544 | 0.0710 | 41.0 | 104 |
| 5 | 1970-08-27 | 152 | 209 | 0.0560 | 41.0 | 101 |
| 6 | 1970-08-30 | 242 | 802 | 0.0655 | 63.0 | 194 |
| 7 | 1970-09-08 | 15.6 | 45.7 | 0.0525 | 27.0 | 30.3 |
| 8 | 1970-09-19 | 81.8 | 60.6 | 0.0565 | 33.0 | 58.0 |
| 9 | 1971-06-29 | 130 | 130 | 0.0595 | 41.0 | 86.9 |
| 10 | 1971-07-01 | 71.1 | 97.9 | 0.0459 | 31.0 | 54.5 |
| 11 | 1971-07-10 | 79.0 | 687 | 0.0600 | 37.0 | 61.8 |
| 12 | 1971-07-12 | 81.8 | 197 | 0.0580 | 35.0 | 58.1 |
| 13 | 1971-08-04 | 92.0 | 170 | 0.0628 | 39.0 | 64.2 |
| 14 | 1971-08-10 | 46.2 | 191 | 0.0650 | 35.0 | 41.2 |
| 15 | 1971-08-18 | 212 | 825 | 0.0475 | 46.0 | 135 |
| 16 | 1971-09-01 | 257 | 280 | 0.0428 | 46.0 | 166 |
| 17 | 1971-09-04 | 255 | 533 | 0.0597 | 49.0 | 202 |
| 18 | 1973-06-17 | 61.5 | 600 | 0.0407 | 33.0 | 76.0 |
| 19 | 1973-07-14 | 161 | 894 | 0.0497 | 46.0 | 154 |
| 20 | 1973-07-19 | 92.3 | 436 | 0.0470 | 33.0 | 83.0 |
| 21 | 1973-07-30 | 91.9 | 173 | 0.0413 | 29.0 | 62.9 |
| 22 | 1973-08-20 | 50.5 | 412 | 0.0453 | 27.0 | 48.1 |
| 23 | 1973-08-28 | 292 | 575 | 0.0457 | 52.0 | 226 |
| 24 | 1973-10-07 | 99.3 | 55.3 | 0.0510 | 34.0 | 76.2 |

按照前文提出的分析方法，得到北洛河朝邑站的回归关系式如下：

$$B = 60.49Q^{0.245}S^{0.021}d^{0.58} \tag{3-7}$$

$$A = 1.385Q^{0.681}S^{0.095}d^{-0.143} \tag{3-8}$$

式(3-7)的复相关系数为 0.891，$Q$、$S$、$d$ 的偏相关系数为 0.996、0.764、0.998，与实测值平均相差 8.7%；式(3-8)的复相关系数为 0.955，三个偏相关系数分别为 0.999、0.960、0.938，与实测值差别为 12.4%。图 3-4、图 3-5 为本节提出的计算值与实测值的对比。从图上可以看出，式(3-7)、式(3-8)与实测水文数据符合较好。

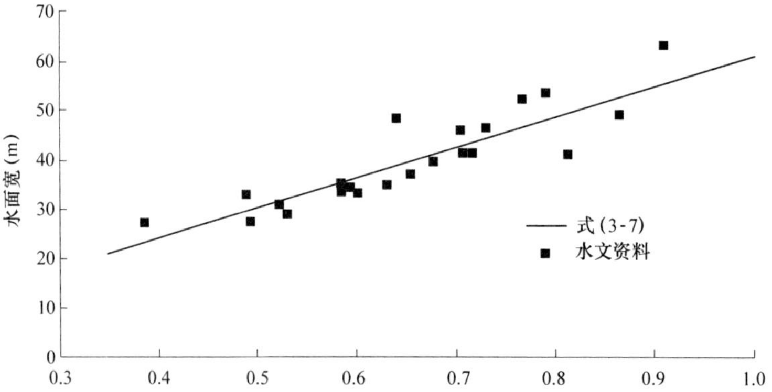


**图 3-4　北洛河朝邑站 $B$ 与 $Q$、$S$、$d$ 关系图**

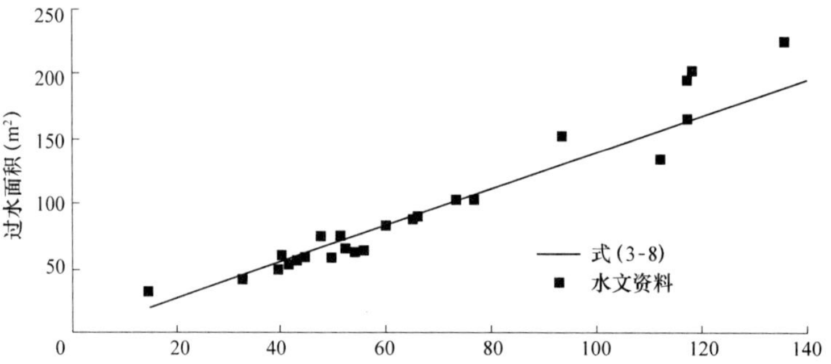


**图 3-5　北洛河朝邑站 $A$ 与 $Q$、$S$、$d$ 关系图**

根据相关分析的观点，对于建立相关关系的变量，如果它们之间的相关系数 $r>0.75$，认为相关性“好”，当 $r>0.85$ 时，认为相关性为“优秀”。应用本书模式所获得的复相关系数和偏相关系数均在 0.75 以上，大部分超过了 0.89。此外，式(3-4) ~ 式(3-8)中的计算值与实测值都吻合较好，平均偏差均不超过 12.5%。这都说明本章提出的河床形态模式对于含沙量较高的河流是符合实际情况的，能用于多沙河流的断面概化中。

# 第三节　断面概化方法的应用步骤

由于我国北方地区水资源短缺，很多大江大河在各种保证率下的分水方案已经有了明确的规定，因此以黄河为代表的北方地区大河岸边的自流引水渠道，其流量在计算过程中可视为一个预先给定值；黄河两岸多年施测的结果用来分析引水渠在各流量下的含沙量和悬沙粒径也切实可行。这说明本书建立的式(3-1)、式(3-2)具有较强的实用性。本节将说明所提出的断面概化方法的应用步骤。

在数学模型中，需要将包含图 3-1(a)所示渠系的河段进行数模计算。如果完全按天然情况给出各分水渠道的出口边界条件，将大大增加程序编制的复杂程度，但对提高计算精度并无明显助益。为此，将渠系断面进行概化，见图 3-1(b)。

一种计算工况是：主流含沙量 400 kg/m$^3$，悬沙粒径 0.07 mm，进入主渠道的流量为 50 m$^3$/s。根据对已有实测资料的回归分析，渠道的断面河相关系基本满足式(3-7)、式(3-8)，则图 3-1(b)中概化渠道的宽度和过水面积为：

$$B = 60.49 \times 50^{0.245} \times 400^{0.021} \times 0.07^{0.580} \approx 38.3(\mathrm{m})$$

$$A = 1.385 \times 50^{0.681} \times 400^{0.095} \times 0.07^{-0.143} \approx 51.4(\mathrm{m}^2)$$

概化渠道的水深 $H = A / B \approx 1.34$ m。即在计算中将图 3-1(a)所示的引水渠系概化为一个支汊，该汊道具有宽度为 38.3 m、水深 1.34 m 的矩形横断面。

## 第四节　本章小结

对数学模型计算中经常遇到而又难以处理的断面概化问题，基于冲淤平衡河段应满足河相关系的规律，以及多沙河流中下游河床调整的特性，提出了一种新的多沙河流断面概化模式，即假定来流量 $Q$、含沙量 $S$ 和悬沙粒径 $d$ 是决定多沙河流河势的相关因素，而河宽 $B$ 和过水面积 $A$ 作为因变量与它们的指数关系成比例。以宽水槽试验资料和黄河支流实测水文资料验证了该模式的正确性，并以一个计算实例说明断面概化方法在数学模型中的应用过程。

# 第四章　多泥沙河流水深平均的二维泥沙数学模型

计算速度的快速提高，为发挥水流泥沙数学模型周期短、投资少等优点提供了技术支持，可以用数值模拟的方法来研究河道洪水出现的问题，预测河床演变过程，探求促使演变过程向有利方向转化的措施。目前水深平均的二维泥沙数学模型已发展到比较成熟的水平，是应用最为广泛的数学模型，但各家的模型大多只适用于含沙量较低的河流，适合多沙河流的较少。同时从第二、三章也可以看出，低含沙水流向高含沙水流的转变是一个渐变的过程，低含沙水流可视为高含沙水流在含沙量趋减时的极限边界条件。从这个意义上讲，低含沙水流是高含沙水流的特殊情况，因而高含沙河流的数学模型也应该比低含沙河流的适应面宽。

经过许多学者的工作，目前多沙河流数学模型研究已经有所发展，在一定程度上适用于河道一般挟沙水流及高含沙洪水情况。国内发展的多沙河流数学模型大都以黄河干支流为背景，已有的模型多用经验认识来弥补理论知识的不足。例如，在流场与沙场是否要耦合求解、断面概化的依据、恢复饱和系数的取值、收敛标准等方面，各家都自有说法。这说明多沙河流数学模型的困难之处，不仅仅在于求解方程的计算方法方面，更重要的是对其特殊的运动规律，如上游来沙量能够“多来多排”、形成“浆河”、冲淤迅速、泥沙场对流场的反作用等，如何在模型中反映出来，使数模处理方法接近真实的物理演变机制。多沙河流泥沙数学模型的研究需要进一步深入。

本章将建立水流泥沙场耦合求解的多沙河流水深平均的二维泥沙数学模型，对数模中的公式和参数、数值计算的步骤、收敛条件等进行讨论，并说明如何进行合理的选择。然后计算黄河小浪底水库洪季蓄水期坝区泥沙淤积过程，通过数模计算结果与实测物理模型地形变化的对比来说明所建立模型的正确性。如果对泥沙计算模块作相应的简化，则该模型适合于清水或少沙河流情况。

## 第一节　水流泥沙运动的控制方程

挟沙水流运动是一种液固(水沙)两相流体运动，由于悬浮的泥沙颗粒和挟沙水流之间总存在动量和能量交换，散布在水体中的泥沙具有连续介质和分散粒子的双重特性，因此研究这种两相流动问题是困难的。目前水沙两相流的研究大多采用宏观方法，其基本思想是将两相流系统中各相或各相的混合体系视为统一的连续介质，采用类似单相流方法处理。

## 一、挟沙水流单流体模型的时均化方程及其简化

泥沙颗粒的存在将影响水–沙混合体系流动的时均速度分布、紊动强度、能量损失等。已有研究成果表明，当泥沙体积浓度 $c$=5%～10%时，应计及固相颗粒之间的相互作用(固相内部应力作用)。将挟沙水流视为单一连续介质流体，研究混合体系的综合运动，以及固相泥沙的扩散输移，称为单流体模型，该模型的 Reynolds 时均化方程形式如下。

(1)混合体连续方程：

$$\frac{\partial\overline{\rho_m}}{\partial t}+\frac{\partial\overline{(\rho_m u_{m,i})}}{\partial x_i}+\frac{\partial\overline{(\rho'_m u'_{m,i})}}{\partial x_i}=0 \tag{4-1}$$

(2)混合体运动方程：

$$\begin{aligned}&\frac{\partial\overline{(\rho_m u_{m,i})}}{\partial t}+\frac{\partial\overline{(\rho_m u_{m,i}u_{m,j})}}{\partial x_j}=\overline{F_{m,i}}-\frac{\partial\overline{P_m}}{\partial x_i}+\frac{\partial\overline{\tau_{m,ij}}}{\partial x_j}-\frac{\partial\overline{(\rho'_m u'_{m,i})}}{\partial t}\\&-\frac{\partial(\overline{\rho_m}\ \overline{u'_{m,i}u'_{m,j}})}{\partial x_j}-\frac{\partial(\overline{u_{m,i}}\ \overline{\rho'_m u'_{m,j}})}{\partial x_j}-\frac{\partial(\overline{u_{m,j}}\ \overline{\rho'_m u'_{m,i}})}{\partial x_j}-\frac{\partial\overline{(\rho'_m u'_{m,i}u'_{m,j})}}{\partial x_j}\end{aligned} \tag{4-2}$$

(3)悬沙输运方程：

$$\frac{\partial\bar{c}}{\partial t}+\frac{\partial\overline{(cu_{m,i})}}{\partial x_i}+\frac{\partial\overline{(c'u'_{m,i})}}{\partial x_i}=\frac{\partial}{\partial x_i}\left[\frac{\rho_f c(1-c)^{n+1}}{\rho_m}\omega\delta_{i3}\right] \tag{4-3}$$

式中：$\overline{\rho_m}=\rho_f(1-\bar{c})+\rho_s\bar{c}$ ；$\rho'_m=(\rho_s-\rho_f)c'$ ；$\delta_{i3}$ 为重力方向的 Kroneck 符号，表示只有沿重力方向 $\delta_{i3}$=1，其余两方向为零；$F$ 为单位质量的质量力。

以上诸公式中下标 $m$ 表示混合体对应物理量的值，$f$ 为液相，$s$ 为固相。

由此可见，挟沙水流混合体系的 Reynolds 时均化形式远比清水水流对应的方程复杂，主要是由于含沙量浓度随时空分布不均匀。一般与泥沙脉动有关的项较小，采用 Boussinesq 假定，忽略高阶脉动相关项 $\overline{\rho'_m u'_{m,i}u'_{m,j}}$ 、脉动相关随时间的改变项 $\frac{\partial\overline{(\rho'_m u'_{m,i})}}{\partial t}$ 等一些小量后，各变量采用时均值，并假定 $-\overline{c'u'_{m,i}}=\frac{\gamma_{mt}}{\sigma_c}\frac{\partial c}{\partial x_i}$ ，$\sigma_c$ 为紊动 Schmidt 数，上述方程可简化为如下形式。

连续方程：

$$\frac{\partial\rho_m}{\partial t}+\frac{\partial(\rho_m u_{m,i})}{\partial x_i}=0 \tag{4-4}$$

动量方程：

$$\frac{\partial(\rho_m u_{m,i})}{\partial t}+\frac{\partial(\rho_m u_{m,i}u_{m,j})}{\partial x_j}=F_{m,i}-\frac{\partial P_m}{\partial x_i}+\frac{\partial\tau_{m,ij}}{\partial x_j}+\frac{\partial\tau^t_{m,ij}}{\partial x_j} \tag{4-5}$$

悬沙输运方程：

$$\frac{\partial c}{\partial t}+\frac{\partial(cu_{m,i})}{\partial x_i}=\frac{\partial}{\partial x_i}(c\omega\delta_{i3})+\frac{\partial}{\partial x_i}\left(\frac{\gamma_{mt}}{\sigma_c}\frac{\partial c}{\partial x_i}\right) \tag{4-6}$$

底沙输运方程一般采用推移质输沙率公式的形式：

$$g_{bi}=g_{bi}(u_i,H,d,\cdots) \tag{4-7}$$

## 二、水深平均的挟沙水流运动方程

对大江大河里的泥沙运动来说，由于深度尺寸比平面尺寸要小得多，物理量沿水深分布往往不是重点考查的对象，可以采用沿水深方向积分获得二维控制方程后求解流速场和泥沙场量。当含沙量较高时，挟沙流体流变特性采用宾汉体方程(2-11)，假定：①由于物理量沿深度分布不均匀引起的弥散量(如垂向不均匀引起的扩散及分子黏性项的脉动等)为微量，予以忽略，流速和含沙量沿垂线分布不均匀在积分时产生的形状系数取为 1；②沿水深平均的紊动切应力 $\tau_{ij}^t=\rho_m\overline{\gamma_t}\left(\frac{\partial u_i}{\partial x_j}+\frac{\partial u_j}{\partial x_i}\right)-\frac{2}{3}\rho_m\overline{k}\delta_{ij}$，$\overline{\gamma_t}$ 和 $\overline{k}$ 分别为深度平均的紊动黏性系数和紊动动能，为方便，以下书写时都略去时均符号；③压力服从静水压力分布。将 $F=\frac{1}{H}\int_{z_b}^{z_s}f\,\mathrm{d}z$ 定义为沿水深 $H$ 方向物理量 $f$ 的平均特征量，$H=z_s-z_b$，$z_s$ 为水面高程，$z_b$ 为河底高程；记 $U$、$V$ 为流速的深度平均量，$w_s$、$w_b$ 分别为水面和河底的垂向流速，引入自由水面处和河底的运动边界条件：

$$w_s=\frac{\partial z_s}{\partial t}+u_s\frac{\partial z_s}{\partial x}+v_s\frac{\partial z_s}{\partial y} \tag{4-8a}$$

$$w_b=\frac{\partial z_b}{\partial t}+u_b\frac{\partial z_b}{\partial x}+v_b\frac{\partial z_b}{\partial y} \tag{4-8b}$$

对式(4-4)、式(4-5)沿垂向积分可获得如下水深平均的连续方程和运动方程：

(1)连续方程：

$$\frac{\partial\rho_m H}{\partial t}+\frac{\partial\rho_m HU}{\partial x}+\frac{\partial\rho_m HV}{\partial y}=0 \tag{4-9}$$

(2)$x$ 方向动量方程：

$$\frac{\partial\rho_m HU}{\partial t}+\frac{\partial\rho_m HUU}{\partial x}+\frac{\partial\rho_m HUV}{\partial y}=-\rho_m gH\frac{\partial z_s}{\partial x}+2\frac{\partial}{\partial x}\left[(\mu_t+\eta)H\frac{\partial U}{\partial x}\right]+\frac{\partial}{\partial x}\left[(\mu_t+\eta)H\left(\frac{\partial U}{\partial y}+\frac{\partial V}{\partial x}\right)\right]+\frac{\partial H\tau_B}{\partial x}+\frac{\partial H\tau_B}{\partial y}+\tau_{sx}-\tau_{bx} \tag{4-10a}$$

(3)$y$ 方向动量方程：

$$\frac{\partial\rho_m HV}{\partial t}+\frac{\partial\rho_m HUV}{\partial x}+\frac{\partial\rho_m HVV}{\partial y}=-\rho_m gH\frac{\partial z_s}{\partial y}+2\frac{\partial}{\partial x}\left[(\mu_t+\eta)H\frac{\partial V}{\partial y}\right]+\frac{\partial}{\partial y}\left[(\mu_t+\eta)H\left(\frac{\partial U}{\partial y}+\frac{\partial V}{\partial x}\right)\right]+\frac{\partial H\tau_B}{\partial x}+\frac{\partial H\tau_B}{\partial y}+\tau_{sy}-\tau_{by} \tag{4-10b}$$

式中：$\tau_{sx}$、$\tau_{sy}$、$\tau_{bx}$、$\tau_{by}$ 分别表示水面、水底的 $x$ 方向和 $y$ 方向上的切应力，若不考虑水面风应力等额外应力，则 $\tau_{sx}=\tau_{sy}=0$。河床底部切应力为：

$$\tau_{bx}=\rho_m C_f U\sqrt{U^2+V^2} \tag{4-11a}$$

$$\tau_{by}=\rho_m C_f V\sqrt{U^2+V^2} \tag{4-11b}$$

式中：$C_f$ 为河床摩阻系数，与摩阻流速的关系为 $u_*=\sqrt{C_f(U^2+V^2)}$，根据窦国仁的研究，将 $C_f$ 表示为 $C_f=1/C_0^2$，$C_0$ 为无因次谢才系数，计算式为：

$$C_0=2.5\log\frac{11H}{\Delta} \tag{4-12}$$

式中：$\Delta$ 为床面当量粗糙高度，当床面泥沙中值粒径 $d_{50}<0.5\ \mathrm{mm}$ 时可取 $\Delta=0.5\ \mathrm{mm}$，当 $d_{50}>0.5\ \mathrm{mm}$ 时 $\Delta=d_{50}$。

## 三、水深平均的挟沙水流 $k$ 方程和 $\varepsilon$ 方程

沿水深方向平均的 $k-\varepsilon$ 输运方程，可由三维 $k-\varepsilon$ 方程沿水深积分得到。

(1)$k$ 方程：

$$\begin{aligned}\frac{\partial(\rho_m Hk)}{\partial t}+\frac{\partial(\rho_m HUk)}{\partial x}+\frac{\partial(\rho_m HVk)}{\partial y}=&\frac{\partial}{\partial x}\left[\left(\frac{\mu_t}{\sigma_k}+\eta\right)H\frac{\partial k}{\partial x}\right]+\\&\frac{\partial}{\partial y}\left[\left(\frac{\mu_t}{\sigma_k}+\eta\right)H\frac{\partial k}{\partial y}\right]+HP_k+HP_{kv}-\rho_m H\mu_r\varepsilon\end{aligned} \tag{4-13}$$

(2)$\varepsilon$ 方程：

$$\begin{aligned}\frac{\partial(\rho_m H\varepsilon)}{\partial t}+\frac{\partial(\rho_m HU\varepsilon)}{\partial x}+\frac{\partial(\rho_m HV\varepsilon)}{\partial y}=&\frac{\partial}{\partial x}\left[\left(\frac{\mu_t}{\sigma_\varepsilon}+\eta\right)H\frac{\partial \varepsilon}{\partial x}\right]+\\&\frac{\partial}{\partial y}\left[\left(\frac{\mu_t}{\sigma_\varepsilon}+\eta\right)H\frac{\partial \varepsilon}{\partial y}\right]+C_1\frac{H\varepsilon}{k}P_k+HP_{\varepsilon v}-\rho_m HC_2\frac{\varepsilon^2}{k}\end{aligned} \tag{4-14}$$

其中，$P_k$ 为剪力产生项，$P_k=\rho_m\gamma_t[2(\partial U/\partial x)^2+2(\partial V/\partial y)^2+(\partial U/\partial y+\partial V/\partial x)^2]$，$P_{kv}$、$P_{\varepsilon v}$ 是标准 $k$–$\varepsilon$ 模型没有的，反映了由于垂向分布不均匀产生的弥散效应和床面切应力所引起的紊动效应：

$$P_{kv}=C_0\frac{\rho_m u_*^3}{H} \tag{4-15}$$

$$P_{\varepsilon v}=C_\varepsilon\frac{\rho_m u_*^4}{H^2},\qquad C_\varepsilon=3.6C_2\frac{C_\mu^{1/2}}{C_f^{3/4}} \tag{4-16}$$

式(4-13)~式(4-16)中的 $C_1$ 等参数取值见表 1-1。

## 四、水深平均的悬移质泥沙输运方程

根据钱宁等的研究，高含沙水流的悬沙运动仍近似遵循扩散定律，对式(4-6)积分，并考虑床面冲起和落淤的泥沙通量后得到：

$$\frac{\partial HS}{\partial t}+\frac{\partial(HUS)}{\partial x}+\frac{\partial(HVS)}{\partial y}=\frac{\partial}{\partial x}\left(\Gamma_s H\frac{\partial S}{\partial x}\right)+\frac{\partial}{\partial y}\left(\Gamma_s H\frac{\partial S}{\partial y}\right)+\alpha\omega(S-S_*) \tag{4-17}$$

实际计算时考虑泥沙颗粒不均匀的影响，通常将泥沙根据粒径划分为若干组。将非均匀悬沙分成 $N$ 组，$S_n$ 表示第 $n$ 组粒径的含沙量，$\alpha_n$ 为第 $n$ 组泥沙的恢复饱和系数，

分组悬沙运动方程为：

$$\frac{\partial HS_n}{\partial t}+\frac{\partial(HUS_n)}{\partial x}+\frac{\partial(HVS_n)}{\partial y}=\frac{\partial}{\partial x}\left(\Gamma_s H\frac{\partial S_n}{\partial x}\right)+\frac{\partial}{\partial y}\left(\Gamma_s H\frac{\partial S_n}{\partial y}\right)+\alpha_n\omega_n(S_n-S_{n*}) \tag{4-18}$$

### 五、河床变形方程

多沙河流泥沙运动的形式主要是悬移质运动，其输沙总量一般超过推移质数十倍，故推移质运动引起的河床变形经常不予考虑。由于悬沙颗粒不均匀，将悬沙分为 $N$ 组，以各组平均粒径作为代表粒径，可得：

$$\gamma'\frac{\partial\eta_n}{\partial t}=\alpha_n\omega_n(S_n-S_{n*}) \tag{4-19}$$

式中：$\gamma'$ 为泥沙干容重；$\eta_n$ 为第 $n(n=1,2,\cdots,N)$组泥沙造成的冲淤厚度。

## 第二节　计算定解条件

### 一、初始条件

给定初始时刻计算区域内所有计算变量($U$、$V$、$H$、$k$、$\varepsilon$、$S$)的初值，悬沙级配按进口给定，除进口断面外全流场流速均赋值为零。

### 二、进口条件

在网格布设时将进口断面与 $x$ 方向垂直，进口流速 $U_{\text{in}}$ 随河宽的分布根据曼宁–谢才公式概化为：

$$U_{\text{in},j}=Q_{\text{in}}\cdot h_j^{2/3}/\sum(h_j^{5/3}\cdot\delta y_j) \tag{4-20}$$

$y$ 方向流速 $V$ 为零，悬沙浓度 $S=S_{\text{in}}$ 给定，$S_{\text{in}}$ 为断面进口的含沙量。令 $z_p$ 为结点与较近一侧壁面距离，进口断面 $k$ 和 $\varepsilon$ 采用：

$$k=0.004U_{\text{in}}^2，\quad \varepsilon=\frac{C_\mu k^{2/3}}{0.04z_p} \tag{4-21}$$

### 三、出口条件

计算区域的出流边界需要经过概化为一个矩形断面的河槽，本次计算时将出流流向设定为与 $x$ 轴平行，这样出口边界条件容易给出，水深为下游水位减去河底高程，在恒定流计算时下游水位是给定的。

出口断面满足以下方程：

$$\frac{\partial U}{\partial x}=\frac{\partial S}{\partial x}=\frac{\partial k}{\partial x}=\frac{\partial\varepsilon}{\partial x}=0 \tag{4-22}$$

$V$ 方向流速为零。

### 四、露滩边界和水边界

在非淹没单元，可以给定一薄膜水层，使得在全区域内的流动是连续的，从而将具有变动流动区域的问题转化成固定区域内的计算，使复杂的问题得到简化。在求解过程中将薄膜水区的动量方程源项取一极大值，令该单元“冻结”，流速为零。

在计算区域内某些离主流很远的水边界，水深大而流速小，基本上相当于静水。这时取水边界上各物理量的法向梯度为零即可。

### 五、侧壁边界

侧壁边界上流速采用无滑动边界条件 $U=V=0$，含沙量 $\partial S/\partial n=0$。$k-\varepsilon$ 模型中边壁条件要特殊处理。在近岸节点 $y_p$ 处给定 $\partial k/\partial n=0$，$\varepsilon$ 按照对数壁函数处理方法给出：$\varepsilon_p=C_\mu^{3/4}k_p^{3/2}/(\kappa y_p)$，$\kappa$ 为卡门常数，在计算中取为 0.419，岸壁处紊动黏性系数 $\gamma_t$ 的取值也根据壁函数方法来予以修正。

## 第三节　计算步骤

水深平均的多沙河流的控制方程可以写成统一的守恒形式如下：

$$\frac{\partial\rho_m H\Phi}{\partial t}+\frac{\partial\rho_m HU\Phi}{\partial x}+\frac{\partial\rho_m HV\Phi}{\partial y}=\frac{\partial}{\partial x}\left(\Gamma_\Phi H\frac{\partial\Phi}{\partial x}\right)+\frac{\partial}{\partial y}\left(\Gamma_\Phi H\frac{\partial\Phi}{\partial y}\right)+S_\Phi \tag{4-23}$$

其中 $\Phi$ 为变量，分别对应于 $U$、$V$、$k$、$\varepsilon$、$S$；$\Gamma_\Phi$ 为相应于 $\Phi$ 的扩散系数；$S_\Phi$ 为 $\Phi$ 所对应的源项，将其线性化为 $S_\Phi=S_c+S_p\Phi_p(S_p\leqslant 0)$。采用交错网格，各方程控制体积见图 4-1。控制方程对应的 $\Phi$、$\Gamma_\Phi$、$S_\Phi$ 见表 4-1，在进行数值计算时，只需对方程(4-23)编制一个通用程序，相应的控制方程均可用此程序求解。

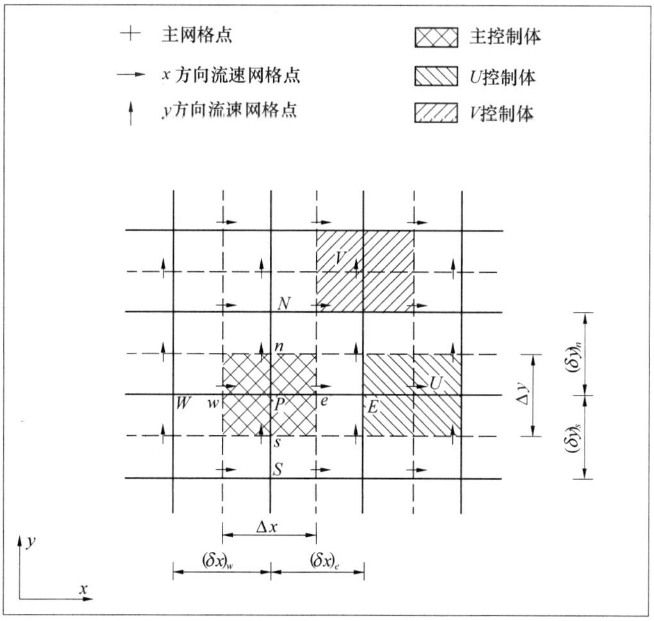


图 4-1　交错网格中的控制体积

**表 4-1 各控制方程中 $\Phi$、$\Gamma_\Phi$、$S_\Phi$**

| 方程 | $\Phi$ | $\Gamma_\Phi$ | $S_p$ | $S_c$ |
|---|---|---|---|---|
| 连续方程 | 1 | 0 | 0 | 0 |
| $x$ 向动量方程 | $U$ | $\eta+\mu_t$ | $-\frac{1}{C_0^2}\rho_m\sqrt{U^2+V^2}$ | $2\frac{\partial}{\partial x}\left[(\eta+\mu_t)H\frac{\partial U}{\partial x}\right]+\frac{\partial}{\partial y}\left[(\eta+\mu_t)H\left(\frac{\partial U}{\partial y}+\frac{\partial V}{\partial x}\right)\right]+\frac{\partial(H\tau_B)}{\partial x}+\frac{\partial(H\tau_B)}{\partial y}$ |
| $y$ 向动量方程 | $V$ | $\eta+\mu_t$ | $-\frac{1}{C_0^2}\rho_m\sqrt{U^2+V^2}$ | $\frac{\partial}{\partial x}\left[(\eta+\mu_t)H\left(\frac{\partial U}{\partial y}+\frac{\partial V}{\partial x}\right)\right]+2\frac{\partial}{\partial y}\left[(\eta+\mu_t)H\frac{\partial V}{\partial y}\right]+\frac{\partial(H\tau_B)}{\partial y}+\frac{\partial(H\tau_B)}{\partial x}$ |
| $k$ 方程 | $k$ | $\eta+\mu_t/\sigma_k$ | $-\rho_m\mu_r H\varepsilon/k$ | $HP_k+HP_{kv}$ |
| $\varepsilon$ 方程 | $\varepsilon$ | $\eta+\mu_t/\sigma_\varepsilon$ | $-C_2\rho_m H\varepsilon/k$ | $C_1HP_k\varepsilon/k+HP_{\varepsilon v}$ |
| $S$ 方程 | $S_n$ | $\Gamma_S$ | $-\alpha_n\omega_n$ | $\alpha_n\omega_n S_{n*}$ |

## 一、通用微分方程的离散

将式(4-23)对图 4-1 所示的控制体积作时间与平面上的积分，写出通用控制方程在节点 $P$ 的离散方程：

$$a_P\Phi_P=a_E\Phi_E+a_W\Phi_W+a_N\Phi_N+a_S\Phi_S+b \tag{4-24}$$

以 $E$ 点为例，方程中的系数：

$$a_E=D_eA(|P_e|)+\max[-F_e,0],\quad F_e=\rho_{me}U_eH_e\Delta y,\quad D_e=\frac{\Gamma_eH_e\Delta y}{(\delta x)_e}$$

其余 $W$、$N$、$S$ 三点可类似写出，以下均以 $E$ 方向为例，而

$$a_P{}^0=\rho_{mP}{}^0\frac{H_P{}^0\Delta x\Delta y}{\Delta t},\quad b=S_c\Delta x\Delta y+a_P{}^0\Phi_P{}^0,\quad a_P=a_E+a_W+a_N+a_S-S_P\Delta x\Delta y$$

其中 $H_P{}^0$ 和 $\Phi_P{}^0$ 表示在时刻 $t$ 的已知值，所有无上标的数值如 $\Phi_P$、$\Phi_E$、$\Phi_W$、$\Phi_N$、$\Phi_S$ 表示在时刻 $t+\Delta t$ 的未知值，$P_e$、$P_w$、$P_n$、$P_s$ 为 Peclet 数，取为 $F$ 与 $D$ 之比，例如 $P_e=F_e/D_e$，其余可依此类推，而 $A(|P|)$ 取幂函数公式的形式：$A(|P|)=\max[0,(1-0.1|P|)^5]$。

此离散化方程也可用于分组悬沙方程中含沙量的求解。

## 二、动量方程的离散

由于动量方程包含有未知的流速 $U$、$V$ 及水面梯度项 $-\partial z_s/\partial x$ 和 $-\partial z_s/\partial y$，因此必须特殊地考虑动量方程的离散。为方便，本节以下的推导中一律用 $z$ 表示水面高程(将下标 $s$ 略去)，用 $\rho$ 表示浑水的密度(将下标 $m$ 略去)。根据图 4-1，可写出 $x$ 方向的动量离散方程为：

$$a_eU_e=\sum a_{nb}U_{nb}+b+A_e(z_P-z_E) \tag{4-25}$$

其中 $A_e=\rho_e gH_e\Delta y$。将方程(4-25)改写为如下形式：

$$U_e=\widehat{U}_e+\frac{A_e}{a_e}(z_P-z_E) \tag{4-26}$$

式(4-26)中虚拟流速 $\widehat{U}_e$：

$$\widehat{U}_e=(\sum a_{nb}U_{nb}+b)/a_e \tag{4-27}$$

以 $U^*$表示一个以估计的水位场 $z^*$为基础的不完善的速度场，这种带星号的速度场将由下列离散化方程的解求得($y$ 方向虚拟流速 $\widehat{V}_n$ 和 $V^*$可类似推出)：

$$a_eU_e^*=\sum a_{nb}U_{nb}^*+b+A_e(z_P^*-z_E^*) \tag{4-28}$$

## 三、水位方程和水位校正方程

为了使算得的带星号的速度场逐渐接近满足连续性方程，必须改进水位估计值 $z^*$使之接近正确值，假设正确的水位 $z$ 由下式得到：

$$z=z^*+z' \tag{4-29}$$

其中 $z'$称为水位校正值。相应速度修正可近似写成：

$$U_e=U_e^*+A_e(z'_P-z'_E)/a_e \tag{4-30}$$

至此，问题的关键是水位和水位修正的求解，为此将连续方程转化为水位方程和水位校正方程。对连续方程离散，可得水位方程为：

$$a_Pz_P=a_Ez_E+a_Wz_W+a_Nz_N+a_Sz_S+b \tag{4-31}$$

其中：$a_E=\rho_e g(H_e\Delta y)^2/a_e$，$a_P=a_E+a_W+a_N+a_S+a_P^0$，$a_P^0=\dfrac{\rho_P^0-\rho_P}{\Delta t}\Delta x\Delta y$，$b=\rho_w\widehat{U}_wH_w\Delta y-\rho_e\widehat{U}_eH_e\Delta y+\rho_s\widehat{V}_sH_s\Delta x-\rho_n\widehat{V}_nH_n\Delta x+a_P^0z_P^0$。

对于水位校正，类似可写出：

$$a_Pz_P'=a_Ez_E'+a_Wz_W'+a_Nz_N'+a_Sz_S'+b \tag{4-32}$$

式中 $a_E$ 等与水位方程相同，而 $a_P$ 和 $b$ 的计算式为：

$$a_P=a_E+a_W+a_N+a_S$$

$$b=\rho_wU_w^*H_w\Delta y-\rho_eU_e^*H_e\Delta y+\rho_sV_s^*H_s\Delta x-\rho_nV_n^*H_n\Delta x+\rho_P\frac{z_P^0-z_P}{\Delta t}\Delta x\Delta y$$

## 四、计算步骤

以上已经获得了水深平均的多沙河流的控制方程及其离散形式，可以采用 SIMPLER 程式求解得到流速场和泥沙场，再解河床变形。具体计算步骤如下：

(1)给定 $U$、$V$、$k$、$\varepsilon$、$S$、$H$、$z'$的计算初始值；

(2)计算动量方程的系数，再根据式(4-27)，代入邻点速度数值计算 $\hat{U}$ 、$\hat{V}$ ；

(3)计算式(4-31)的系数，解此方程得到水位场；

(4)把计算的水位场作为 $z^*$，求解动量方程得出 $U^*$、$V^*$；

(5)按式(4-32)解水位校正方程，得出校正水位场 $z'$；

(6)按式(4-26)校正流速，但不校正水位；

(7)求解 $k$–$\varepsilon$ 方程，计算紊动黏性系数、泥沙扩散系数；

(8)解含沙量方程，求得各点的含沙量，得到各点的密度，并计算出挟沙力；

(9)判别流场和沙场是否满足收敛要求，否则以所有变量的新值为猜测值，计算方程系数和源项所需要的密度、涡黏性系数、含沙量、流变参数等都采用上一次迭代得到的新值，返回步骤(2)；

(10)如果流场、泥沙场均满足收敛条件，则计算河床变形；

(11)由得到的新的河床地形条件，返回步骤(1)，进行下一步计算。

## 五、数学模型中水流计算模块的验证——复式断面水流计算

为了验证建立的模型的正确性，同时表明该模型具有计算清水水流的能力，首先对复式断面的水流特性进行了计算。令宾汉体流变方程中的参数 $\mu_r=1,\tau_B=0$ ，认为全体计算区域内的含沙量和河床变形均为零，则该模型可用来计算清水定床情况。采用南京水科院水槽试验结果对本书数值模拟进行检验。该试验是在长 34 m、宽 3.02 m 的循环水槽中进行的，见图 4-2。复式断面的深槽宽 0.3 m，细小碎石扑堆成近似抛物形，最深处比滩地低 20 cm，滩地总宽度为 2.72 m，上面用 3 cm × 3 cm 橡皮梅花形加糙，断面对称分布，见图 4-3。

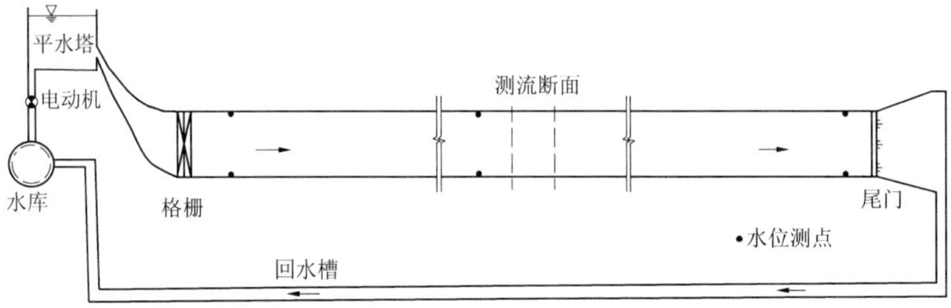


**图 4-2　复式断面水槽概化试验布置**

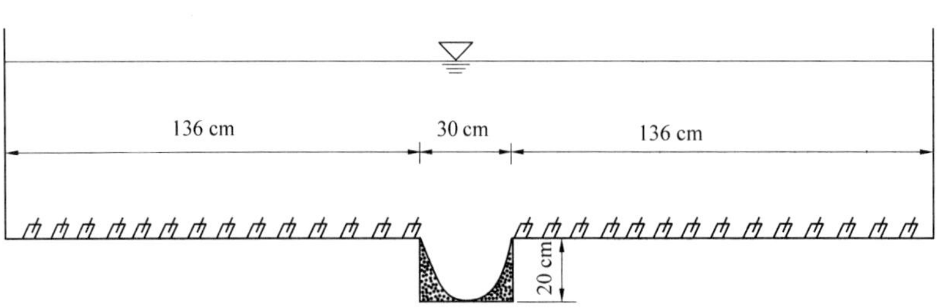


**图 4-3　水槽横断面形态**

在滩地加糙的情况下，没有用式(4-11)来确定河底边界阻力。根据爱因斯坦断面阻力划分方法，分析得到主槽糙率 0.02，滩地糙率 0.038。分别进行了 0.085 $m^3/s$ 、0.07 $m^3/s$ 、0.055 $m^3/s$ 三级流量的计算，相应的滩地水深依次为 25 cm、20 cm、15 cm 左右。水流方向划分为 35 个网格，间距 1 m，横向分为 31 个网格，间距 0.03~0.13 m，在主槽处横向网格间隔要小一些，适当加密。

从计算流速值和实测结果的对比图 4-4 ~ 图 4-6 来看，所建立的二维模型能够正确反映复式断面的流速分布规律：流速的最大值出现在中间主槽处，随着水深减小，主槽与滩地流速差呈现增加趋势；在离主槽远处，滩地流速分布较为均匀；当流量减小时，滩地流速变化不大，但主槽内流速明显增加，即小流量时主槽流量分配比增加；全断面流速图像对称分布。

图 4-7 ~ 图 4-9 为三种水情下水位沿程变化的计算值与实测值的对比，可见数模计算反映了水位从进口到尾门是逐渐降低的，接近直线分布；随着流量的减小，比降呈现增加趋势。这是因为水深减小后，滩地上的橡皮加糙对水流的扰动增加，消耗了更多的水流能量。

从图 4-4 ~ 图 4-9 可以看出，计算所得到的流速场和水位场与实测值差别都比较小，这说明了建立的数学模型计算流场的有效性。

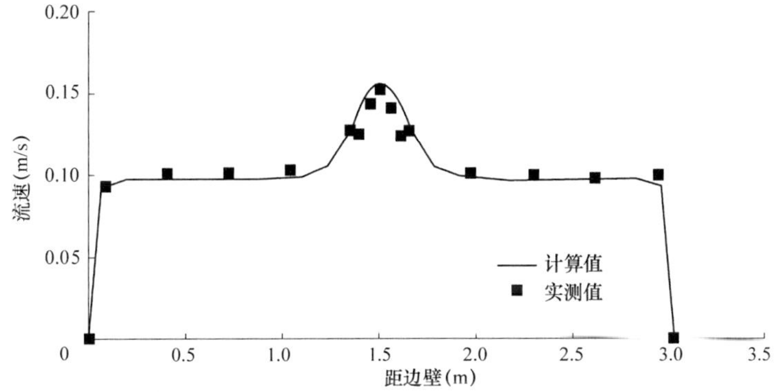


图 4-4　Q=0.085 $m^3/s$ 计算流速值与实测值的对比

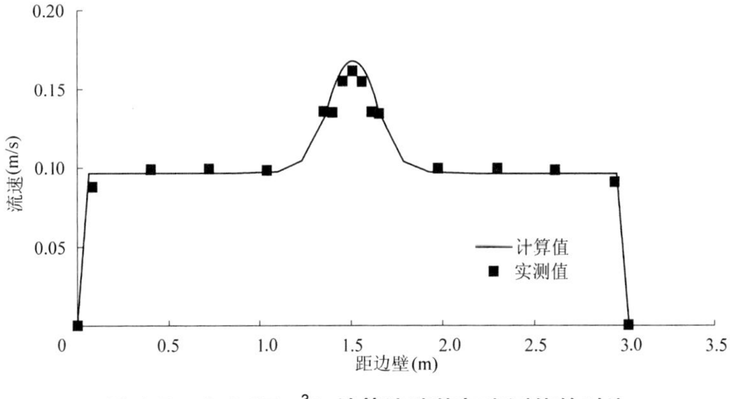


图 4-5　Q=0.07 $m^3/s$ 计算流速值与实测值的对比

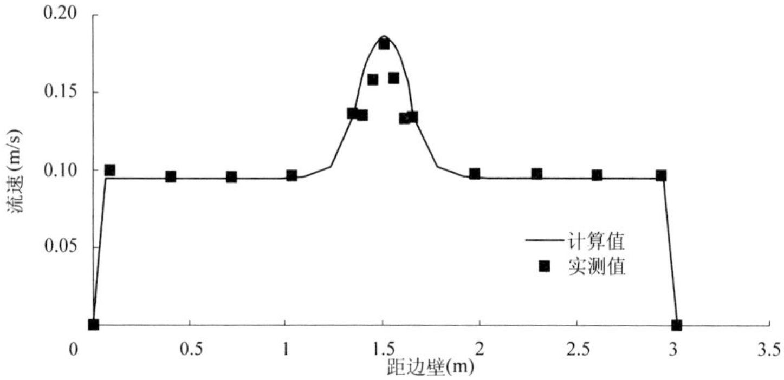


图 4-6　Q=0.055 m$^3$/s 计算流速值与实测值的对比

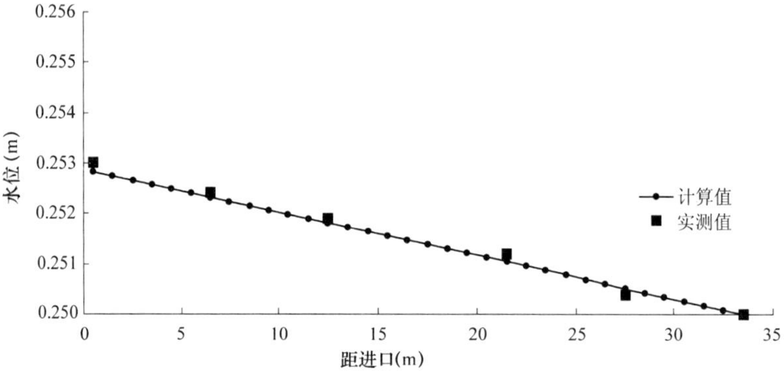


图 4-7　Q=0.085 m$^3$/s 计算水位值与实测值的对比

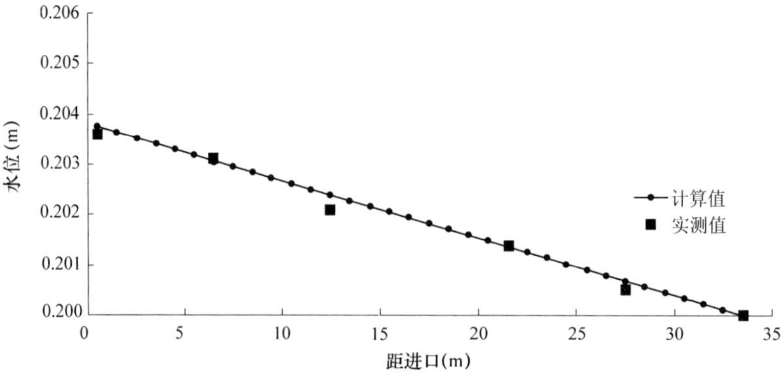


图 4-8　Q=0.07 m$^3$/s 计算水位值与实测值的对比

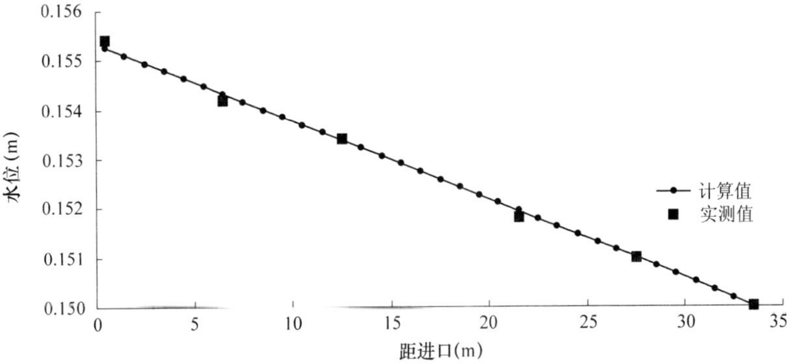


图 4-9　$Q$=0.055 m$^3$/s 计算水位值与实测值的对比

# 第四节　平面二维水流数学模型的应用

紊动黏滞系数 $\gamma_t$ 的确定有多种方法。Lacork 取 $\gamma_t$ 为常数和用 $k\sim\varepsilon$ 紊流模型确定 $\gamma_t$ 来计算流场，并进行比较，结论是两者相差不大，而后者计算却复杂得多。因此，为了简单起见，本节计算时 $\gamma_t$ 取为常数。

## 一、邕宁铁路大桥的建设对邕江行洪及附近流场的影响

为适应日益发展的铁路运输，尤其是西部大开发的需要，打通路网瓶颈，使物畅其流，形成西南出海大通道，国家决定兴建广西邕宁到南宁南站的单线铁路，拟在邕宁县仙葫开发区跨越邕江，桥址位于邕宁县城上游 4km，距下游邕江公路大桥 3.7km。邕江特大桥建设项目是全线的关键性工程之一，需要研究大桥的建设对邕江行洪及工程附近流场的影响。

### (一)河道概况

建桥桥址位于涟滩尾，河段顺直，河床稳定，水深 10~21m，靠南岸河水较深，枯水期水面约 250m，百年一遇洪水时最大水深达 35m，水面宽度 500m 以上。本河段无河堤防护，北岸为土质岸坡，覆盖层厚 8~12m，南岸为自然山坡，基本无覆土，强度较高，属难冲刷河床，适宜建桥。

根据铁道部第二勘测设计院的设计，本工程为单线铁路大桥，墩台及梁部横向(顺河向)均很窄，且桥轴线与主流方向基本垂直，对桥位及上、下游河段的水流方向不会引起大的改变，见图 4-10，其中 6#断面为桥位断面。

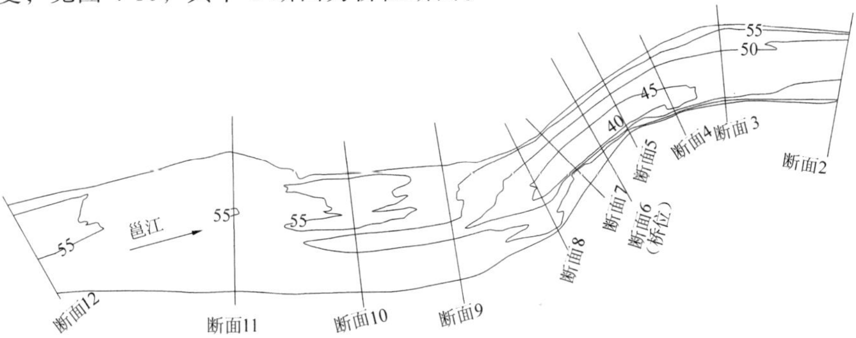


图 4-10　铁路桥附近河势

**(二)建桥前水位验证**

根据河段地形特征和桥墩布置、阻水比等，确定有效计算区域上起 11#断面，下至2#断面，根据当地工程技术人员多年的观测和判断，2#断面已经距离桥址足够远，受大桥建设的影响可以忽略不计。进口 11#断面与 $x$ 轴方向垂直，流速按均匀分布。在 $x$ 方向划分为 70 个网格，在 $y$ 方向划分为 61 个网格，网格间距为 2.2～60 m，在桥址处适当加密。地面高程在 70 m 以下(黄海高程)时按 1∶2 000 航道图上读取，在 70 m 以上时在 1∶10 000 地形图上读取。

由于本河段未进行系统的水文观测，没有实际得到的水位流速资料，故将广西水文水资源局计算得出的一维水面线推算结果作为验证资料。计算得到的沿程水面线结果见表 4-2。由表可见，数学模型计算结果与一维水面线推算结果相当接近，差值仅在 ± 0.01 m 以内，表明计算得到的流速场和水位场比较符合实际情况，可用于分析建桥前后河段的演变情况。

**表 4-2　数学模型沿程水面线验证**　(单位：m)

| 断面编号 | 百年一遇 $Q$=19 800 m³/s | | | 50 年一遇 $Q$=18 100 m³/s | | | 20 年一遇 $Q$=15 700 m³/s | | |
|---|---|---|---|---|---|---|---|---|---|
| | 推算 | 模型 | 差值 | 推算 | 模型 | 差值 | 推算 | 模型 | 差值 |
| 2 | 76.76 | 76.76 | 0 | 75.92 | 75.92 | 0 | 74.80 | 74.80 | 0 |
| 3 | 76.81 | 76.80 | −0.01 | 75.97 | 75.96 | −0.01 | 74.84 | 74.84 | 0 |
| 4 | 76.82 | 76.82 | 0 | 75.98 | 75.97 | 0 | 74.86 | 74.85 | −0.01 |
| 5 | 76.80 | 76.81 | 0.01 | 75.96 | 75.97 | 0.01 | 74.87 | 74.86 | −0.01 |
| 6 | 76.82 | 76.83 | 0.01 | 75.98 | 75.99 | 0.01 | 74.88 | 74.89 | 0.01 |
| 7 | 76.92 | 77.91 | −0.01 | 76.08 | 76.07 | −0.01 | 74.93 | 74.93 | 0 |
| 8 | 76.97 | 77.96 | −0.01 | 76.13 | 77.12 | −0.01 | 74.97 | 74.97 | 0 |
| 9 | 77.01 | 77.01 | 0 | 76.17 | 76.17 | 0 | 75.02 | 75.01 | −0.01 |
| 10 | 77.07 | 77.06 | 0 | 76.22 | 76.21 | −0.01 | 75.06 | 75.06 | 0 |
| 11 | 77.12 | 77.12 | 0 | 76.26 | 76.26 | 0 | 75.10 | 75.10 | 0 |

**(三)建桥前后洪水水位变化**

三种洪水流量下，壅水最高的分别是 0.10 m、0.08 m 和 0.06 m，且都出现在 7#、8#断面附近，到 11#断面壅水量分别为 0.08 m、0.06 m 和 0.04 m。由于河流能量具有自我调整作用，可以推断，再往上游壅水值将更加减小，直至于零。

**(四)建桥前后洪水流场变化**

计算所得的建桥前后流场的变化，以百年一遇洪水为例，如图 4-11、图 4-12 所示。由图可见，建桥前从 11#至 8#断面，主流逐渐由中间偏右岸逐渐过渡到中间偏左岸，流速最大处出现在深泓附近。从 8#至 3#断面，建桥前水流主流线缓慢左摆，在6#断面流速全断面分布较为均匀，且基本与断面线正交，然后主流稍向左偏，在 3#断面以下，最大流速又基本出现在河中心处，平顺进入下游。建桥以后，从 11#至 8#断面，主流依然逐渐左偏，流向变化很小，但由于水位有所抬高，平均流速稍有减小。

从 8#至 3#断面，流速方向与断面法向逐渐偏离，流速全断面分布比建桥前不均匀，至桥位断面，主流大部分向左偏转，但靠右岸的第一个桥墩，处在深泓线的中间，所以也有一部分流量偏向右岸，且流速明显增大，大大超过床沙的临界起动值，其流向顶冲河右岸，虽然右岸地质条件较好，也可能会引起堤防失事，此问题在 7# ~ 5#断面最严重。建议在 7# ~ 5#断面南岸加强观测，并在必要时对原有护岸工程进行整修、补充。在 4#断面以下，主流又归槽，动力轴线在河流平面中心线附近。至 3#断面以下，建桥对流场的影响已经很微弱。几种洪水情况下流场的变化特点十分相似，仅流速变化稍有不同。

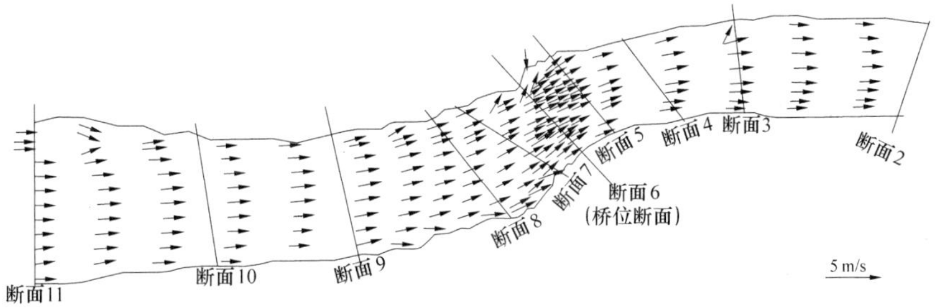


图 4-11　建桥前百年一遇洪水流场

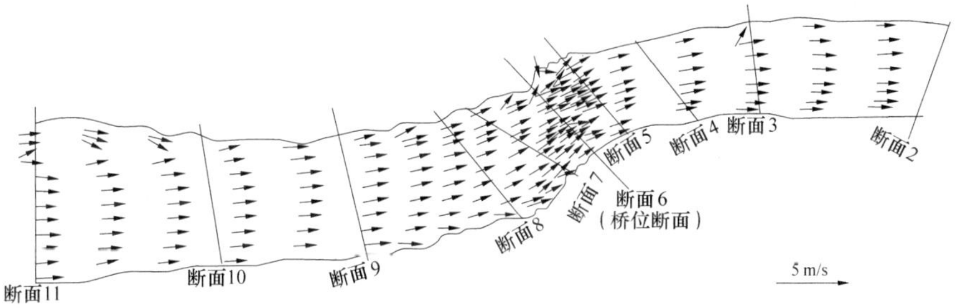


图 4-12　建桥后百年一遇洪水流场

桥墩前 11# ~ 5#断面，由于壅水作用，流速减小 0.05 ~ 0.12 m/s，减小的最大值发生在 8#、9#断面附近，与最大壅水高度位置一致。而桥址所在的 6#断面，三种水情下流速分别增大了 0.13 m/s、0.12 m/s 和 0.10 m/s。桥位后面的 5# ~ 3#断面，由于水流绕过桥墩后，有一个跌水作用，流向分散，流速也稍有增加，增加幅度在 0.01 ~ 0.05 m/s。至 3#断面，流速仅比建桥前增加 0.01 m/s，三种水情下分别是 2.20 m/s、2.12 m/s 和 1.97 m/s，流向改变幅度极微，表明建桥对河道的影响在此处已经很小。

以上计算结果表明，邕江特大桥的建设对河势变化的影响较小，且局限在桥位上游 3 km 和下游 0.5 km 范围内，不会造成邕江整个河势的变化。

该成果已通过河海大学、广西壮族自治区水利厅组织的联合审查，说明计算程序比较可靠。

## 二、渭河河道内桥梁立交对流场的影响

陕西省西铜公路是西安与咸阳北部、铜川、陕北间最主要的快速联系通道，也是交通需求最大、运输最繁忙的公路大动脉，四车道一级公路即将不堪交通重负，成为制约经济发展的瓶颈路段。从加强交通安全、规范交通管理，保障国家高速公路运输大通道的安全畅通角度考虑，西安至铜川高速公路项目的建设势在必行。

拟建西安至铜川高速公路路线起点在吕小寨，通过改造原有吕小寨立交，新建 4 条匝道与西安绕城公路北段形成枢纽互通；终点止于铜川新区，与拟建的铜川至黄陵高速公路相接，路线全长 62 km。渭河特大桥是该公路的控制性工程，大桥位于渭河干流下游的上段，上距渭淤 31 断面 2.1 km 左右，距咸阳水文站约 28.0 km。本桥上游 540 m 为现有西安—铜川一级公路草滩渭河桥，两桥北岸高坎处相距 600 m，南岸堤防处相距 480 m；本桥在河道内与西安铁路北环线三郎村特大桥立交，两桥交角 73.3°，北岸高坎处本桥在铁路桥下游约 140 m，在铁路桥北起第 2#、3#桥墩之间横空跨越，南岸堤防处本桥在铁路桥上游约 1 600 m。根据陕西省公路勘察设计院 2009 年 2 月的设计，河堤范围内桥长为 1 230 m，共 21 跨，跨径为 40 m 箱梁和 7×90 m 连续刚构，中间用 50 m 跨连接。

根据计算范围和桥墩尺寸，计算平面上 $X$ 方向共划分为 924 个网格，每个网格控制体积长度 1.5~10 m；$Y$ 方向共划分为 931 个网格，每个网格控制体积长度 1.2~10 m；在西安至铜川高速公路渭河特大桥桥位附近网格适当加密。2009 年 2 月，陕西水环境工程勘测设计研究院按水文规范进行了桥位上游 2 100 m、下游 1 100 m 的局部范围断面加密测量，每隔 200 m 测量一个大断面，共 17 个断面。以地理信息系统(GIS)为工具，采用空间插值方法，生成计算区域范围内的高程曲面。为了分析大桥建设对河势的影响，设定了无桥、现状(老西三公路草滩桥和三郎村铁路桥已经建成)、现状+新桥(西铜高速公路桥建成后)、建新桥拆老桥(西铜高速公路桥建成后拆去老西三公路草滩桥)四种方案，方案设置时对应的桥梁情况见表 4-3，计算区域与河道的相对位置见图 4-13。在前述生成的连续高程曲面的基础上，分别叠加新桥桥墩、老桥桥墩、铁路桥桥墩等矢量层，修改桥墩位置的地面高程，生成无桥、仅有老桥、建新桥以及建新桥拆老桥等多种工况的地形数据，再对应数学模型计算所需的计算网络，利用 ArcGIS 提供的从栅格数据提取单点数据的工具，取出数学模型所需的每个网格点的地形高程，为数学模型的模拟计算提供良好的基础地形数据。

**表 4-3　不同方案下的桥梁情况**

| 桥梁 | 方案 | | | |
|---|---|---|---|---|
| | 无桥 | 现状 | 现状+新桥 | 建新桥拆老桥 |
| 草滩公路桥 | — | + | + | — |
| 拟建高速公路桥 | — | — | + | + |
| 三郎村铁路桥 | — | + | + | + |

注：“+”表示计算时考虑该桥，“—”表示桥不存在，桥墩处地形根据周围高程点确定。

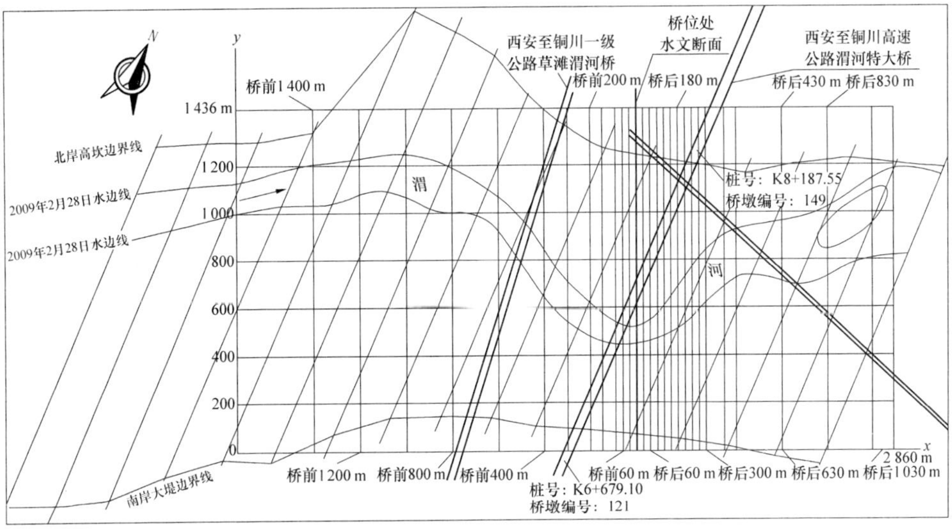


**图 4-13 典型断面与桥梁位置示意图**

该桥为特大型高速公路桥，设计防洪标准为 300 年一遇洪水，针对 $P$=0.33%时，计算各方案的流场。

**(一)无桥时的流场**

在距进口断面 200 m 处，流速分布呈抛物线形，水流动力轴线在河道中间，这和深泓线位置基本一致，受河道地形作用，在河道中间线以北的区域流向基本与 $X$ 轴方向平行，以南的区域流向与 $X$ 轴方向大致成 30°夹角，偏向北岸；此后河宽缩窄，平均流速增加，主流逐渐北移，在老西三公路草滩桥附近主流在北边，河中间有滩地，高程较高，流速较小，南岸滩地处的流速也较小；在拟建高速公路桥处河宽继续减小，北岸主流发展，顶冲河岸，南岸河道展宽，岸边水流紊乱，流速很小；过了拟建桥以后，由于北岸高坎内缩，水流受阻碍，主流线向南偏转，改为基本与堤防平行，水流动力轴线依然在北面，贴岸处有水流分汊，流向变化很大，但流速不大；在拟建桥水文断面 800 m 后，河道展宽，主流线仍在距离北岸高坎 450 m 左右的位置，流向基本与 $X$ 轴方向平行，南岸滩地流速较小。

**(二)其他方案时的流场**

现状条件下，主流在进入老桥前速度有所减小，方向变化不大，过了老桥后，由于老桥与河道南岸堤防大致呈 73°角，起到了一个导流作用，靠北的主流向南偏移的位置有所提前，在新桥处方向与新桥几乎正交；新桥与铁路桥交叉点，形成一个逆时针回流，回流边缘贴北岸高坎；新桥处河道中间主流规顺，基本与南岸堤防平行，靠近南岸流速较小，且方向南偏，这是由于南岸水流展宽的缘故；主流过铁路桥以后，主流仍分为两股，其中北股流速较大，流向稍偏北，南岸流速明显减小，方向南偏，河道中间处流速较小，流向基本与 $x$ 轴方向平行。

现状+新桥情况下，承接老桥下来的水流，新桥对主流又产生了一个导流作用，桥位处水文断面、老桥、新桥交点包围的三角地带及其后面约 400 m 处，流速很小，流向变化大，流态非常紊乱，但是距高坎 200~550 m 处，流速迅速增大，特别是新桥桥墩后面，最大流速超过 5 m/s，比无桥时对应值增大了 27.7%，且方向明显南偏；水流通过新桥轴线后，主流由偏北被“吸引”到河道中间，最大流速仍在 4 m/s 以上，流向基本与 $x$ 轴方向平行；在桥位处水文断面 830 m 以后，主流仍分为两股，一部分流量被导向偏北，此处流速较大但宽度较窄，其余部分较宽，但流速较小。

建新桥拆老桥后，没有了老桥的导流作用，新桥前流场与无桥时类似，主流与新桥夹角较大，仍顶冲河道北岸高坎，然后受到地形、新桥和铁路桥的共同作用，向南偏转，特别是与新桥轴线相交处，北边流向基本与桥轴线方向垂直，且流速很大，而南面变化不大，流速较小；在桥位处水文断面后的 400~830 m 处，水流动力轴线仍在中间，流向基本与 $x$ 轴方向平行；此后主流仍分两股。

**(三)流速和水位分析**

在建桥前，流速分布从南到北大致呈“M”形，与“W”形的地势相吻合；建桥以后，特别是三座桥集中地段，受桥墩尾流的影响，桥墩后面的部分区域流速明显减小，而部分区域大幅度增加，断面流速分布呈不规则的锯齿形。但总的来说，流速最大的位置，桥位断面 600 m 以前基本在中间，此后到桥位处水文断面后 400 m 一直维持在北岸；通过新桥的导流作用，桥位处水文断面后 400~830 m 处，流速最大值出现在河道中间附近；此后主流分为两股，河道中间流速较小。建桥后水流流速明显减小，建桥越多，阻水越强，洪水演进速度减小，大洪水时高水位浸泡堤防和高坎时间延长，对防洪安全不利。

新桥建设后 $P$=0.33%时，三座桥桥群最大壅水高度为 0.78 m。在桥位断面前 150 m 至桥位断面后 210 m，河道水流存在一个明显的横比降，北岸高，中间和南岸低。这是因为本处河道弯曲，北岸为弯道的凹岸，在建设了新桥以后，北岸桥墩更密集，阻水面积大增，水位增高值大。以桥位断面为例，无桥时北岸比南岸水位最多高 0.53 m，现状时为 0.50 m，现状+新桥后为 1.15 m，也就是说，建新桥大大增加了北岸水位的升高值，这和北岸主流流速的减小是相互对应的，$P$=0.33%时此处水面横比降达到 12‱，是纵比降的 2 倍，大大增加了水流顶冲南岸堤防的可能性。在桥位断面后 210 m 以下横比降减小，桥位后 300 m 以下，河道中间水位比两边高，符合复式断面横断面水位分布规律。

从计算结果来看，老桥拆除与否对桥位前 400 m 以后水位的变化影响不大，其原因是桥梁壅水作用主要往上游传播，水流绕过桥墩后产生跌水，对下游影响范围较小。老桥拆除后在桥位前 200 m 至桥位后 180 m 北岸水位比现状+新桥还有所抬高的原因是无老桥的导流作用后，主流顶冲北岸高坎河岸、新桥墩和铁路桥墩，造成局部水位升高。

**(四)结语**

采用平面二维水流数学模型的方法，计算了渭河河道内桥梁立交对流场的影响，分析了沿程流速变化和水面线变化，结果表明桥梁立交将引起壅水高度大增、近岸边回流增强、横比降增加等问题。

本次计算的有关成果已通过陕西省三门峡库区管理局、黄河水利委员会组织的多次专家审查，说明该方法是成功的。

# 第五节　泥沙模块计算时所用公式和参数的选取

## 一、选用原则

多沙河流输送高含沙洪水时，它的流变特性、运动特性、阻力特性、输沙特性等与低含沙水流有很大不同。一次洪水的冲淤深度可达 3~5 m，河床调整幅度大、速度快。而河床的调整又反过来影响挟沙力，水流的挟沙力是不断变化的。因此，建立数学模型时，除满足一般泥沙数学模型的要求外，还遵循了以下原则：

(1)充分考虑多沙河流特殊的运动规律，适当选取模型中的参数，选用各家公式时要考虑其是否适用于含沙量较高的情况；

(2)计算中，将流场与沙场耦合计算，充分反映含沙量的变化对流场的反作用，以适应黄河下游泥沙多来多排、演变迅速的特点；

(3)计算河床冲淤幅度时，考虑到河床变形迅速的实际情况，计算时段较短，以满足时段初和时段末流场的相似性；

(4)进行模型收敛性判别时，除满足流场收敛外，还要满足沙场稳定的条件。

## 二、流变公式的选用

通常认为高含沙水流流变规律用宾汉体方程表达。数学模型计算时采用窦国仁–王国兵公式来计算 $\tau_B$ 和 $\eta$：

$$\mu_r=\frac{\eta}{\mu}=(1-S/S_{\max})^{-2.5}，\quad \tau_B=\frac{\sigma_0}{\gamma_s}\sum_{i=1}^{N}P_i\left(\frac{\delta}{d_i}\right)\frac{S}{(1-S/S_{\max})^2} \tag{4-33}$$

式中：$\mu_r$ 为相对黏性系数；$\mu$ 为清水的动力黏滞系数；$\sigma_0$ 为系数，对于黄河沙 $\sigma_0$=9.8×8×10$^{-4}$ N/cm$^2$，对于电木粉 $\sigma_0$=9.8×1.6×10$^{-4}$N/cm$^2$；$\delta$ 为薄膜水厚度，其值为 0.21×10$^{-4}$ cm；$S_{\max}$ 为极限含沙量，$S_{\max}=2\gamma_s/[3\sum P_i(1+2\delta/d_i)]$。

经观察，可发现上述公式包含以下假定：只要有泥沙存在，流变特性就呈宾汉体形式，这与实际是不甚符合的。本书的计算实例是电木粉高含量的流体，根据第二章的研究，这种流体只有当 $\tau_B>3.2\times10^{-1}$ Pa 时，才是宾汉体。所以，计算时采用如下方法：先用式(4-33)计算 $\tau_B$ 和 $\eta$，如果 $\tau_B<3.2\times10^{-1}$ Pa，则认为流体属低含沙水流，流变方程采用牛顿体形式，反之则采用宾汉体方程。

## 三、挟沙力公式的选用

根据第二章的研究，数学模型中采用窦国仁公式的分组挟沙力形式来计算挟沙力：

$$S_n^*=P_n^*\frac{K}{C_0^2}\frac{\gamma_s\gamma}{\gamma_s-\gamma}\frac{(U^2+V^2)^{1.5}}{gH\omega_n} \tag{4-34}$$

其中 $K$ 由式(2-17)确定，$P_n^*$ 为挟沙能力级配，$\omega_n$ 为非均匀沙群体沉速：

$$\omega_n=\sum_{i=1}^{N}P_i\omega_i\ ,\quad P_n^*=\left(P_n/\omega_n\right)^{\alpha}/\sum_{i=1}^{N}\left(P_i/\omega_i\right)^{\alpha} \tag{4-35}$$

沉速 $\omega_i$ 可用显式化的窦国仁沉速公式计算，$\alpha$ 取为 0.125。

## 四、恢复饱和系数 $\alpha$ 的选取

恢复饱和系数是反映悬移质不平衡输沙时水体含沙量向挟沙力接近的参数，它既与水流动力、泥沙条件有关，又与地形有关，是个复杂的函数，对多泥沙河流一般在 0 ~ 0.5 之间，在计算时先假定其为某一个常数，进行河床淤积计算后取实际发生过的水沙及河床变形过程对模型验算之，直至估计 $\alpha$ 后的结果与实测值接近为止。

计算中发现：随着水库淤积的发展，在来水来沙条件变化不大的情况下，$\alpha$ 呈减小趋势。这是否是多沙河流水库 $\alpha$ 变化的普适性规律，可作如下分析：

(1)窦国仁认为 $\alpha$ 代表着泥沙颗粒沉降概率，由下式确定：

$$\alpha=\int_{-\omega_s}^{\infty}\frac{1}{\sqrt{2\pi}\sigma}\mathrm{e}^{-\frac{v'^2}{2\sigma^2}}\mathrm{d}v' \tag{4-36}$$

可见式(4-36)确定的沉降概率 $\alpha<1$。随着水深减小，流速增大，脉动流速也应呈增大趋势。另外，近底处脉动流速远大于垂线脉动的均值，水深减小后也增加了近底处脉动占整个垂线的比重，也就是说使式(4-36)中的 $\sigma$ 增大。根据概率统计学原理，随着水深减小，$\alpha$ 将出现减小趋势。

(2)林秉南建议采用下式计算：

$$\alpha=\xi\left(\frac{H}{2d}\right)^{\omega_s/(\kappa u_*)} \tag{4-37}$$

若来水来沙变化不大，式(4-37)中的悬浮指标应比较稳定。从式(4-37)可看出，$\alpha$ 随水深的减小而减小。

(3)潘庆燊给出的计算公式为：

$$\alpha\big|_S=\int_0^1\eta^{f+1}\mathrm{d}\zeta\cdot\frac{\int_0^1\alpha\eta^{(3f-1)m}\mathrm{d}\zeta}{\int_0^1\eta^{(3f-1)m+f+1}\mathrm{d}\zeta} \tag{4-38}$$

式中：$S$ 为断面平均含沙量；$\zeta=y/B$；$\eta=h/H$；$f$ 为参数，满足 $u(y)\propto H^f$；对顺直河段 $f$=2/3；$m$ 为挟沙力武汉水院公式中的指数。在黄河等北方河流一维计算中，恢复饱和系数必须取非常小的一个影响因素是由于黄河中大量边滩的存在，边滩的宽度往往是主槽的数十倍，大大降低了平滩流量附近的恢复饱和系数。如果采用上述公式计算，很容易得出随着水深减小而 $\alpha$ 减小的结论。虽然式(4-38)是在一维数学模型计算中提出来的，但可以认为，一维数学模型与二维数学模型中 $\alpha$ 的变化应无本质的不同，即 $\alpha$ 随着水深减小而减小。

经过以上的分析，以及本次计算实践，得到如下结论：随着多沙河流水库淤积的发

展而水深减小，在来水来沙条件变化不大时，恢复饱和系数 $\alpha$ 将减小。

## 五、采用水流泥沙场耦合求解的必要性

计算时采用水流场和泥沙场耦合求解，即每计算一步流速、水位等流场物理量后，再计算含沙量、挟沙力等泥沙场量，然后用所得的流场量和沙场量为猜测值进行下一步的迭代计算，这样能反映含沙浓度较高时水流与泥沙相互影响的特点，更符合多沙河流的实际情况，即采用水沙耦合求解方法。这主要是因为：

(1)挟沙力的计算受含沙量的影响。根据第二章的研究，考虑含沙量与否，挟沙力计算值可能相差 2 倍以上。

(2)宾汉剪应力的存在对流场的影响。高含沙洪水流速沿垂线分布与清水和低含沙水流有显著不同，存在一个“流核区”，在流速场计算时必须同时求出 $\tau_B$，以利于下一步计算。

(3)各控制方程求解时的系数都包含混合体的密度，密度计算公式为：

$$\rho_m = \rho_f + (\rho_s - \rho_f)S / \rho_s \tag{4-39}$$

当密度变化较大时，流场计算时显然不能忽略密度的影响。

(4)在判别收敛前必须计算泥沙场量，以确定沙场是否已经稳定。

## 六、收敛性判别

在迭代过程中必须规定收敛性标准，以控制计算的去向。采用双重判断准则来判定迭代的收敛性：①流速场收敛；②泥沙场收敛。

流速场收敛规定两个条件，一是相对质量源之和足够小，二是相对质量源的最大绝对值足够小。上述两项分别控制在 0.008 和 0.005 以内。

计算中两个泥沙场，即含沙量场和挟沙力场，均以前后两次迭代值之差足够小作为迭代收敛的准则。对含沙量场，由于该值是求解悬移质输移方程得出的，对于网格水深及其相邻的前、后、上、下网格点水深均大于 0.5 m 的网格点，设定最大相对残差= $\max(|S_{i,j}^{k+1} - S_{i,j}^{k}|)/ S_{\text{in}}$。对挟沙力场，由于该值是由代数关系式得到的，在整个计算网格上，最大相对残差= $\max(|S_{*i,j}^{k+1} - S_{*i,j}^{k}|)/S_{\text{in}}$。其中上标表示迭代步数，$S_{\text{in}}$ 为进口含沙量。含沙量场和挟沙力场的最大相对残差经过多次迭代后，均控制在 0.001 以内。

## 七、计算时段的选取

运算时认为在计算时段 *tscale* 内，河床变形是均匀的，*tscale* 应足够小，以满足时段初和时段末流场的相似性。根据式(4-19)，河床变化幅度是与计算时段成正比的，可写为：

$$\Delta\eta = tscale / \gamma' \cdot \left[ \sum_{n=1}^{N} \alpha_n \cdot \omega_n \cdot (S_n - S_{n*}) \right] \tag{4-40}$$

为了给出 *tscale* 控制条件，令每组计算时段河床变形的最大值 $\max|\Delta\eta|$ 满足两个条件：①变形的相对性，即 $\max|\Delta\eta| \leqslant (1/12)H_{\max}$，$H_{\max}$ 为水深的最大值；②变形的绝对性，即 $\max|\Delta\eta| \leqslant 0.5\,\text{m}$，即用 $\max|\Delta\eta|$ 来控制 *tscale* 的取值。

# 第六节　模型的验证

我国西北、华北地区多沙河流干支流上已建成多座水库。天然河流的河床周界条件与上游来水来沙之间经过长期的相互作用后，会形成一种动态平衡关系。修建水库后破坏了这种平衡状态，库区水位壅高，水深增大，流速减小，水流挟沙能力降低，会导致泥沙在库区淤积，使水库兴利库容减小，甚至威胁水库使用寿命。多沙河流上修建水库后淤积更迅速。以黄河小浪底水库为例，在 205 m 蓄水位下库容约为 17 亿 $m^3$，而年均输沙量多达 16 亿 t，故在此水位下很快就可以达到淤积基本平衡。若水库建成后管理使用不当，泥沙大量落淤会引起诸多问题。用数学模型的方法研究多沙河流水库泥沙的运动规律，对预测泥沙淤积情况，保持水库长期的有效库容，具有重要意义。

## 一、黄河小浪底枢纽水沙情况简介

为解决黄河下游的防洪、减淤、灌溉、防凌等问题，在三门峡下游 131 km 的小浪底河段兴建大型水利枢纽工程，它可以控制进入黄河下游 90.5%的水量和 98.1%的沙量，具有重大的综合效益。由于小浪底河段的含沙量很高，如何解决好泥沙问题至关重要。小浪底枢纽在黄河流域的位置见图 4-14。为研究小浪底枢纽的泥沙问题，南京水利科学研究院已在整体物理模型上进行了多年长系列的试验研究。本节将利用已建立的数学模型对物理模型试验时的坝区河床变形进行计算。

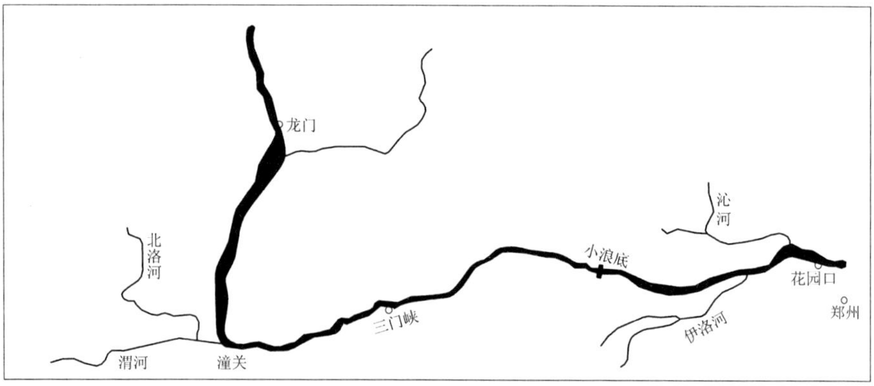


**图 4-14　小浪底枢纽在黄河流域的位置**

## 二、计算结果与物理模型第 9 年的对比

计算时初始地形为物理模型第 8 年末(1957 年)实测地形资料，第 9 年开始时，坝前水位升高了 5 m，达到 230 m，物理模型试验按 1958 年实测水文资料来施放上游来水来沙过程，见表 4-4。

表 4-4　物理模型第 9 年水沙过程

| 年份(年序) | 流量级 | 原型日期(月-日) | 历时(d) | 流量($m^3/s$) | 含沙量($kg/m^3$) | 中值粒径(mm) | 坝前水位(m) |
|---|---|---|---|---|---|---|---|
| 1958 年(第 9 年) | 9-1 | 07-01~07-10 | 10 | 1 109.9 | 87.37 | 0.022 2 | 230.0 |
| | 9-2 | 07-11~08-11 | 32 | 2 285.7 | 194.21 | 0.021 0 | 230.0 |
| | 9-3 | 08-12~08-14 | 3 | 5 188.7 | 205.08 | 0.023 1 | 230.0 |
| | 9-4 | 08-15~08-19 | 5 | 2 575.4 | 60.11 | 0.017 3 | 230.0 |
| | 9-5 | 08-20~08-25 | 6 | 5 149.0 | 70.08 | 0.019 0 | 230.0 |
| | 9-6 | 08-26~09-10 | 16 | 3 004.6 | 78.92 | 0.019 6 | 230.0 |
| | 9-7 | 09-11~09-30 | 20 | 2 479.0 | 27.33 | 0.025 6 | 230.0 |

采用 110×80 网格，在水深变幅比较大的地方，网格适当加密，计算初始地形和网格划分见图 4-15。泥沙分组粒径为：＞0.175 mm，0.175 ~ 0.075 mm，0.075 ~ 0.037 5 mm，0.037 5 ~ 0.017 5 mm，0.017 5 ~ 0.005 mm，＜0.005 mm，共分为 6 组。对进口断面采用概化处理，即概化为一个矩形断面的河槽，流向与 $x$ 轴平行。计算时对物理模型试验过程进行模拟，概化矩形断面的河宽近似与实际进口部分相等，以满足水流平顺的要求。由于物理模型采用的模型沙为电木粉，根据第三章第二节的研究，矩形断面的面积应近似满足式(3-5)，其中式(3-5)中的自变量(流量、含沙量、悬沙代表粒径)采用物理模型相应的进口控制值。由此可得到初始条件的进口水深。计算开始时出口也概化为矩形断面，其面积仍满足式(3-5)。

流量级 9-1 开始时，坝区水位升高了 5 m，图 4-11 对应的流场见图 4-16。

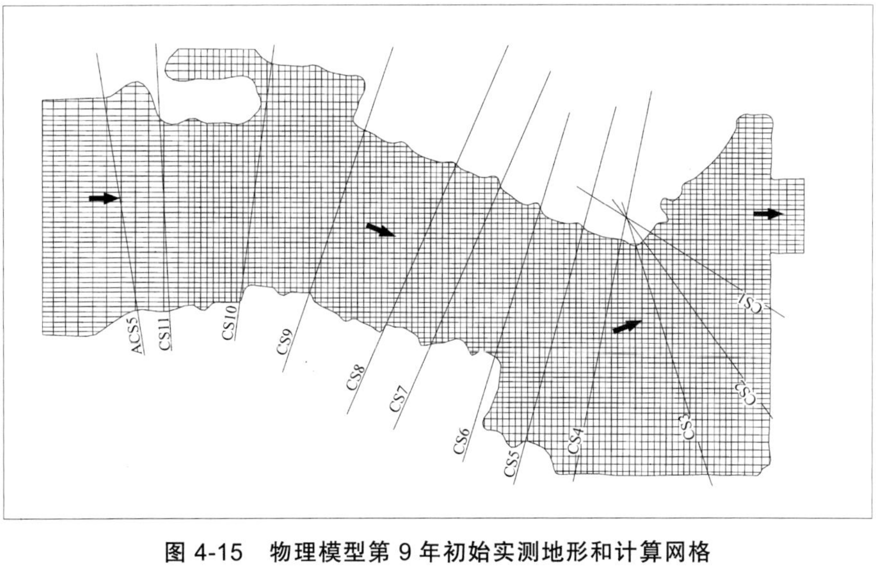


图 4-15　物理模型第 9 年初始实测地形和计算网格

图 4-16 流量级 9-1 初始时的坝区流场

将物理模型上的河床冲淤变化视为原型对建立的数学模型进行检验。施放 9-1 的水沙过程后，计算得到的地形图如图 4-17 所示，由于水量、沙量不大，历时也较短，河床平面没有发生大的变化。但实际上计算区域已有所淤积。流量级 9-2 历时较长，来水来沙量也大，河床变形剧烈。为更清楚地探求泥沙的淤积规律，给出了放水 21.3 d 后的计算地形和流量级 9-2 末的计算地形，如图 4-18 和图 4-19 所示。由图可以看出，心滩首先在进口附近出现，说明此时河段进口处的泥沙已经不能顺利输送到下游坝址处，接着淤积向下游发展。河型由单一型向分汊型发展，流量级 9-2 末水流较散乱，但左、右汊已具规模。

图 4-20、图 4-21 分别是流量级 9-4、9-5 末的地形图。可以看到，右汊继续淤积，到流量级 9-4 末已形成单一河槽，流量级 9-5 末下游河宽明显窄于上游，表明了下游主河槽形成快于上游。图 4-22 是流量级 9-7 末的计算地形图，计算表明单一河槽的右岸继续淤积，河槽宽度束窄，主槽已相对稳定。

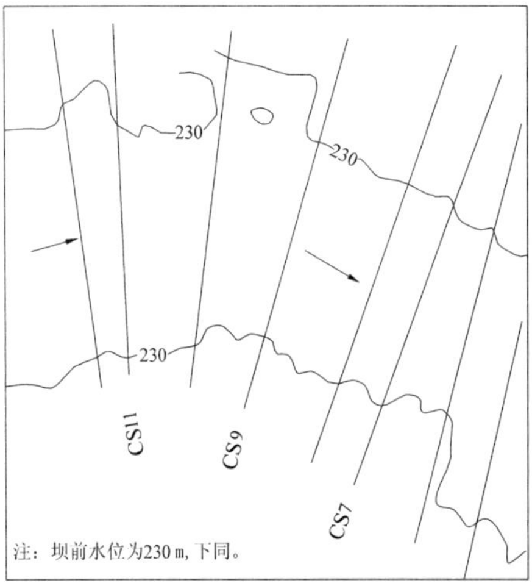


图 4-17 流量级 9-1 末计算地形

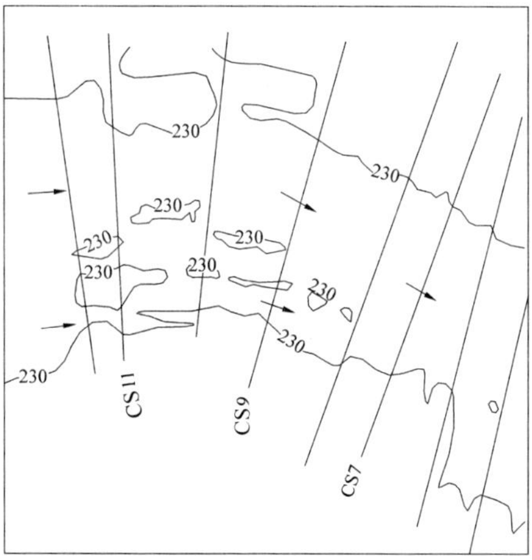


图 4-18 流量级 9-2 后 21.3 d 计算地形

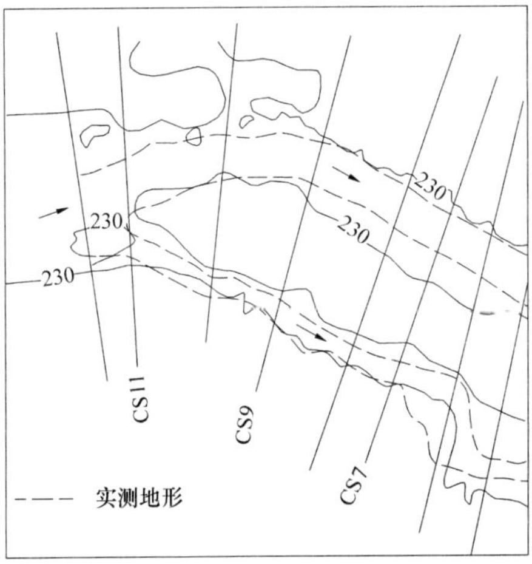


图 4-19　流量级 9-2 末计算地形

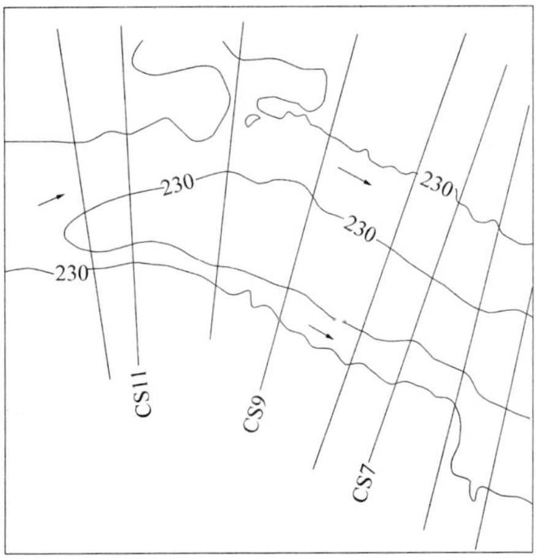


图 4-20　流量级 9-4 末计算地形

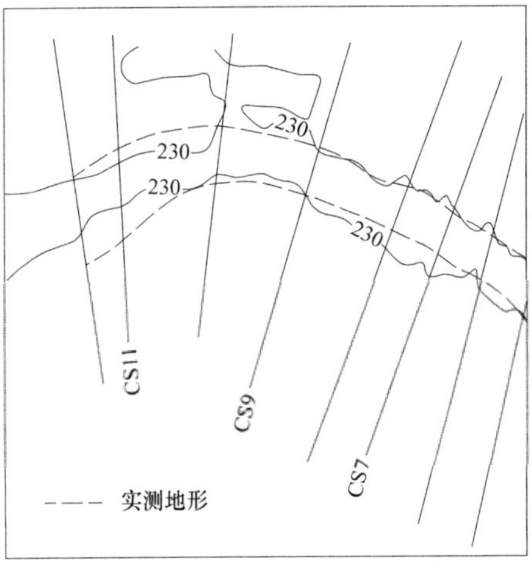


图 4-21　流量级 9-5 末计算地形

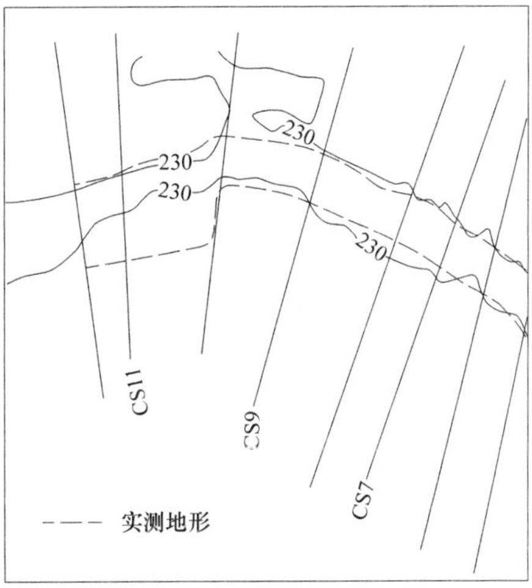


图 4-22　流量级 9-7 末计算地形

为了更准确地表征水库淤积分布，选取了 CS7 和 CS9 断面，观察它们在蓄水过程中的变化，见图 4-23、图 4-24，可见结果与物理模型实测值接近。从图上也可再次看出，泥沙落淤主要淤积在滩地上，水库能保持一定宽度的行水主槽。

从计算得到的地形图与物理模型实测地形图的对比，以及断面图的对比可以看出，尽管局部地形有差异，但数学模型所计算得出的库区河道地形变化规律(即：边滩和心滩首先在坝区上段出现，边滩与右岸相连；随着淤积的发展，坝区后段也出现边滩和心滩，散乱的多股水流渐渐合并形成两股；然后右侧支汊逐渐淤塞，左汊形成单一主槽；单一主槽形成以后，将长期保持下去)与实测物理模型地形变化是完全一致的。

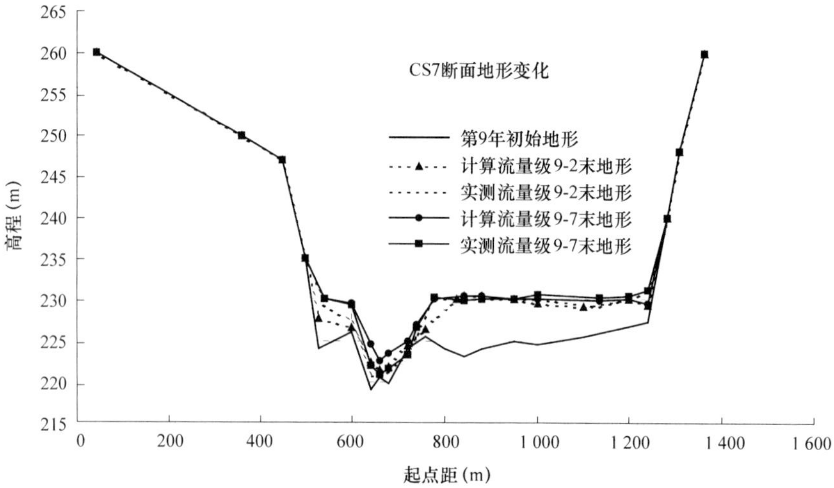


图 4-23 CS7 断面计算与实测地形图的对比

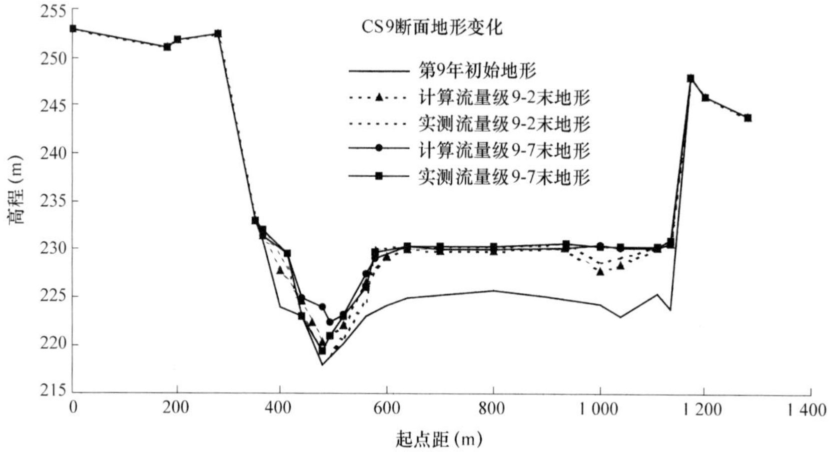


图 4-24 CS9 断面计算与实测地形图的对比

## 三、计算结果与物理模型第 4 年的对比

在物理模型第 3 年末实测地形基础上，对第 4 年河床变形进行了计算。第 4 年初始时，坝前水位上升了 4 m，达到 209 m。试验时按 1953 年实测水文资料施放上游来水来沙过程，见表 4-5。

计算网格和进出口断面概化仍按上文第 9 年的方法。

物理模型观测到的情况是：当水库蓄水到预定高程后，坝区水位比建坝前高出很多，水深很大，断面很宽，水面几乎呈静止状态。随着坝前水位稳定时间的延长，边滩和心滩在上游出现，泥沙淤积逐步从上游向下游发展，经过一段时间后，下段也出现边滩和心滩，一时出现多股水流并存的局面，主流游荡不定。随着泥沙的淤积和心滩的扩大，许多支汊逐渐淤塞，最后在左侧形成一条主流，从游荡转为相对稳定。图 4-25~图 4-30 为计算得出的平面地形。

表 4-5 物理模型第 4 年水沙过程

| 年份(年序) | 流量级 | 原型日期(月-日) | 历时(d) | 流量($m^3/s$) | 含沙量($kg/m^3$) | 中值粒径(mm) | 坝前水位(m) |
|---|---|---|---|---|---|---|---|
| 第 4 年(1953 年) | 4-1 | 07-01~07-13 | 13 | 745.5 | 57.23 | 0.0298 | 209 |
| | 4-2 | 07-14~07-21 | 8 | 804.7 | 205.24 | 0.0277 | 209 |
| | 4-3 | 07-22~07-27 | 6 | 601.8 | 79.22 | 0.0265 | 209 |
| | 4-4 | 07-28~08-07 | 11 | 1570.7 | 116.96 | 0.0290 | 209 |
| | 4-5 | 08-08~08-16 | 9 | 949.4 | 95.58 | 0.0277 | 209 |
| | 4-6 | 08-17~08-21 | 5 | 2172.8 | 215.79 | 0.0293 | 209 |
| | 4-7 | 08-22~08-25 | 4 | 522.8 | 111.02 | 0.0273 | 209 |
| | 4-8 | 08-26~08-28 | 3 | 2927.9 | 230.52 | 0.0301 | 209 |
| | 4-9 | 08-29~09-16 | 19 | 792.8 | 49.36 | 0.0272 | 209 |

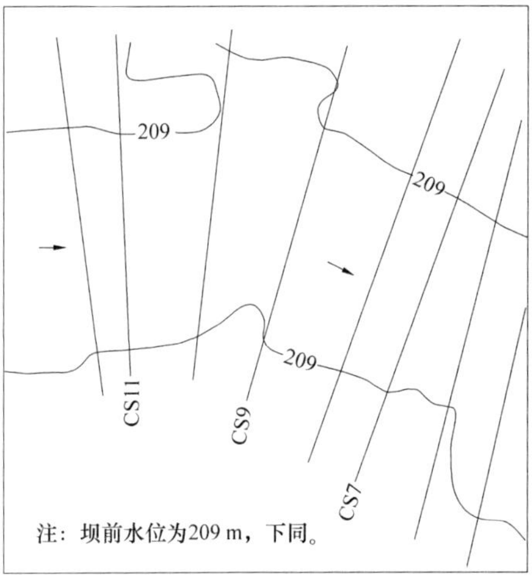


图 4-25 流量级 4-1 末计算地形

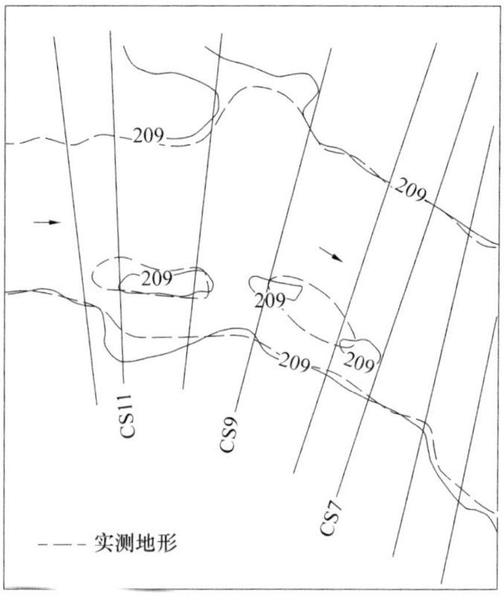


图 4-26 流量级 4-2 末计算地形

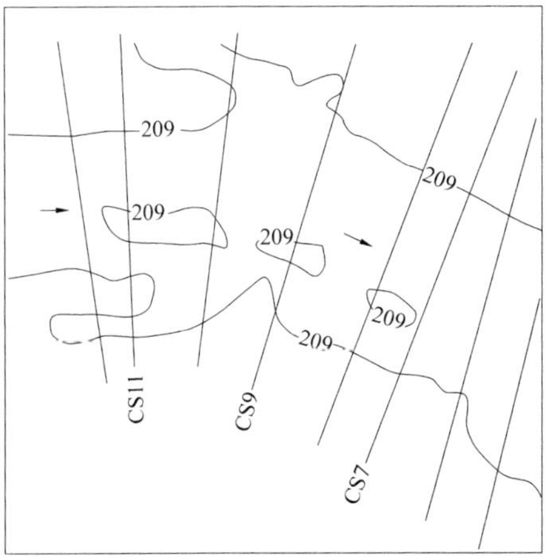


图 4-27 流量级 4-3 末计算地形

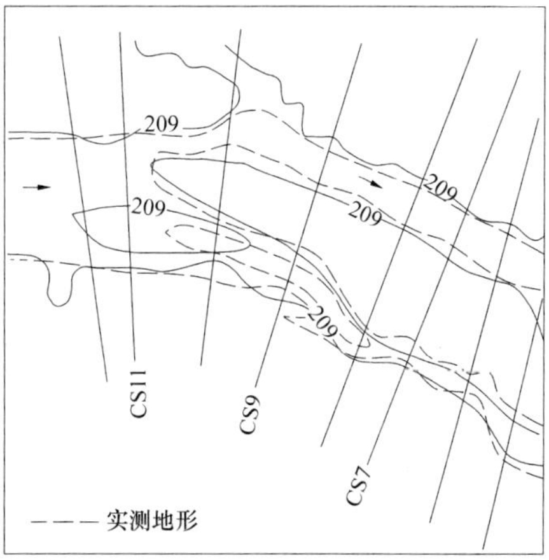


图 4-28 流量级 4-4 末计算地形

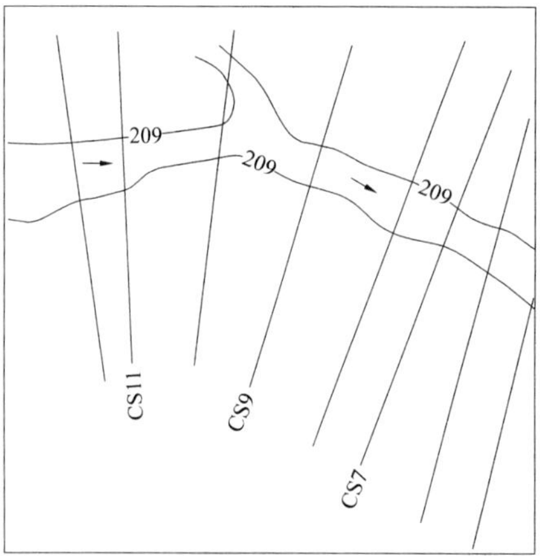


图 4-29　流量级 4-7 末计算地形

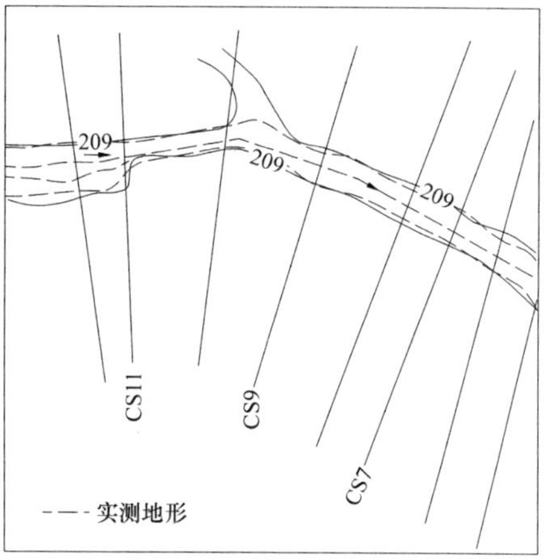


图 4-30　流量级 4-9 末计算地形

横断面选取 CS6、CS8 作为代表断面，这两个断面计算地形变化与实测值对比见图 4-31、图 4-32。

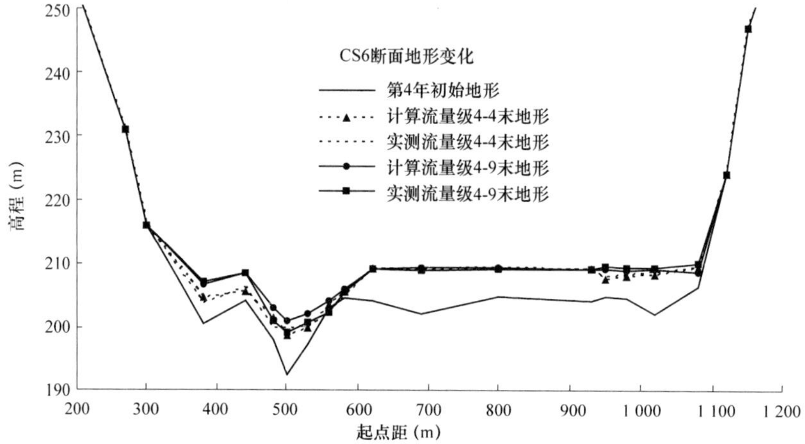


图 4-31　CS6 断面计算与实测地形图的对比

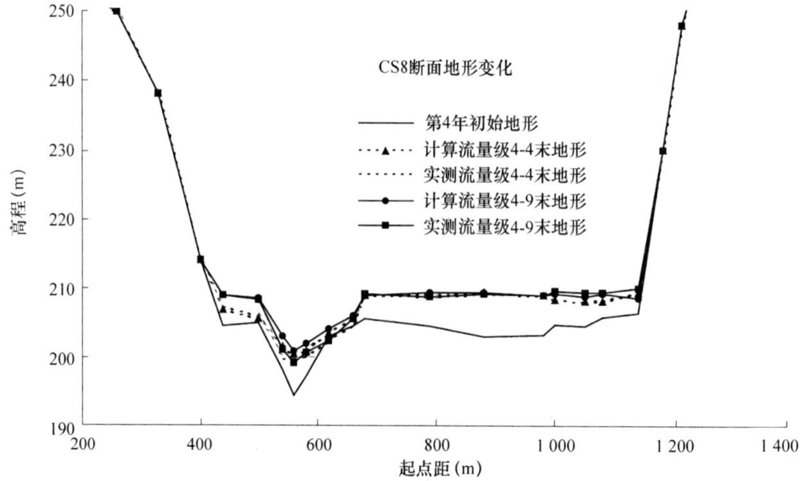


图 4-32　CS8 断面计算与实测地形图的对比

计算得出的平面地形图 4-25 ~ 图 4-30 表明：蓄水位升高后，滩面普遍上水，首先在河道中靠近右侧淤积出边滩，心滩在进口附近出现，出现多股水道；然后心滩逐渐向下游延伸，边滩向河中心伸长，多股水道慢慢合并；随着淤积的逐步进行，边滩和心滩连成一片，在河谷的左侧形成单一河道，这时由于上游进口的水沙条件逐步与新形成的河道地形达到平衡，单一河道的主槽将长期保持。从计算得到的地形图与实测地形图的对比可看出，尽管局部地形有一定差异，如最后实测地形进口附近的心滩在计算中未出现，但数学模型得出的结果与物理模型实测趋势是一致的。

综上所述，计算所得的河床形态基本上能反映实测物理模型地形的变化，所建立的多沙河流水深平均的二维数学模型能够对实际多沙河流进行较好的模拟。

## 第七节　本章小结

在本章中采用 SIMPLER 程式，建立了水沙耦合求解的多沙河流的水深平均的二维泥沙数学模型，主要内容如下：

(1)在进行多沙河流泥沙数学模型计算时，充分考虑到其特殊的运动规律，将流场与沙场耦合计算，以适应黄河下游泥沙的多来多排、演变迅速的特点；适当选取模型中的参数，选用各家公式时也要考虑其是否适用于含沙量较高的情况；前文的理论分析成果在模型中也得到应用；如果对该数学模型作适当简化，则可应用于计算清水和少沙河流情况，与实测资料也比较吻合。

(2)计算河床冲淤变化时，考虑到河床变形迅速的实际情况，计算时段应较短，以满足时段初和时段末流场的相似性，给出了计算时段应满足的关系式。

(3)在计算收敛性判别时，除满足流场收敛外，还要满足含沙量场和挟沙力场均稳定的条件。

(4)对争议较大的恢复饱和系数$\alpha$取值，计算得出了随着水库淤积的发展而水深减小，恢复饱和系数$\alpha$呈减小趋势的结论，与现有的多家理论分析结果和经验公式都比较符合，表明该结论是比较合理的。

(5)通过与黄河小浪底物理模型的对比，计算所得的河床形态基本上能反映实测物理模型地形的变化规律，表明所建立的多沙河流水深平均的二维数学模型能够对实际多沙河流进行较好的模拟。

# 中篇　三维水流泥沙数学模型研究

# 第五章　三维水沙运动的控制方程与求解

天然水流中的泥沙运动都具有三维特性。泥沙数学模型按照所模拟的水沙运动在空间上的变化，经历了由一维、二维到三维的发展过程。平面二维泥沙数学模型忽略了垂线方向的次生运动，如弯道环流等，而这种次生运动往往对泥沙输移和河床变形起着重要作用，在二维模型中对这一点是无法反映的，因此三维泥沙数学模型成为重要的不可替代的研究手段。在第四章建立的平面二维水流泥沙数学模型基础上，第五~七章进行了三维水流泥沙数学模型的程序编制和实例计算工作。

挟沙水流数学模型包括水流模型和泥沙模型两类，前者着眼于研究不动周界的水流演进过程，而后者侧重于研究周界可动时的河床变形。本章将首先进行三维水流数学模型的离散，在此基础上进行三维泥沙数学模型定解条件的分析，并提出一种改善求解过程收敛性的方法。

## 第一节　水流控制方程和压力项分解

### 一、三维水流的控制方程

实际工程中水流多数呈三维高紊动特性，且常包含自由水面，如建桥后的桥墩冲刷、丁坝绕流、弯道水流等。由于问题的复杂性，求出完整的解析解是十分困难的，采用数值求解方法则使问题变得相对简易。

设定 $xoy$ 平面为水平面，$z$ 轴为沿水深垂直向上，对应于 $x$、$y$、$z$ 方向的速度分别为 $u$、$v$、$w$，引入 Boussinesq 假设，略去一些相对小量，式(1-1)和式(1-2)表示的黏性不可压缩水流连续方程和动量方程的时均化形式如下。

连续方程：

$$\frac{\partial u}{\partial x}+\frac{\partial v}{\partial y}+\frac{\partial w}{\partial z}=0 \tag{5-1}$$

$x$ 方向动量方程：

$$\frac{\partial u}{\partial t}+u\frac{\partial u}{\partial x}+v\frac{\partial u}{\partial y}+w\frac{\partial u}{\partial z}=-\frac{1}{\rho}\frac{\partial P}{\partial x}+\frac{\partial}{\partial x}\left(\gamma_t\frac{\partial u}{\partial x}\right)+\frac{\partial}{\partial y}\left(\gamma_t\frac{\partial u}{\partial y}\right)+\frac{\partial}{\partial z}\left(\gamma_t\frac{\partial u}{\partial z}\right) \tag{5-2a}$$

$y$ 方向动量方程：

$$\frac{\partial v}{\partial t}+u\frac{\partial v}{\partial x}+v\frac{\partial v}{\partial y}+w\frac{\partial v}{\partial z}=-\frac{1}{\rho}\frac{\partial P}{\partial y}+\frac{\partial}{\partial x}\left(\gamma_t\frac{\partial v}{\partial x}\right)+\frac{\partial}{\partial y}\left(\gamma_t\frac{\partial v}{\partial y}\right)+\frac{\partial}{\partial z}\left(\gamma_t\frac{\partial v}{\partial z}\right) \tag{5-2b}$$

$z$ 方向动量方程：

$$\frac{\partial w}{\partial t}+u\frac{\partial w}{\partial x}+v\frac{\partial w}{\partial y}+w\frac{\partial w}{\partial z}=-\frac{1}{\rho}\frac{\partial P}{\partial z}-g+\frac{\partial}{\partial x}\left(\gamma_t\frac{\partial w}{\partial x}\right)+\frac{\partial}{\partial y}\left(\gamma_t\frac{\partial w}{\partial y}\right)+\frac{\partial}{\partial z}\left(\gamma_t\frac{\partial w}{\partial z}\right) \tag{5-2c}$$

为了闭合上述方程组，需要给出紊动黏滞系数$\gamma_t$的表达式，采用 $k–\varepsilon$紊流模型确定$\gamma_t$，即$\gamma_t=C_\mu k^2/\varepsilon$，单位质量水体紊动动能 $k$ 及耗散率$\varepsilon$的方程为：

$$\frac{\partial k}{\partial t}+u\frac{\partial k}{\partial x}+v\frac{\partial k}{\partial y}+w\frac{\partial k}{\partial z}=\frac{\partial}{\partial x}\left(\frac{\gamma_t}{\sigma_k}\frac{\partial k}{\partial x}\right)+\frac{\partial}{\partial y}\left(\frac{\gamma_t}{\sigma_k}\frac{\partial k}{\partial y}\right)+\frac{\partial}{\partial z}\left(\frac{\gamma_t}{\sigma_k}\frac{\partial k}{\partial z}\right)+P_k-\varepsilon \tag{5-3}$$

$$\frac{\partial \varepsilon}{\partial t}+u\frac{\partial \varepsilon}{\partial x}+v\frac{\partial \varepsilon}{\partial y}+w\frac{\partial \varepsilon}{\partial z}=\frac{\partial}{\partial x}\left(\frac{\gamma_t}{\sigma_\varepsilon}\frac{\partial \varepsilon}{\partial x}\right)+\frac{\partial}{\partial y}\left(\frac{\gamma_t}{\sigma_\varepsilon}\frac{\partial \varepsilon}{\partial y}\right)+\frac{\partial}{\partial z}\left(\frac{\gamma_t}{\sigma_\varepsilon}\frac{\partial \varepsilon}{\partial z}\right)+C_1\frac{\varepsilon}{k}P_k-C_2\frac{\varepsilon^2}{k} \tag{5-4}$$

这里 $P_k$ 为紊动动能产生项，表示为：

$$P_k=\gamma_t\left[2\left(\frac{\partial u}{\partial x}\right)^2+2\left(\frac{\partial v}{\partial y}\right)^2+2\left(\frac{\partial w}{\partial z}\right)^2+\left(\frac{\partial u}{\partial y}+\frac{\partial v}{\partial x}\right)^2+\left(\frac{\partial w}{\partial x}+\frac{\partial u}{\partial z}\right)^2+\left(\frac{\partial w}{\partial y}+\frac{\partial v}{\partial z}\right)^2\right] \tag{5-5}$$

$k–\varepsilon$模型中的经验常数取值见表 1-1。

## 二、数值求解方法

求解黏性不可压缩流体的流动方程(5-1)和方程(5-2)，一个最基本也是最困难的问题是压力梯度项的处理。产生这一困难的原因在于：连续方程(5-1)并不显含压力 $P$ 或密度$\rho$，而可压缩流体则不然，如气体的密度$\rho$可视为一个变量，与动量方程联立求解，再利用状态方程求出压力 $P$。围绕压力梯度项处理这一中心问题，目前已有的方法有流函数–涡量($\omega-\varphi$)法、人工压缩法、联立求解法、解压力 Poisson 方程法、摄动法、压力校正法等。天然河流、河口海岸水流运动中，垂向流速一般较小，还可采用静水压力分布假定。

大多数二维数值求解方法都可以延伸到三维模型，但三维模型也有其自身的特殊性。常用的数值解法有垂向分层法，破开算子法，边界拟合法和二、三维耦合解法。目前三维水流泥沙模型仍然较多地利用有限体积法求解，由压力–速度校正法计算速度场和压力场。该方法的实质是迭代，在每个时间步长的计算中，先给出压力场的猜测值，并据以求得流速场的猜测值，再根据由连续方程导出的压力校正方程对压力场和流速场进行修正，如此循环，如 SIMPLE 系列算法。

本书计算中采用的是有限体积法，用 SIMPLE 格式求解基本方程。

## 三、压力项的分解

从式(1-6)可看出，基于 Boussinesq 假设的紊流时均方程与对应的层流方程相比，压力梯度中多了一项，即：

$$P_{eff} = P + 2\rho k / 3 \tag{5-6}$$

瞬态方程中的静水压力被 $P_{eff}$ 取代，作为相应的未知量。金忠青指出：虽然式(5-6)中出现了紊动动能 $k$，但无必要确定 $k$ 的数值，式(5-2)中的压力项除静水压力外，还包含有其他项，称为动水压力，可认为动水压力是在水体流动时由于流线弯曲和流速不均匀所产生的附加压力。

为了使表示自由水面位置的水位函数 $\zeta(x, y, t)$ 和动量方程联系起来，根据上面的分析，不考虑大气压，将压力分解成静水压力与动水压力 $p_d$ 之和：

$$P = \rho g(\zeta(x,y,t) - z) + p_d \tag{5-7}$$

则式(5-2)中的压力梯度项可改写为：

$$-\frac{\partial P}{\partial x} = -\frac{\partial p_d}{\partial x} - \rho g \frac{\partial \zeta(x,y,t)}{\partial x} \tag{5-8a}$$

$$-\frac{\partial P}{\partial y} = -\frac{\partial p_d}{\partial y} - \rho g \frac{\partial \zeta(x,y,t)}{\partial y} \tag{5-8b}$$

$$-\frac{\partial P}{\partial z} = -\frac{\partial p_d}{\partial z} + \rho g \tag{5-8c}$$

### 四、自由水面控制方程的获得

将连续方程(5-1)沿水深积分并引入水面运动边界条件：$\omega_s = \partial\zeta / \partial t + u_s \partial\zeta / \partial x + v_s \partial\zeta / \partial y$，不考虑底部出流的情况下流速边界条件为 $\omega_b = 0$，水深 $H = \zeta - z_b$，经推导后得到自由水面的控制方程为：

$$\frac{\partial \zeta}{\partial t} + \frac{\partial}{\partial x}(UH) + \frac{\partial}{\partial y}(VH) = 0 \tag{5-9}$$

## 第二节　水流控制方程离散与求解

### 一、三维水流通用微分方程的形式

比较方程(5-1)~方程(5-4)，可以发现它们的形式是相似的，可表达成如下的通用格式：

$$\frac{\partial \Phi}{\partial t} + \frac{\partial u\Phi}{\partial x} + \frac{\partial v\Phi}{\partial y} + \frac{\partial w\Phi}{\partial z} = \frac{\partial}{\partial x}\left(\Gamma_\Phi \frac{\partial \Phi}{\partial x}\right) + \frac{\partial}{\partial y}\left(\Gamma_\Phi \frac{\partial \Phi}{\partial y}\right) + \frac{\partial}{\partial z}\left(\Gamma_\Phi \frac{\partial \Phi}{\partial z}\right) + S_\Phi \tag{5-10}$$

将式(5-8)代入式(5-2)中，可得到含有 $u$、$v$、$w$ 三个流速分量和动水压力 $p_d$ 及水位函数 $\zeta(x, y, t)$ 的动量方程，将压力项分解后各方程中的 $\Phi$、$\Gamma_\Phi$、$S_\Phi$ 见表 5-1，在数值计算时，只需对式(5-10)编制一个通用程序，相应的控制方程均可用此程序求解。

根据控制方程的特点，为了解决压力梯度项和连续方程离散的困难，采用交错网格，即纵向流速 $u$、横向流速 $v$、垂向流速 $w$ 及紊动黏滞系数 $\gamma_t$、压力 $P$ 等物理量不布置在同一网格点上，见图 5-1。计算区域中进出口边界通过纵向流速 $u$ 的计算点，而固壁(计算边界)通过 $v$、$w$ 的计算点，网格的疏密程度视物理量的变化程度而定。

**表 5-1　各控制方程中的 $\Phi$、$\Gamma_\Phi$、$S_\Phi$**

| 方程 | $\Phi$ | $\Gamma_\Phi$ | $S_\Phi$ |
|---|---|---|---|
| 连续方程 | 1 | 0 | 0 |
| $x$ 向动量方程 | $u$ | $\gamma_t$ | $-\frac{1}{\rho}\frac{\partial p_d}{\partial x}+\frac{\partial}{\partial x}\left(\gamma_t\frac{\partial u}{\partial x}\right)+\frac{\partial}{\partial y}\left(\gamma_t\frac{\partial u}{\partial y}\right)+\frac{\partial}{\partial z}\left(\gamma_t\frac{\partial u}{\partial z}\right)-g\frac{\partial \zeta}{\partial x}$ |
| $y$ 向动量方程 | $v$ | $\gamma_t$ | $-\frac{1}{\rho}\frac{\partial p_d}{\partial y}+\frac{\partial}{\partial x}\left(\gamma_t\frac{\partial v}{\partial x}\right)+\frac{\partial}{\partial y}\left(\gamma_t\frac{\partial v}{\partial y}\right)+\frac{\partial}{\partial z}\left(\gamma_t\frac{\partial v}{\partial z}\right)-g\frac{\partial \zeta}{\partial y}$ |
| $z$ 向动量方程 | $W$ | $\gamma_t$ | $-\frac{1}{\rho}\frac{\partial p_d}{\partial z}+\frac{\partial}{\partial x}\left(\gamma_t\frac{\partial w}{\partial x}\right)+\frac{\partial}{\partial y}\left(\gamma_t\frac{\partial w}{\partial y}\right)+\frac{\partial}{\partial z}\left(\gamma_t\frac{\partial w}{\partial z}\right)$ |
| $k$ 方程 | $k$ | $\gamma_t/\sigma_k$ | $P_k-\varepsilon$ |
| $\varepsilon$ 方程 | $\varepsilon$ | $\gamma_t/\sigma_\varepsilon$ | $C_1P_k\varepsilon/k-C_2\varepsilon^2/k$ |

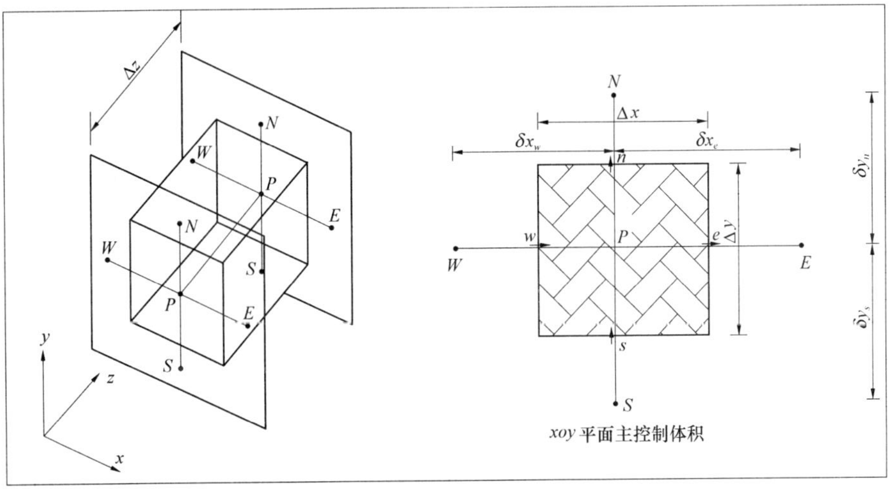


**图 5-1　控制体积示意图**

## 二、通用方程的离散与求解

利用有限体积法离散控制方程，将计算区域划分为一系列互不重合的控制体积，每个控制体积内包含一个计算节点，得出一组因变量$\Phi$的值。将控制面布置在相邻节点之间(见图 5-1)，并且根据对流–扩散方程解的特点，设节点间物理量按乘方格式变化，与对流强度及扩散强度有关。将控制方程在控制体积内积分，得到一组代数方程组，解此代数方程组，就可得到所求问题的解。

式(5-10)的离散形式如下：

$$a_P\Phi_P = a_E\Phi_E + a_W\Phi_W + a_N\Phi_N + a_S\Phi_S + a_T\Phi_T + a_B\Phi_B + b \tag{5-11}$$

式中：$a_E = D_e A(|P_e|) + \max[-F_e, 0]$，　$a_W = D_w A(|P_w|) + \max[-F_w, 0]$

$a_N = D_n A(|P_n|) + \max[-F_n, 0]$，　$a_S = D_s A(|P_s|) + \max[-F_s, 0]$

$a_T = D_t A(|P_t|) + \max[-F_t, 0]$，　$a_B = D_b A(|P_b|) + \max[-F_b, 0]$

$b = S_c \Delta x \Delta y \Delta z + a_P^0 \Phi_P^0$，　$a_P^0 = \Delta x \Delta y \Delta z / \Delta t$

$a_P = a_E + a_W + a_N + a_S + a_T + a_B - S_p \Delta x \Delta y \Delta z$

式(5-10)中的源项 $S_\Phi$ 被表示成 $S_\Phi = S_c + S_p \Phi_p$，$S_c$ 为常量，$S_p$ 为一小于零的数。$A(|P|)$ 的计算式为 $A(|P|) = \max[0, (1-0.1|P|)^5]$，$D_e$、$D_w$、$D_n$、$D_s$、$D_t$、$D_b$、$F_e$、$F_w$、$F_n$、$F_s$、$F_t$、$F_b$、$P_e$、$P_w$、$P_n$、$P_s$、$P_t$、$P_b$ 分别表示各控制面上的扩散强度、对流强度及 Peclect 数，可表示成：

$$D_e = \Gamma_e \Delta y \Delta z / \delta x_e, F_e = u_e \Delta y \Delta z, P_e = F_e / D_e,\ D_w = \Gamma_w \Delta y \Delta z / \delta x_w, F_w = u_w \Delta y \Delta z, P_w = F_w / D_w$$
$$D_n = \Gamma_n \Delta x \Delta z / \delta y_n, F_n = v_n \Delta x \Delta z, P_n = F_n / D_n,\ D_s = \Gamma_s \Delta x \Delta z / \delta y_s, F_s = v_s \Delta x \Delta z, P_s = F_s / D_s$$
$$D_t = \Gamma_t \Delta x \Delta y / \delta z_t, F_t = w_t \Delta x \Delta y, P_t = F_t / D_t,\ D_b = \Gamma_b \Delta x \Delta y / \delta z_b, F_b = w_b \Delta x \Delta y, P_b = F_b / D_b$$

$u_e$、$u_w$、$v_n$、$v_s$、$w_t$、$w_b$ 为垂直于控制面的速度，$\Gamma_e$、$\Gamma_w$、$\Gamma_n$、$\Gamma_s$、$\Gamma_t$、$\Gamma_b$ 为控制面上的扩散系数，$\Delta x$、$\Delta y$、$\Delta z$ 为控制面的长度，$\delta x_e$、$\delta x_w$、$\delta y_n$、$\delta y_s$、$\delta z_t$、$\delta z_b$ 为相邻节点之间的距离。

## 三、动水压力校正方程的离散与求解

从控制方程看，没有专门的方程确定动水压力 $p_d$，然而水流是必然满足连续方程的，基于这个考虑，令

$$p_d = p_d^* + p_d' \tag{5-12}$$

其中 $p_d'$ 称为动水压力修正值。同样引入速度的修正：

$$u = u^* + u', v = v^* + v', w = w^* + w'$$

根据 Patankar 提出的压力校正法原理，动水压力 $p_d$ 的校正方程为：

$$a_P p_{dp}' = a_E p_{dE}' + a_W p_{dW}' + a_N p_{dN}' + a_S p_{dS}' + a_T p_{dT}' + a_B p_{dB}' + b_P' \tag{5-13}$$

右边系数以 $E$ 方向为例，$a_E = (\Delta y \Delta z)^2 / a_e$，而 $a_P = a_E + a_W + a_S + a_N + a_T + a_B$，$b_P' = \Delta x \Delta y \Delta z p_d^0 / \Delta t + (u_w^* - u_e^*)\Delta y \Delta z + (v_s^* - v_n^*)\Delta y \Delta z + (w_b^* - w_t^*)\Delta x \Delta y$。

这里 $a_E$、$a_W$ 表示 $u$ 方程相邻节点系数之和；$a_N$、$a_S$ 表示 $v$ 方程相邻节点系数之和；$a_T$、$a_B$ 表示 $w$ 方程相邻节点系数之和。

解此方程即可得到计算流场的 $p_d'$。

# 第三节　泥沙输运方程

泥沙数学模型建立在水流数学模型的基础上，研究泥沙输移及其引起的河床冲淤变化，根据泥沙运动性质可分为悬移质数学模型、推移质数学模型和全沙模型。从计算方法上可分为两类：一类是将水流运动方程和泥沙输运方程及河床变形方程直接联立求解，称之为耦合解，适用于河床变化比较急剧的情况；另一类是先解水流运动方程，求出有关水力要素后，再解泥沙输移方程得出河床冲淤变化，称为非耦合解，适合于河床变形较缓慢情况。从河段位置及水流性质还可分为河流泥沙数学模型、潮流泥沙数学模型、海岸泥沙数学模型等。

泥沙颗粒随水流运动强度和颗粒容重、粒径及形状等的不同，呈现不同的运动形式，这些运动形式在一定的水流条件下能相互转化。随着水流强度的逐渐增加，泥沙颗粒运动的过程可概括为起动、滚动(间或滑动)、滚动和跃移相间、连续跃移、跃移和悬移相间、悬移。天然河道中一般同时存在这几种运动状态，但冲积河流悬移质一般占输沙总量的绝大多数，所以本节将研究三维泥沙数学模型，同时涉及悬移质和推移质数学模型的内容。

## 一、悬沙输运方程

由式(4-6)可得到悬移质泥沙运动方程为：

$$\frac{\partial s}{\partial t}+\frac{\partial su}{\partial x}+\frac{\partial sv}{\partial y}+\frac{\partial sw}{\partial z}=\frac{\partial}{\partial x}\left[\left(\frac{\gamma_t}{\sigma_c}+\gamma\right)\frac{\partial s}{\partial x}\right]+\frac{\partial}{\partial y}\left[\left(\frac{\gamma_t}{\sigma_c}+\gamma\right)\frac{\partial s}{\partial y}\right]+\frac{\partial}{\partial z}\left[\left(\frac{\gamma_t}{\sigma_c}+\gamma\right)\frac{\partial s}{\partial z}\right]+\frac{\partial \omega_s s}{\partial z} \tag{5-14}$$

式中：$s$ 为水体的质量含沙量，$s=\rho_s c$，$c$ 为体积含沙浓度；$\omega_s$ 为泥沙颗粒沉速。泥沙扩散系数$\varepsilon_s=\gamma_t/\sigma_c+\gamma$，$\sigma_c$为紊动 Schmidt 数，其取值范围一般为 0.5~1.0。Weiming Wu 在三维水流泥沙数学模型中取$\sigma_c$=1，Van Rijn 在泥沙数学模型计算中建议取$\sigma_c$=0.6，Celik 取$\sigma_c$=0.5，Sylvain 对$\sigma_c$=0.5、0.7、1.0 三种不同取值进行数值研究，计算的含沙量分布和实测结果进行对比，表明$\sigma_c$=0.7 时计算得到的浓度分布和实测资料吻合得较好。

## 二、底沙输移方程

Van Rijn 给出底沙输移方程：

$$(1-p')\frac{\partial z_b}{\partial t}+\frac{\partial(\delta_b\overline{C}_b)}{\partial t}+D_b-E_b+\frac{\partial q_{bx}}{\partial x}+\frac{\partial q_{by}}{\partial y}=0 \tag{5-15}$$

式中：$q_{bx}$、$q_{by}$ 分别为底沙输移率在 $x$、$y$ 方向的分量；$\overline{C}_b$ 为底沙输移层泥沙平均浓度；$p'$ 为床沙孔隙率；$D_b$、$E_b$ 分别为悬沙与底沙交界处的淤积率和上扬率；$z_b$ 为理论床面高程；$\delta_b$ 为底沙输移层厚度，前人已作过大量的分析探讨。Einstein(1950)认为推移层厚度为床沙中值粒径的 2 倍：$\delta_b = 2d_{50}$；Einstein 通过试验进一步发现：$\delta_b = 10\theta d_{50}$，其中 $\theta = U_*^2 \rho / [(\rho_s - \rho) g d]$。Van Rijn 取 $\delta_b = 0.01 \sim 0.05H$，$H$ 为水深；Weiming Wu 在数学模型中当床面平整时取 $\delta_b = 2d_{50}$，当床面有沙波存在时取为沙波高度的 2/3，即 $\delta = 2/3\varDelta$，$\varDelta$ 为沙波高度。

式(5-15)较为复杂。Wellington 和 Tran Thuc 曾假定：

$$(1-p')\frac{\partial z_b}{\partial t} = \frac{1}{L_s}(q_b - q_{b*}) \tag{5-16}$$

式中：$q_{b*}$ 为平衡条件下底沙输移率；$L_s$ 为底沙不平衡输沙的恢复平衡距离。Phillps、Tran Tra.认为 $L_s$ 可取床面泥沙跳跃平均步长。Einstein 曾建议取：$L_s = 100d_{50}$，$d_{50}$ 为中值粒径。Van Rijn 提出了如下计算公式：

$$L_s = 3d_{50} D_*^{0.6} T^{0.9} \tag{5-17}$$

式中：$D_*$ 为颗粒尺度参数；$T$ 为无因次的剪应力余量。

$$D_* = d_{50}\left[\frac{(\rho_s - \rho)g}{\rho v^2}\right]^{1/3} \tag{5-18}$$

$$T = [(u_*')^2 - (u_{*cr})^2]/(u_{*cr})^2 \tag{5-19}$$

式中：$u_*'$ 为有效沙粒摩阻流速，$u_*' = \sqrt{g}U/C'$，$C' = 18\log\left(\frac{12R_b}{3d_{90}}\right)$，$R_b$ 为水力半径；$u_{*cr}$ 为泥沙临界起动摩阻流速。

当悬移质与床面交换很少可予以忽略时，式(5-15)可简化为：

$$\frac{\partial(\delta_b \overline{C}_b)}{\partial t} + \frac{\partial q_{bx}}{\partial x} + \frac{\partial q_{by}}{\partial y} = \frac{1}{L_s}(q_{b*} - q_b) \tag{5-20}$$

取输沙率 $q_b = \overline{C}_b \cdot U_b \cdot \delta_b$，$\overline{C}_b = \frac{q_b}{\delta_b U_b}$，$N_b = \overline{C}_b \delta_b$，考虑到底部输沙率方向应与底部切应力方向一致，则有 $q_{bx} = u_b q_b / U_b$，$q_{by} = v_b q_b / U_b$，$U_b = \sqrt{u_b^2 + v_b^2}$，若将底沙输移率折算成与水深范围内泥沙浓度 $N_b$ 有关，底沙输移率写为：$q_b = HUN_b = qN_b$，$q$ 为单宽流量。代入方程(5-20)得底沙输移方程：

$$\frac{\partial N_b}{\partial t} + \frac{\partial u_b N_b}{\partial x} + \frac{\partial v_b N_b}{\partial y} = \frac{U_b}{L_s}(N_b - N_{b*}) \tag{5-21}$$

在进行数学模型计算时，$u_b$、$v_b$ 可取近底层网格计算点流速 $u_2$、$v_2$，这样二维条件下不平衡推移质输沙模型就改造成三维数学模型计算中推移质非恒定不平衡输沙模式。

如令 $\beta_s = \frac{U_b}{L_s \omega_s}$，上述底沙输移方程则为：

$$\frac{\partial N_b}{\partial t}+\frac{\partial u_b N_b}{\partial x}+\frac{\partial v_b N_b}{\partial y}=\beta_s\omega_s(N_b-N_{b*}) \tag{5-22}$$

## 三、河床变形方程

按底沙和悬沙单层交换模式可得悬沙引起的河床变形：

$$\gamma'\frac{\partial \eta_s}{\partial t}=-D_b+E_b \tag{5-23}$$

底沙引起的河床变形由式(5-16)可得：

$$\gamma'\frac{\partial \eta_b}{\partial t}=\frac{1}{L_s}(q_b-q_{b*}) \tag{5-24}$$

这样，总的河床变形为：

$$(1-p')\frac{\partial z_b}{\partial t}=\gamma'\left(\frac{\partial \eta_s}{\partial t}+\frac{\partial \eta_b}{\partial t}\right) \tag{5-25}$$

河床冲淤幅度$\eta=\eta_s+\eta_b$，根据河床变形方程可以直接求得悬沙和推移质共同引起的冲淤变化。

## 四、泥沙输运方程在通用对流–扩散方程中的表达式

如前所叙，已编制了方程(4-23)和方程(5-10)的求解程序，只要将新引进的方程写成通用方程的形式即可。

(1)悬沙输移方程，在方程(5-10)中令$\Phi=s,\Gamma_\Phi=v_t/\sigma_s+v$，$S_\Phi=\partial\omega_s s/\partial z$。

(2)推移质输移方程，在方程(4-23)中令$\rho_m=1$，$\Phi=N_b$，$\Gamma_\Phi=0$，$S_\Phi=\beta_s\omega_s\left(N_b-N_{b*}\right)$。

# 第四节　定解条件

## 一、初始条件

给定计算区域各点的初始流速场，采用“冷启动”方法，均给定为零。

计算开始阶段流场是不准确的，这时如果依之来计算自由水面方程，不但无此必要，而且容易引起迭代过程发散。在三维计算开始前，先计算二维流场求得初始水位场，作为三维计算的迭代初值。

含沙量的空间分布和输沙率的沿程变化在计算初始也应该给定。

## 二、进出口条件

取进口方向与$x$轴平行，给定第一类边界条件，$x$方向进口节点平均流速$U_{\text{in}}$沿河宽分布由式(4-20)算出，流速在垂线上满足对数率分布，$y$方向和$z$方向：$v$=0，$w$=0。

紊动能和耗散率分布满足：

$$k=\alpha_k U_{\text{in}}{}^2,\quad \varepsilon=\frac{C_\mu{}^{3/4}\cdot k^{3/2}}{\kappa z_i} \tag{5-26}$$

式中：$\alpha_k = 0.004 \sim 0.015$；$z_i$为到壁面的距离。

在流量控制条件下，给定 $Q_{in}(t)$和各点含沙量，如没有含沙量垂向分布资料，由进口平均含沙量资料依据张瑞瑾、丁君松方法得含沙量垂向分布：

$$s_i = \frac{I(1+I)}{(I+z/H)^2} \cdot s_{in} \cdot \frac{1}{1-\sqrt{g}f(I)/C} \tag{5-27}$$

式中：$I = \dfrac{0.4\kappa u_*}{\omega_s}$；$f(I) = 12.5I(1+I)\left[(1+3I)\ln\dfrac{1+I}{I} - \dfrac{2.5+3I}{1+I}\right]$；$s_{in}$为进口控制点的垂线平均含沙量。

一般认为推移质输沙的恢复饱和距离很短，故进口可给定 $q_b = q_{b*}$。

计算区域的下游边界应取得足够远，与 $x$ 轴平行，尽可能布置在抛物线形流动断面上，以保证出流边界水流平顺，只有出流没有入流。出口边界的水位是给定的，$v = w = 0$，其余条件为：

$$\frac{\partial u}{\partial x} = \frac{\partial k}{\partial x} = \frac{\partial \varepsilon}{\partial x} = \frac{\partial s}{\partial x} = \frac{\partial q_b}{\partial x} = 0 \tag{5-28}$$

## 三、固壁边界

固壁边界一般采用 Launder 和 Splading 提出的壁面函数法，在黏性底层内不布置任何节点，计算边界布置在离真实壁面距离 $z_w$处，使其位于紊动充分发展区，以水槽断面为例，见图 5-2。$z_w$ 满足：$30 < z_w \cdot \sqrt{\tau_w/\rho}/\gamma < 100$，其中 $\tau_w$ 为边壁切应力。平行于壁面的流速 $u$ 满足对数关系：

$$\frac{u}{u_*} = \frac{1}{\kappa}\ln\left(E \cdot \frac{u_* z_w}{\gamma}\right) \tag{5-29}$$

式中：$\kappa$ 为卡门常数；$E$ 为表征糙率的参数，光滑床面 $E$=8.793，天然河道 Fang 等根据 Schlichting 公式，取 $\dfrac{Eu_*}{\gamma} = \dfrac{30}{k_s}$，$k_s$ 为粗糙高度，没有沙波的平整床面一般可取为 $d_{50}$，有沙波的床面，$k_s$ 与河底糙度、沙波长度和波高等有关，如果已知糙率系数 $n$，根据李昌华、刘建明的研究，$k_s = (An)^6$，$A$=19~26。

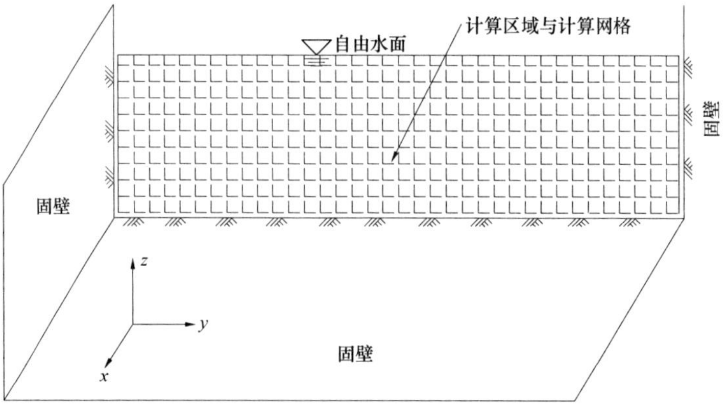


**图 5-2　水槽断面横截面计算边界与网格示意图**

$y$ 方向和 $z$ 方向速度 $v = w = 0$。近壁面紊动动能 $k$ 和耗散率 $\varepsilon$ 均布置在充分发展的紊流区，假定壁面附近紊动动能的耗散与产生相平衡，可得：

$$k = \frac{u_*^2}{C_u^{1/2}},\ \varepsilon = \frac{u_*^3}{\kappa z_p} \tag{5-30}$$

式中：$z_p$ 为近壁距离。

目前，三维水流泥沙数值模拟中最常用的近底层含沙量浓度 $c_{b*}$ 是由 Van Rijn 提出的：

$$c_{b*} = 0.015\frac{d_{50}T^{1.5}}{k_s D_*^{0.3}} \tag{5-31}$$

式中：$k_s$ 为床面高度；$D_*$、$T$ 见式(5-18)、式(5-19)。

三维泥沙数学模型中悬移质的床面条件如何给出是至关重要的，是建立适定的泥沙数学模型的关键。近底层床面泥沙交换条件可表示为：

$$\omega_s c + \frac{v_t}{\sigma_c}\frac{\partial c}{\partial z} = D_b - E_b,\quad z = \delta_b \tag{5-32}$$

$D_b$ 为底层 $z = \delta_b$ 交界面上的沉降通量，$E_b$ 为该层面上泥沙的上扬通量，Van Rijn 等给出：

$$D_b - E_b = \omega_s(c_b - c_{b*}) \tag{5-33}$$

韩其为用概率统计理论给出了床面条件在冲淤条件下的表达方式。分析表明，式(5-33)给出的床面条件表示在床面的参考点，近底床面的泥沙上扬通量和沉降通量之和与悬移质上扬通量和沉降通量之和相平衡，床沙与悬移质的交换包括上扬和沉降两个相反的过程。床面条件式(5-33)具有真实的物理机制，是合理的，是目前被普遍采用的公式之一。

对 $D_b$ 和 $E_b$ 的计算还有其他表达式，如果引入泥沙沉降概率和泥沙有效下沉速度的概念，其计算公式将比式(5-33)复杂，相应的河床变形方程也将引进新的参数。所以，式(5-33)仅适合少沙情况，Wang S.Y.等认为 $E_b \leqslant D_b$。

三维数值模型求解过程中底沙的输沙能力计算，应尽可能和底部切应力相联系，能真实地反映底部水流运动对输沙的影响，平均流速往往不能反映近底层泥沙运动方向，可采用 Van Rijn 提出的推移质输沙力公式：

$$q_{b^*} = 0.053\left(\frac{\rho_s - \rho}{\rho}g\right)^{0.5}\frac{d_{50}^{1.5}T^{2.1}}{D_*^{0.3}} \tag{5-34}$$

## 四、自由水面边界

自由水面上动水压力取值为零，垂向速度分量满足的方程式为：$\omega_s = \partial\zeta/\partial t + u_s\partial\zeta/\partial x + v_s\partial\zeta/\partial y$。其余各物理量，不考虑风应力、空气阻力的影响，一般可作为对称条件来处理，即取它们的法向梯度为零：

$$\frac{\partial u}{\partial z} = \frac{\partial v}{\partial z} = \frac{\partial k}{\partial z} = \frac{\partial \varepsilon}{\partial z} = \frac{\partial s}{\partial z} = 0 \tag{5-35}$$

## 五、近床面的含沙量计算

由床面泥沙交换条件可知，河底冲起的泥沙量必悬浮于水流内部，即：

$$E_b + \frac{v_t}{\sigma_c}\frac{\partial c_b}{\partial z} = 0 \tag{5-36}$$

如图 5-3 所示，如果已知近底层网格浓度 $c_2$，经积分可以得到：

$$c_b = c_2 + c_{b*}\left[1 - e^{(\omega_s \sigma_c / v_t)(z_2 - \delta_b)}\right] \tag{5-37}$$

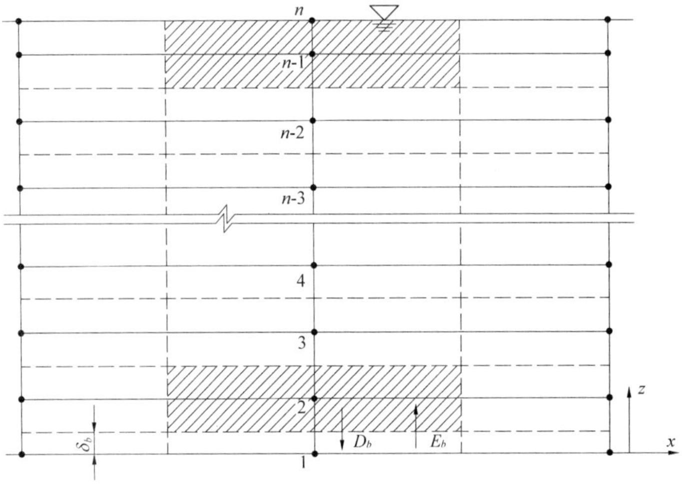


图 5-3　近床面泥沙交换和控制体积

## 六、采用直角坐标系统的优缺点

天然河流的底边界和岸边界一般是弯曲周折的，采用直角坐标来逼近曲线边界，缺点是计算边界是带有 90°角尖峰的锯齿状，陆地边界附近出现虚假的曲折水流，难以处理边界上的奇点特别是内凹点。目前发展的有利于边界条件离散化处理的方法有采用适体坐标系、块结构化网格、非结构化网格等，已有多人进行了这方面的实践，但这些网格存在排列不规则、求解效率低、占用内存多、后处理工作量大等缺点。由于直角坐标系网格构造简单，可以适用于任何形状的物体，并且随着计算机技术的发展，网格细化后边界的影响可以减轻，近年来又引起了许多研究者的兴趣，因此本书也采用直角坐标系统。

# 第五节　SIMPLE 格式发散的原因及改进方案

## 一、迭代求解无需得到中间过程的真解

用 SIMPLE 格式求解三维水流流场的步骤如下：

(1)给出 $u$、$v$、$w$、$k$、$\varepsilon$、$H$ 的初值，并给出动水压力 $p_d$ 的初始猜测值；

(2)计算动量方程的系数，求解三维流速场；

(3)计算动水压力校正方程的系数，求出动水压力校正量 $p_d'$；

(4)计算紊动动能 $k$、紊动动能耗散率$\varepsilon$输运方程中的系数，求出 $k$、$\varepsilon$和$\gamma_t$；

(5)由三维流场结果得出水深平均的 $U$、$V$，求解式(5-9)得到新的水位 $H$；

(6)检验计算结果是否满足收敛标准，若满足则计算停止，进入下一步，否则进行动水压力校正和流场校正后转回第 2 步；

(7)输出计算结果。

采用上述步骤计算时，由于离散方程中的系数都是未知量的函数，整个求解过程必然是具有迭代性质的，即先假定一个流场，据此计算离散方程的系数，然后求解方程而获得改进值。如此反复，直到获得收敛的解。在计算过程中，每一次求解代数方程时，其系数都是临时的，如果采用直接方法求解，则所得到的是关于这一组临时系数的解(姑且称其为真解)。但既然代数方程本身的系数是有待改进的，就没有必要把相应的真解求出来。如果采用迭代法，则可控制在适当的时候开始或终止迭代，以改进代数方程系数后求解。

在程序调试时，完全采用以上步骤经常会出现计算发散，以下将说明求解发散的几个原因和改进方法。

## 二、计算初始时流速场和压力分布的不协调性

在 SIMPLE 算法中，为了确定离散的动量方程系数，一开始就假定了一个速度分布，同时又独立地假定了一个压力分布，两者之间未必协调，影响了迭代收敛的速度，并且可能导致计算发散。实际上假定速度分布后，与这一速度分布相协调的压力场即可由动量方程计算而得，不必再单独假定一个压力场。另外，由 SIMPLE 算法得出的压力校正 $p_d'$ 值对修正速度可以认为是相当好的，对修正压力则是过分了。虽然对 $p_d'$ 采用了亚松弛处理，也未必有很大的助益。这样就使速度场的改进与压力场的改进不能较好地同步进行，不但影响收敛速度，还可能使计算发散。

可以考虑的改善方案是：在开始计算的若干步内，$p_d'$ 只用来修正速度，暂不进行压力场的改进(如计算自由水面位置)，能够避免由于初始设定的流速场和压力分布的不协调导致迭代过程中误差累积，从而使计算发散。

## 三、近壁区动量方程和耗散率方程对网格布置的要求不同

在近壁区动量方程和紊动动能耗散率 $\varepsilon$ 方程对网格细密程度的要求不同。以 $u$ 方向动量方程为例，根据式(5-29)可得到：

$$\frac{\partial u}{\partial z}=\frac{\gamma}{\kappa E z}\propto\frac{1}{z} \tag{5-38}$$

对耗散率方程，根据式(5-30)：

$$\frac{\partial \varepsilon}{\partial z}=-\frac{u_*^3}{\kappa z^2}\propto\frac{1}{z^2} \tag{5-39}$$

所以，$\varepsilon$ 方程计算时对近壁区网格的细密程度要求更高，更容易导致迭代的发散。考虑到近壁区不可能布置过密的网格，可以在计算开始的若干步内，只求解流速方程，

暂不计算与耗散率有关的涡黏性系数。

### 四、计算网格尺度的非均匀性和流速分量非对称性

在网格布置时，一般希望各控制体积在三个坐标系方向上的长度大致相等，这样有利于计算收敛。但由于河流工程中水深方向尺度往往远小于平面尺度，同时为了揭示流速场在垂线上的变化，$z$ 方向网格不可能太稀，因此网格单元近似为正方体是很难达到的。另外，$z$ 方向速度一般远小于平面上的流速，使得求解控制方程时，$z$ 方向系数与 $x$、$y$ 方向系数经常存在数量级别的差别，这对计算收敛是不利的。

为了解决以上问题，可以采用的方法有：①在水深方向进行 $\sigma$–坐标变换，这在海岸工程计算中是非常流行的，但变换会带来另外一些问题，如控制方程显著复杂化、需要引进其他假定等，在此不多作讨论；②减小压力校正方程中的松弛系数，陶文铨对此作了充分论证，在本书计算实践中压力松弛因子一般不大于 0.05；③在计算开始的若干步内，对 SIMPLE 格式进行改进，将流速场和压力场的校正不同步进行，避免计算发散。

### 五、不同步修正方法的提出

在计算过程中，完全采用 SIMPLE 格式经常会出现发散现象，其中的重要原因是计算初始阶段速度场、自由水面、涡黏性系数$\gamma_t$的相对修正幅度不同，使得方程求解时会出现误差累积现象。一般计算开始时除进口流速给定外，其他断面流速为零，随迭代次数的增加而逐步增大，此时计算自由水面用到的水深平均的 $U$、$V$ 波动幅度较大，易使计算发散。$\gamma_t$的计算与自由水面方程比较类似。因此，可以在计算的初始若干步内，不严格按照 SIMPLE 格式计算自由水面和$\gamma_t$，也就是说流速场和水位场、涡黏性系数的修正不必同步。本书将这种迭代方法称为不同步修正。

## 第六节　不同步修正的实施和优点

### 一、水位场的不同步修正

根据第四章的内容，已经建立了平面二维水流泥沙数学模型，并得到了验证。假定二维计算所获得的水位场是相对准确的，可作为三维计算时的迭代初值。三维计算的初始若干迭代步数内，自由水面高程仍取为二维计算获得的水位值。采用这种处理方法有两个优点：①避免了流速剧烈波动引起的计算自由水面方程的发散；②避免了水位变化较大，使得流速方程中的源项波动，进而使得流速计算发散的可能性。

### 二、涡黏性系数的不同步修正

初始的 $k$–$\varepsilon$分布如果假定得不合适，会形成一个不合理的$\gamma_t$场，容易引起迭代发散。为获得一个较合理的 $k$–$\varepsilon$初场，可先求解相应的层流问题，获得相应的速度(或温度)的初始分布，然后单独求解 $k$–$\varepsilon$方程，以建立起较合理的$\gamma_t$初始分布，再用已获得的速度分布及$\gamma_t$分布作为初场开始湍流(即紊流)工况的计算。由于天然水流一般均为紊流，且紊流特

征与层流存在着巨大的差异，如紊流涡黏性系数$\gamma_t$的数量级经常可达到 $10^{-4} \sim 10^{-3}\,\mathrm{m^2/s}$，远大于分子黏滞系数的 $10^{-6}\,\mathrm{m^2/s}$ 左右，用层流的解来作为相应紊流问题的初始值是否有大的优越性应进一步讨论。因此，本书先使用$\gamma_t$为常数来进行流速场的校正，迭代到一定步数后采用欠松弛办法：

$$\gamma_t^{n+1} = \alpha\gamma_t^n + (1-\alpha)\cdot C_\mu \cdot \left(\frac{k^2}{\varepsilon}\right)^n \tag{5-40}$$

其中$0<\alpha<1$。右上标$(n+1)$表示下一次迭代时所用的数值。

再计算若干步后直接用$\gamma_t = C_\mu \cdot k^2/\varepsilon$即可。

## 三、不同步修正加速流场收敛

河流工程中常见的水力计算多属于第一类边界条件问题，第二、三类边界条件也可以通过附加源项法转化为第一类边界条件。因此，假定的初始场可以把边界条件都组织进去，但它仍不是所研究问题的解，因为它不满足控制方程，也就是不能满足守恒定律。所以，凡能促使守恒定律得到满足的方法都有利于加速收敛。采用不同步修正，实际上令初始阶段$\gamma_t$为常数、压力梯度为零，将动量方程简化，以 $x$ 方向为例，方程(5-2)简化为：

$$\frac{\partial u}{\partial t}+u\frac{\partial u}{\partial x}+v\frac{\partial u}{\partial y}+w\frac{\partial u}{\partial z}=\gamma_t\left(\frac{\partial^2 u}{\partial x^2}+\frac{\partial^2 u}{\partial y^2}+\frac{\partial^2 u}{\partial z^2}\right) \tag{5-41}$$

如果不采用不同步修正，则方程右端必然包含$\left(\frac{\partial\gamma_t}{\partial x}\cdot\frac{\partial u}{\partial x}\right)$等项，然而

$$\frac{\partial\gamma_t}{\partial x} = C_\mu\cdot\frac{\partial}{\partial x}\left(\frac{k^2}{\varepsilon}\right) = \frac{C_\mu}{\varepsilon^2}\cdot\left(2k\varepsilon\frac{\partial k}{\partial x} - k^2\frac{\partial\varepsilon}{\partial x}\right) \tag{5-42}$$

如果刚开始就计算$\varepsilon$方程，$1/\varepsilon^2$的存在将增加动量守恒方程右端的不确定性。开始迭代时设定$\gamma_t$为常数能避免这种现象，使边界条件迅速传入流体内部，流场加速收敛。

为了解决计算初始时迭代易发散的问题，此前有人用非恒定流问题来逼近恒定流问题，如计算时的上游进口流量$Q_{上}$设定为：$Q_{上} = Q_{\mathrm{in}}\cdot(1-\mathrm{e}^{-t/T})$，其中 $t$ 为计算时间，$T$ 为某一时间比尺。该方法也能在一定程度上避免计算发散，但与不同步修正方法相比，将进口边界条件传入计算区域的速度要慢一些。由于这一点是显而易见的，在以下的算例中对此将不作证明。

## 四、不同步修正增强 SIMPLE 算法的健壮性

算法的性能指标主要是它的经济性(包括收敛快慢、内存占用多少)及健壮性(robustness)，后者是指是否可以在很宽的参数范围内得到收敛的解。一般说来，在SIMPLE、SIMPLER 与 SIMPLEC 中，SIMPLE 的健壮性较差——能获得收敛解的松弛因子变化范围较小。

在动量方程求解时将亚松弛过程组织到代数方程的求解过程中，能限制相邻两层次流速的变化。以 $u$ 方向为例，设 $u_P^0$ 为上一层次的解，亚松弛方法为：

$$(a_{uP}/\alpha_u)u_P = \sum_{nb} a_{unb}u_{nb} + b_u + (1-\alpha_u)(a_{uP}/\alpha_u)u_P^0 \tag{5-43}$$

求解 $u$ 方程时主对角元的系数是 $(a_{uP}/\alpha_u)$，而不是 $a_{uP}$，这样所得到的已经是亚松弛的解。对压力方程的校正方法是直接对计算结果进行亚松弛：$p_d = p_d^0 + \alpha_p p_d'$，$p_d'$ 求解时对主对角元上的系数并未进行松弛处理。在 $k$、$\varepsilon$ 方程求解时主对角元的系数也与 $p_d'$ 类似。

从以上分析可以看出，选用适当的松弛因子后，动量方程迭代矩阵的主对角元的系数大大超过周围的系数，计算结果的变化是易于控制的，因而动量方程的健壮性是最好的。采用不同步修正方法，在计算的初始阶段避免了求解 $p_d'$、$k$、$\varepsilon$ 方程，只解动量方程，直到流速场与初始设定的相对准确的压力场比较协调后再采用完整的 SIMPLE 格式的计算步骤，从而增强了 SIMPLE 算法的健壮性。

### 五、不同步修正在数学上的解释和物理意义

用迭代法求解对流–扩散方程时，全部误差分量可分为光滑分量和摆动分量。从系数矩阵分析的观点来看，设 $M$ 为以线性方程系数为元素构成的迭代矩阵，$\rho(M)$ 为 $M$ 的谱半径，从数学上可以证明 $\rho(M)<1$ 是迭代收敛的充分条件。矢量范数 $\|M\| \geqslant \rho(M)$ 的情况是可能存在的，这时有 $\|M\| \geqslant 1$，而 $\rho(M)<1$，但这种现象往往出现在迭代的开始几步。此时如果摆动误差分量较大，第 $n$ 次迭代的误差 $E^{(n)} = M^n E^{(0)}$ 超过一定数值计算就发散。采用不同步修正在数学上可解释为：在迭代开始的若干步内，$\|M\| \geqslant 1$ 情况有可能出现时，强制令其为零，从而避免了计算发散。

从物理学意义上看，同时迭代求解的动量方程、压力方程、紊动黏滞系数方程等可看做是几个振动，数据误差为其振幅。采用不同步修正，避免了诸振动在振幅最大时可能的相互干扰叠加现象，即所谓的“共振”，利于迭代的继续进行。这相当于在初始阶段大幅度增加了计算压力方程和涡黏性系数时的阻尼作用，使得这两个物理量的振幅为零，迭代到一定次数后外加的强制阻尼消失，进行所有控制方程中待求变量的修正。

## 第七节　不同步修正避免计算发散的实例

### 一、SIMPLE 格式出现计算发散现象

对一横断面为矩形、底坡光滑的明渠水流进行计算，渠宽 $B$=1.0 m，进口断面流量为 0.3 m$^3$/s，沿程水深 $h$=1.0 m，相应雷诺数 $Re=1.0\times10^5$。水流方向、横向和垂向分别划分为 27、20、11 个网格，三个坐标系方向节点间距分别约为 1.5 m、0.05 m、0.09 m，各控制方程松弛系数为：$\alpha_u=\alpha_v=\alpha_w=\alpha_k=\alpha_\varepsilon=0.5$，压力松弛因子 $\alpha_p$=0.05。采用 SIMPLE 格式计算，初始水位场由平面二维数学模型结果给出，边界条件按本章第四节相应的处理方法定出，以 smax 表示整个流场诸网格中绝对值最大的质量源，ssum 为所有网格的总和质量源，各次迭代得到的 smax、ssum 见表 5-2。(注：按 FORTRAN 语法规则，1.0$E$–03=$1.0\times10^{-3}$)

当迭代次数 $iter$=46 时，计算已经发散。

表 5-2　SIMPLE 格式迭代得到的质量源

| 迭代次数 | 最大质量源 | 总和质量源 |
|---|---|---|
| 1 | smax= 1.461 003 3E–03 | ssum= 0.274 273 9 |
| 2 | smax= 1.728 061 8E–03 | ssum= 0.279 727 2 |
| 3 | smax= 1.546 436 8E–03 | ssum= 0.278 787 6 |
| 4 | smax= 2.170 051 7E–03 | ssum= 0.275 369 7 |
| 5 | smax= 2.594 737 6E–03 | ssum= 0.272 871 0 |
| 6 | smax= 2.745 925 2E–03 | ssum= 0.270 571 4 |
| 7 | smax= 2.589 242 5E–03 | ssum= 0.268 849 3 |
| 8 | smax= 2.205 041 2E–03 | ssum= 0.267 587 2 |
| 9 | smax= 1.792 147 2E–03 | ssum= 0.266 647 5 |
| 10 | smax= 1.687 497 8E–03 | ssum= 0.265 872 8 |
| 11 | smax= 1.770 446 0E–03 | ssum= 0.265 374 3 |
| 12 | smax= 1.886 769 7E–03 | ssum= 0.264 897 0 |
| 13 | smax= 2.009 526 1E–03 | ssum= 0.264 598 1 |
| 14 | smax= 2.114 446 4E–03 | ssum= 0.264 104 5 |
| 15 | smax= 2.200 443 1E–03 | ssum= 0.263 905 8 |
| 16 | smax= 2.244 561 9E–03 | ssum= 0.263 172 8 |
| 17 | smax= 2.262 105 0E–03 | ssum= 0.263 020 7 |
| 18 | smax= 2.272 892 3E–03 | ssum= 0.261 981 8 |
| 19 | smax= 2.265 390 5E–03 | ssum= 0.262 095 1 |
| 20 | smax= 2.242 090 2E–03 | ssum= 0.260 602 6 |
| 21 | smax= 2.232 402 6E–03 | ssum= 0.261 468 2 |
| 22 | smax= 2.219 881 9E–03 | ssum= 0.259 171 2 |
| 23 | smax= 2.218 424 1E–03 | ssum= 0.261 564 3 |
| 24 | smax= 2.231 956 9E–03 | ssum= 0.257 670 3 |
| 25 | smax= 2.235 415 4E–03 | ssum= 0.262 833 7 |
| 26 | smax= 2.257 857 5E–03 | ssum= 0.255 685 5 |
| 27 | smax= 2.908 872 4E–03 | ssum= 0.265 741 3 |
| 28 | smax= 2.566 658 7E–03 | ssum= 0.252 825 7 |
| 29 | smax= 5.452 754 0E–03 | ssum= 0.270 597 3 |
| 30 | smax= 4.205 736 8E–03 | ssum= 0.248 907 5 |
| 31 | smax= 9.518 056 2E–03 | ssum= 0.277 384 7 |
| 32 | smax= 9.942 352 8E–03 | ssum= 0.244 478 4 |
| 33 | smax= 1.472 851 4E–02 | ssum= 0.285 930 6 |
| 34 | smax= 1.773 085 4E–02 | ssum= 0.240 712 9 |
| 35 | smax= 2.044 657 2E–02 | ssum= 0.295 760 6 |
| 36 | smax= 2.325 750 9E–02 | ssum= 0.238 334 1 |
| 37 | smax= 2.705 178 0E–02 | ssum= 0.306 259 6 |
| 38 | smax= 6.760 373 0E–02 | ssum= 0.148 277 2 |
| 39 | smax= 0.235 403 8 | ssum= 0.318 534 2 |
| 40 | smax= 0.302 722 0 | ssum= 0.234 505 3 |
| 41 | smax= 0.837 438 6 | ssum= 0.332 488 8 |
| 42 | smax= 2.050 579 | ssum= 0.236 245 1 |
| 43 | smax= 5.595 216 | ssum= –3.490 017 4E–02 |
| 44 | smax= 29.185 16 | ssum= –1.338 566 |
| 45 | smax= 8 021.181 | ssum= –14 753.08 |
| 46 | smax= 1.024 869 0E+23 | ssum= 4.250 357 3E+22 |

## 二、不同步修正对避免计算发散的有效性

对上述算例采用不同步修正方法：

(1)当 $iter<150$ 时，水位场不予修正，直接采用初始值，迭代达到 150 次后开始修正。

(2)当 $iter<200$ 时，$\gamma_t=0.002$；当 $iter=200\sim230$ 时，采用式(5-40)，其中$\alpha=0.9$；$Iter>230$ 后$\gamma_t=C_\mu \cdot k^2/\varepsilon$。

对程序其他模块不作任何改动，得到的 smax、ssum 见表 5-3。

**表 5-3　采用不同步修正方法得到的质量源**

| 迭代次数 | 最大质量源 | 总和质量源 |
|---|---|---|
| 1 | smax=　1.478 628 8E–03 | ssum=　0.281 587 6 |
| 2 | smax=　1.651 901 9E–03 | ssum=　0.296 050 7 |
| 3 | smax=　1.459 079 4E–03 | ssum=　0.295 692 1 |
| 4 | smax=　1.430 179 2E–03 | ssum=　0.294 417 5 |
| 5 | smax=　1.341 076 1E–03 | ssum=　0.293 033 9 |
| 6 | smax=　1.251 219 3E–03 | ssum=　0.291 626 5 |
| 7 | smax=　1.173 826 2E–03 | ssum=　0.290 222 9 |
| 8 | smax=　1.072 763 1E–03 | ssum=　0.288 839 9 |
| 9 | smax=　9.592 217 4E–04 | ssum=　0.287 484 5 |
| 10 | smax=　8.579 572 9E–04 | ssum=　0.286 161 3 |
| 20 | smax=　8.951 955 2E–04 | ssum=　0.274 649 9 |
| 40 | smax=　9.424 666 1E–04 | ssum=　0.258 330 1 |
| 60 | smax=　1.019 456 4E–03 | ssum=　0.248 895 6 |
| 80 | smax=　1.047 457 7E–03 | ssum=　0.244 472 5 |
| 100 | smax=　3.325 129 4E–03 | ssum=　0.245 338 9 |
| 120 | smax=　1.173 392 8E–03 | ssum=　0.249 995 7 |
| 140 | smax=　1.457 099 1E–03 | ssum=　0.255 305 6 |
| 160 | smax=　2.984 416 2E–04 | ssum=　–0.242 745 9 |
| 180 | smax=　2.055 361 4E–04 | ssum=　–0.209 217 5 |
| 200 | smax=　3.161 272 3E–04 | ssum=　–0.183 480 1 |
| 220 | smax=　5.168 516 7E–04 | ssum=　–8.252 554 4E–02 |
| 240 | smax=　6.627 878 2E–04 | ssum=　3.040 998 1E–02 |
| 260 | smax=　5.414 923 7E–04 | ssum=　0.100 923 7 |
| 280 | smax=　6.444 369 8E–04 | ssum=　0.140 300 8 |
| 300 | smax=　8.177 946 4E–04 | ssum=　0.151 938 6 |
| 400 | smax=　2.858 797 4E–04 | ssum=　–3.456 474 8E–02 |
| 500 | smax=　2.774 524 9E–04 | ssum=　–4.584 139 2E–03 |
| 600 | smax=　5.984 026 4E–04 | ssum=　–6.997 359 9E–03 |
| 700 | smax=　2.790 276 8E–04 | ssum=　–1.486 659 0E–02 |
| 800 | smax=　3.689 808 9E–04 | ssum=　–1.857 074 2E–02 |
| 900 | smax=　1.912 744 2E–04 | ssum=　–2.070 879 7E–02 |
| 1 000 | smax=　3.544 515 9E–04 | ssum=　–2.312 854 5E–02 |
| 2 000 | smax=　4.300 235 7E–05 | ssum=　1.521 609 4E–02 |
| 3 000 | smax=　1.041 938 4E–05 | ssum=　3.822 381 1E–03 |
| 4 000 | smax=　8.664 078 6E–05 | ssum=　–9.936 328 0E–03 |
| 5 000 | smax=　2.326 018 9E–05 | ssum=　6.911 183 2E–03 |
| 6 000 | smax=　4.203 142 5E–06 | ssum=　5.868 689 6E–04 |
| 7 000 | smax=　2.223 911 0E–05 | ssum=　–3.190 357 5E–03 |
| 8 000 | smax=　7.870 221 5E–06 | ssum=　2.412 029 1E–03 |
| 9 000 | smax=　3.887 631 5E–06 | ssum=　–1.422 750 9E–04 |
| 10 000 | smax=　6.636 764 7E–06 | ssum=　–1.088 085 4E–03 |
| 20 000 | smax=　4.502 777 3E–06 | ssum=　5.633 220 6E–05 |
| 30 000 | smax=　4.545 669 1E–06 | ssum=　7.123 315 8E–06 |
| 40 000 | smax=　4.424 320 7E–06 | ssum=　7.322 916 2E–06 |
| 50 000 | smax=　2.892 840 7E–06 | ssum=　9.597 508 3E–06 |
| 60 000 | smax=　3.828 412 4E–06 | ssum=　2.798 358 3E–06 |
| ⋮ | ⋮ | ⋮ |

从表 5-3 可以看出，最大的质量源和总和质量源都是呈减小趋势的。另外，分析动水压力校正量可以看出，在整个网格上压力校正量也是振荡减小的，最后趋近于零，计算收敛。这说明不同步修正方法对于避免方程求解发散是很有效的。

### 三、对不同步修正的进一步讨论

采用不同步修正的实践表明，该方法能比较有效地改善计算时容易出现的发散问题，也有利于计算边界条件迅速传入整个流场，同时在迭代一定次数后就完全转入 SIMPLE 计算程式，也保证了计算结果的正确性。这都说明不同步修正方法对避免耦合性强的方程组迭代求解发散是有较大的优点的，本书在以下的算例中都使用了该方法。

必须指出的是，不同步修正方法虽然在实践中证明了其有效性，但对它在数学上的认识并不完全深入，对这种方法为什么能避免迭代发散理解并不完全透彻。这可与用剖开算子法解 *N–S* 方程来类比：虽然剖开算子法已经在实际计算中获得了相当优秀的成果，得到了广泛认可，但在数学上仍然没有严格证明对复杂非线性方程，剖开算子的结果就是原始方程的解。这说明在今后的实践中还必须付出更多的努力，以加深对不同步修正方法的理解。

## 第八节　本章小结

本章概述了三维水流泥沙运动的控制方程、离散过程和数值求解步骤，对方程的定解条件，如进出口条件、近底浓度、推移质与悬移质的交换等进行了分析，为控制方程的求解提供基础和背景。依据 SIMPLE 格式用迭代法求解水流泥沙控制方程时，容易出现发散现象。分析了 SIMPLE 格式计算出现发散的几个重要原因，提出采用不同步修正来避免迭代过程的发散，说明了该方法的步骤和优点，并对不同步修正在数学上的解释和物理意义作了简要说明。最后以一个计算实例说明了不同步修正能够避免迭代发散，使计算收敛。

# 第六章　自由水面的确定

## 第一节　考虑动水压力梯度的自由水面计算

三维水流运动数值计算中自由水面的处理一直是一个难题，早期多采用静水压力分布假定和刚盖假定。随着计算方法的发展，目前处理自由水面问题的方法有标记质点法、空隙比法、标高函数法等。标记质点法用于 MAC(Marker and Celler Method)解法中，在整个流动区域中附加一组标记质点，以表示流体所在位置。空隙比法设定计算域内能够表示每个单元包含流体体积的函数 $F$，当 $F$=1 时，表明该单元充满流体；当 $F$=0 时，表明该单元为空，通过体积函数来反映自由水面的变化。标高函数法用水位高度函数 $\zeta$ 描述自由面位置，其高度函数必须是单值的。对于非恒定大体积水体，自由水面的模拟一般采用标高函数法。本节在简述两种使用较多的方法的基础上，提出计算自由面时应考虑动水压力梯度的处理方法。

### 一、HH–SIMPLE 所用方法简介

自由水面控制方程(5-9)在 $xoy$ 平面上离散后积分得：

$$\frac{\zeta_P-\zeta_P^{\ 0}}{\Delta t}\Delta x\Delta y+[(\zeta_e-z_{be})U_e-(\zeta_w-z_{bw})U_w]\Delta y+[(\zeta_n-z_{bn})V_n-(\zeta_s-z_{bs})V_s]\Delta x=0 \tag{6-1}$$

将水位和河底高程在相邻节点上的变化规律采用迎风格式，即：

$$\zeta_e=\zeta_P,\ z_{be}=z_{bP},\ \zeta_w=\zeta_W,\ z_{bw}=z_{bW},\ \zeta_n=\zeta_P,\ z_{bn}=z_{bP},\ \zeta_s=\zeta_S,\ z_{bs}=z_{bS}$$

将上述关系代入式(6-1)，得：

$$a_P\zeta_P=a_E\zeta_E+a_W\zeta_W+a_N\zeta_N+a_S\zeta_S+b_\zeta \tag{6-2}$$

式中，$a_E=0$，$a_W=U_w\Delta y$，$a_N=0$，$a_S=V_s\Delta x$，$a_P=U_e\Delta y+V_n\Delta x+\Delta x\Delta y/\Delta t$，$b_\zeta=z_{bP}U_e\Delta y-z_{bW}U_w\Delta y+z_{bP}V_n\Delta x-z_{bS}V_s\Delta x+\Delta x\Delta y\zeta_P^0/\Delta t$。

考虑到水深平均流速分量可能出现负值，式(6-2)中系数为负，不满足方程求解时系数都应该为正值的原则，可将式(6-1)的离散格式进行改进，即取交界面上的 $\zeta$ 为迎流一侧值，以 $e$ 侧为例，$\zeta_eU_e$ 写成紧凑形式为：

$$\zeta_eU_e=\zeta_P\cdot\max(U_e,0)-\zeta_E\cdot\max(-U_e,0) \tag{6-3}$$

其他交界面也可得到类似表达式，代入式(6-1)后控制方程仍可写成式(6-2)的形式，但能确保满足正系数的原则。

该方法简单方便，但对于水深变化较大的地方容易引起水面波动，并且最近十余年的数值计算实践表明一阶迎风格式会使计算结果产生比较严重的误差，即所谓的“数值

扩散”或“假扩散”，因而采用一阶迎风格式来获得最终数值计算结果的做法已被某些国际学术刊物所限制。

## 二、Wu 方法简介

Wu 等基于明渠流动的二维水深平均的动量方程：

$$\frac{\partial U}{\partial t}+U\frac{\partial U}{\partial x}+V\frac{\partial U}{\partial y}=-g\frac{\partial \zeta}{\partial x}+\frac{1}{\rho}\frac{\partial \tau_{xx}}{\partial x}+\frac{1}{\rho}\frac{\partial \tau_{xy}}{\partial y}-\frac{1}{\rho H}\tau_{bx} \tag{6-4a}$$

$$\frac{\partial V}{\partial t}+U\frac{\partial V}{\partial x}+V\frac{\partial V}{\partial y}=-g\frac{\partial \zeta}{\partial y}+\frac{1}{\rho}\frac{\partial \tau_{xy}}{\partial x}+\frac{1}{\rho}\frac{\partial \tau_{yy}}{\partial y}-\frac{1}{\rho H}\tau_{by} \tag{6-4b}$$

对式(6-4a)、式(6-4b)进行微分运算后求和可得到：

$$\frac{\partial^2 \zeta}{\partial x^2}+\frac{\partial^2 \zeta}{\partial y^2}=\frac{Q}{g} \tag{6-5}$$

式中：

$$Q=-\frac{\partial}{\partial t}\left(\frac{\partial U}{\partial x}+\frac{\partial V}{\partial y}\right)-\left(\frac{\partial U}{\partial x}\right)^2-2\frac{\partial U}{\partial y}\frac{\partial V}{\partial x}-\left(\frac{\partial V}{\partial y}\right)^2-U\left(\frac{\partial^2 U}{\partial x^2}+\frac{\partial^2 V}{\partial x\partial y}\right)-$$

$$V\left(\frac{\partial^2 U}{\partial x\partial y}+\frac{\partial^2 V}{\partial y^2}\right)+\frac{1}{\rho}\left(\frac{\partial^2 \tau_{xx}}{\partial x^2}+2\frac{\partial^2 \tau_{xy}}{\partial x\partial y}+\frac{\partial^2 \tau_{yy}}{\partial y^2}\right)-\frac{1}{\rho}\frac{\partial}{\partial x}\left(\frac{\tau_{bx}}{H}\right)-\frac{1}{\rho}\frac{\partial}{\partial y}\left(\frac{\tau_{by}}{H}\right)$$

其中 $\tau_{xx}$、$\tau_{xy}$、$\tau_{yy}$ 为水深平均的紊动切应力，$\tau_{bx}$、$\tau_{by}$ 为底部切应力。求解方程(6-5)可得到水位场 $\zeta$。

仔细分析方程(6-4)，可发现其导出过程中已经使用了静水压力分布假定，因此对于三维性较强的流场计算是否合适值得进一步讨论。对此，该方法提出者也承认，对于水面波动较大的流动，该方法是否有效还需要进一步的检验。

## 三、基于压力分解的自由水面处理方法

根据三维动量方程求出 $u$、$v$ 后，其沿水深方向积分也应满足水深平均的动量方程。在推导式(6-4)时用的静压假定，在三维水流计算中并未采用。根据第五章的分析，紊流方程中的压力项可分解为静水压力和动水压力，因此认为在沿水深方向积分动量方程时，也应该有动水压力项。

令 $P_D=\frac{1}{H}\int_{z_b}^{\zeta}p_d\,\mathrm{d}z$ 为动水压力沿水深的平均值，假定：①忽略由于物理量沿深度分布不均匀引起的弥散量；②沿水深平均的紊动切应力 $\tau_{ij}^t=\rho\overline{\gamma_t}\left(\frac{\partial u_i}{\partial x_j}+\frac{\partial u_j}{\partial x_i}\right)-\frac{2}{3}\rho\bar{k}\delta_{ij}$，引入自由水面处和河底的运动边界条件，水深方向积分的二维水流运动方程可写成：

$$\frac{\partial HU}{\partial t}+\frac{\partial HUU}{\partial x}+\frac{\partial HUV}{\partial y}=-gH\frac{\partial \zeta}{\partial x}-\frac{1}{\rho}\frac{\partial HP_D}{\partial x}+S(U) \tag{6-6a}$$

$$\frac{\partial HV}{\partial t}+\frac{\partial HUV}{\partial x}+\frac{\partial HVV}{\partial y}=-gH\frac{\partial \zeta}{\partial y}-\frac{1}{\rho}\frac{\partial HP_D}{\partial y}+S(V) \tag{6-6b}$$

其中 $S(U)$、$S(V)$为方程中不包括压力梯度项的源项。

以 $U^*$、$V^*$表示一个以估计的水位场 $\zeta^*$ 和估计的水深平均动水压力场 $P_D^*$ 为基础的不完善的速度场，这种带星号的速度场将由下列离散化方程的解求得：

$$a_e U_e^{\ *}=\sum a_{nb}U_{nb}^{\ *}+b+A_e(\zeta_P^{\ *}-\zeta_E^{\ *})+\frac{H_e}{\rho}(P_{DP}^*-P_{DE}^*)\Delta y \tag{6-7}$$

$$a_n V_n^{\ *}=\sum a_{nb}V_{nb}^{\ *}+b+A_n(\zeta_P^{\ *}-\zeta_N^{\ *})+\frac{H_n}{\rho}(P_{DP}^*-P_{DN}^*)\Delta x \tag{6-8}$$

仍引入虚拟流速 $\hat{U}_e$、$\hat{V}_n$：

$$\hat{U}_e=[\sum a_{nb}U_{nb}+b+H_e(P_{DP}-P_{DE})\Delta y/\rho]/a_e \tag{6-9a}$$

$$\hat{V}_n=[\sum a_{nb}V_{nb}+b+H_n(P_{DP}-P_{DN})\Delta x/\rho]/a_n \tag{6-9b}$$

其中 $a_e$ 、$a_n$ 为二维动量方程中的邻点系数。

对自由水面方程式(5-9)离散，可得水位方程为：

$$a_P\zeta_P=a_E\zeta_E+a_W\zeta_W+a_N\zeta_N+a_S\zeta_S+b \tag{6-10}$$

式中

$$a_E=g(H_e\Delta y)^2/a_e, a_W=g(H_w\Delta y)^2/a_w$$

$$a_N=g(H_n\Delta x)^2/a_n, a_S=g(H_s\Delta y)^2/a_s$$

$$a_P=a_E+a_W+a_N+a_S+a_P^{\ 0},\ a_P^{\ 0}=\Delta x\Delta y/\Delta t$$

$$b=\hat{U}_w H_w\Delta y-\hat{U}_e H_e\Delta y+\hat{V}_s H_s\Delta x-\hat{V}_n H_n\Delta x+a_P^0\zeta_P^0$$

直接求解方程(6-10)即可得到自由水面水位 $\zeta_P$。

方程(6-7)~方程(6-10)与第四章所列水深平均的二维水位方程相比，形式上非常接近，仅仅在虚拟流速中增加了水深平均的动水压力梯度项。这是在方程推导过程中使用压力分解方法的结果。这在源程序的编制中是非常有利的。也就是说，自由水面方程求解可直接采用水深平均二维方程中解水位方程的模块，只需将其中的流速、涡黏性系数等由三维计算结果沿水深积分得到，同时虚拟流速中加入动水压力梯度项即可。因此，本书编制程序时，三维计算开始前先计算二维流场，除能给出水位场不同步修正的初始条件外，其中的水位计算模块还可以被调用，实践表明这种方法是有效的。

## 四、计算自由水面的步骤

考虑水深平均的动水压力梯度计算自由水面的步骤如下：①根据上一时步的三维流场计算结果，得到沿水深平均的 $U$、$V$、$P_D$ 和涡黏性系数等；②计算二维动量方程中的系数 $a_e$ 、$a_w$ 、$a_n$ 、$a_s$ 、$b$ 等；③根据式(6-9)，计算虚拟流速场 $\hat{U}_e$、$\hat{V}_n$；④求解方程式(6-10)，解得全流场自由水面 $\zeta$。

从上面的推导可以看出，本书计算自由水面的方法有如下特点：

(1)将压力分解方法引入二维水深平均动量方程中，与式(6-5)相比理论基础更坚实；

(2)计算 $\zeta$ 时，计及相邻四个节点的水位值的影响，与 HH–SIMPLE 格式相比计算过程应更稳定；

(3)计算时可以调用水深平均的二维数学模型中相应的模块，大大方便了源程序代码的编制；

(4)与式(6-1)相比，虽然步骤增加，但都只是计算一些系数而已，计算耗费的时间并未显著增加。

## 第二节　垂线平均流速的确定

为了用以上方法求解自由水面方程，必须先求出垂线平均流速。如图 6-1 所示，在已知三维流速的情况下，距第一个内节点以上的主流区，在 $z$ 方向网格较密的情况下，一般各点流速无突变现象，各层之间的流量可由梯形法近似求得。但从壁面到第一个内节点之间的流量，因为近壁区流速梯度较陡，需特别处理。

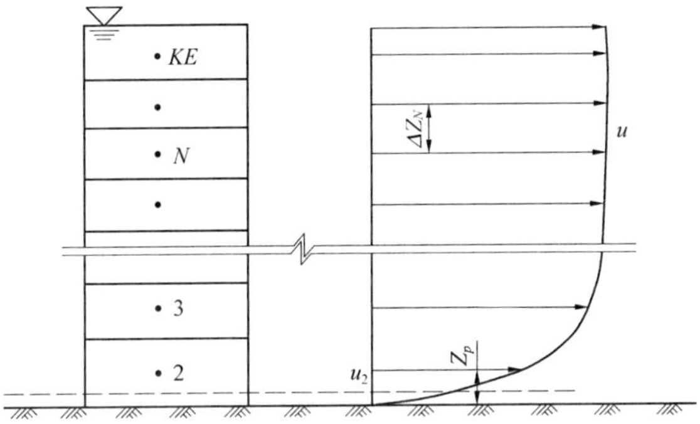


图 6-1　垂线平均流速计算

不考虑近壁流速图像的复杂性，假定主流区在近底处 $z < z_P$ 区域近似遵循对数规律(如 Coleman 认为挟沙水流流速在近底区仍遵循对数律)：

$$\frac{u(z)}{u_*} = \frac{1}{\kappa}\ln\frac{u_* z}{\gamma} + B \tag{6-11}$$

同时根据壁函数原理：

$$\frac{u_2}{u_*} = \frac{1}{\kappa}\ln\frac{u_* z_p}{\gamma} + B \tag{6-12}$$

那么即有：

$$u(z) = u_2 + \frac{1}{\kappa}u_* \ln\frac{z}{z_p} \tag{6-13}$$

将式(6-13)在$(0, z_p)$范围内积分，则$0<z<z_p$时平均流速 $\bar{u}$ 可写成：$\bar{u} = u_2 - u_* / \kappa$。在计算过程中 $u_*$ 是可以迭代求出的，所以上式中 $\bar{u}$ 可得出，这样就可以得出整条垂线上的平均流速 $U$：

$$U = \frac{1}{H}\left[\sum_{i=2}^{KE}\frac{1}{2}\left(u_i + u_{i+1}\right)\cdot \Delta z_i + \left(u_2 - \frac{1}{\kappa}u_*\right)\cdot z_p\right] \tag{6-14}$$

主流区在计算过程中都采用了式(6-14)。数值计算结果表明，采用上式较好地解决了近底层大流速梯度引起的困难。

## 第三节　引入动水压力梯度与无动水压力梯度的计算对比

为了检验本章所提出的在自由水面确定中引入动水压力梯度对计算的影响，首先对南京水科院某光滑变坡玻璃水槽中的恒定均匀流进行了计算。

水槽有效工作段长度为 2 m，宽度为 50 cm，上游给定流量，下游给出水位，$Q$=35 420 cm$^3$/s 时 $h$=10.45 cm，$Q$=41 250 cm$^3$/s 时 $h$=10.9 cm。计算网格沿水流纵向划分为 20 个单元，网格间距 10 cm；横向划分为 25 个单元，网格间距 2 cm；垂向大致均分为 11 层。计算得出的水流比降与实测数值比较见表 6-1。

表 6-1　水槽试验计算和实测的比降

| 项目 | $Q$=35 420 cm$^3$/s | $Q$=41 250 cm$^3$/s |
| --- | --- | --- |
| 未考虑动水压力梯度 | 0.001 32 | 0.001 44 |
| 考虑了动水压力梯度 | 0.001 53 | 0.001 62 |
| 实测值 | 0.001 46 | 0.002 03 |

引入垂线平均动水压力梯度使比降增加可作如下的简单解释：在 $k-\varepsilon$紊流模型推导中动水压力被用来代替 $2\rho k/3$，一般为正值。如果在计算自由水面位置时忽略该项，相当于在计算紊流阻力时未考虑由于紊动正应力引起的阻力增加。因此，考虑动压梯度后，比降有所加大，与实测水槽试验结果更接近。

图 6-2、图 6-3 所示为计算和实测的水槽中轴线流速沿水深分布，从图中可以看出，计算过程中如果引入动水压力梯度，流速计算变化不大，仅仅稍有减小，与实测值相比差别很小。

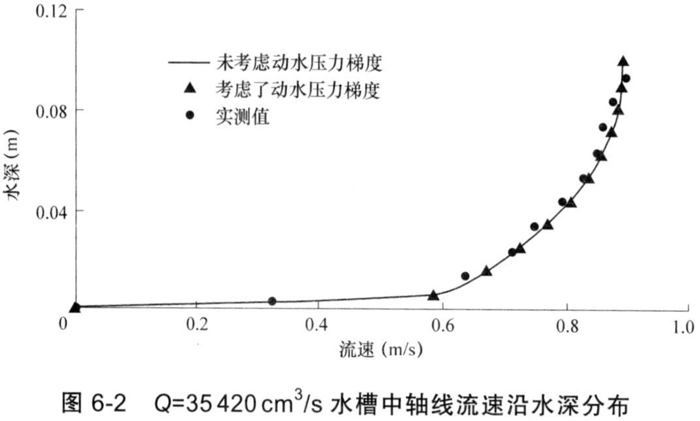


图 6-2　Q=35 420 cm$^3$/s 水槽中轴线流速沿水深分布

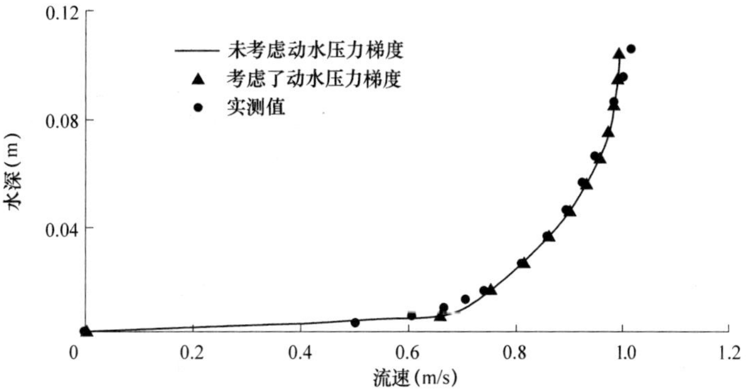


图 6-3　$Q$=41 250 cm$^3$/s 水槽中轴线流速沿水深分布

从表 6-1，以及图 6-2、图 6-3 的对比可看出，在计算自由水面方程时引入垂线平均的动水压力梯度使比降更接近实测值，对流速场影响不大，因此本书在以下的计算中都引入了该项。

# 第四节　本章小结

本章首先说明了两种常用的自由水面计算方法存在的问题，然后指出，由于已经将压力分解为静水压力与动水压力，在计算自由水面方程时应考虑动水压力梯度的影响，给出了计算步骤，并推导了计算垂线平均流速的简便方法。通过对水槽试验计算，结果表明，引入动水压力梯度项以后，水流比降有所增加，更接近于实测值，而流速则变化很小。

# 第七章 三维水流泥沙数学模型计算实例

## 第一节 三维水流模型在计算明渠流中的应用

明渠水流是自然界常见的一种水流运动。它具有自由水面，且表面上各点的压强一般为大气压强，即相对压强为零，所以明渠流又称为无压流。明渠流动一般是由重力作用产生的，如河川和水渠就是典型的明渠流动。在本节研究的明渠流中，假定其水深 $h$ 在流动方向上保持不变(该流动在水力学上称为等流)，因此这种明渠流动相似于一定口径的管流，自由水面相当于管道的对称面。另一方面，自由水面的上方有空气，虽然空气与水的密度相差很大，但空气和水组成的自由水面，根据流动水力条件，在可变化这一点上，又可以看成边界层流的极端情况。这样，明渠水流又与边界层流动极其相似，因此可以把明渠流动看成复杂的流动。

### 一、明渠流场的区域划分

宽明渠流动可作为二维问题来处理，前人对此有比较系统的研究。图 7-1 给出了以紊动能量收支为立足点的紊流区域划分图，图中的 $z_h = z/h$，$z_+ = u_* z/v$，其中 $u_*$ 是摩阻流速：$u_* = \sqrt{ghJ}$。

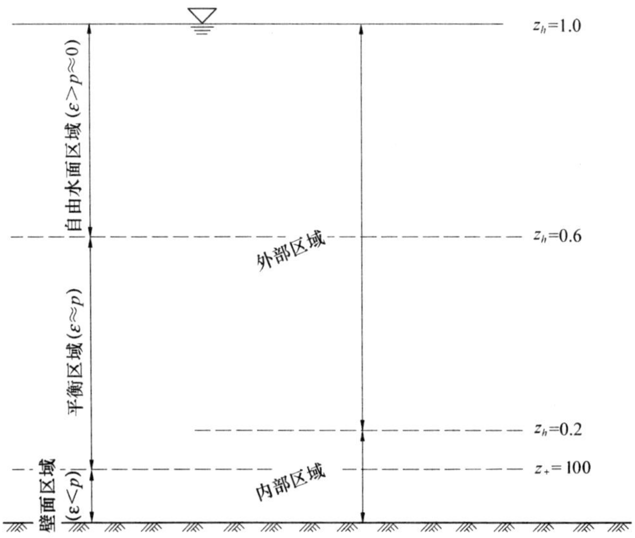


**图 7-1 明渠紊流区域划分**

(1)壁面区域($z_+ \leqslant 100$)。在此区域，壁面定律成立，其特征长度为 $v/u_*$，速度尺度为 $u_*$。在 $z_+ \leqslant 50$ 时猝发现象显著兴起，紊流能量产生率 $p$ 大于耗散率 $\varepsilon$ 而能量过剩，从而发生紊流，并向水面扩散。

(2)自由水面区域($z_h \geqslant 0.6$)。在此区域，速度亏损定律成立，其特征长度为 $h$，速度尺度为最大流速 $U_{\max}$。该处的 $\varepsilon > p \approx 0$，紊流能量不足，垂直于自由水面的紊流变动受到控制，因此容易发生纵涡等大规模的组织涡，形成复杂的结构。

(3)平衡区域$\left(100\nu / u_* \leqslant z \leqslant 0.6h\right)$。这是壁面区域和自由水面区域的中间区域，$p \approx \varepsilon$，能量处于平衡状态，不直接受河床及自由水面的外边界条件的影响。此区域内紊流的相似律成立，可以用通用函数来表示。

另外，也可将平均流速分布和对数律成立的范围看做内部区域($z_h \leqslant 0.2$)，而其余部分作为外部区域。在通常雷诺数下，壁面区域和内部区域可以看成是相等的。当雷诺数非常大时，与水深相比，壁面区域是非常薄的，可以认为猝发现象的影响几乎达不到自由水面区域。

如图 7-2 所示，计算算例明渠横断面为矩形，底面光滑，沿程水深 $h$=1.0 m，雷诺数 $Re = 1.0 \times 10^5$。对渠宽 $B$=2.0 m、4.0 m、6.0 m、8.0 m 四种情况分别进行了计算。水流方向、横向和垂向分别划分为 27、20、11 个网格。用 SIMPLE 格式迭代数十次就发散，以下是采用不同步修正的结果。绘出了垂直于 $y$ 方向对称面上的流速、紊动动能、雷诺切应力的断面分布图，以及垂直于 $x$ 方向横截面上的主流速的等值线，以说明明渠边壁对流动的影响。

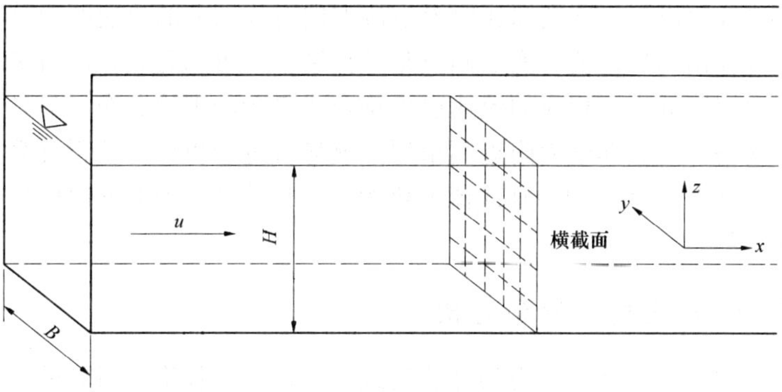


(a)明渠流动示意图

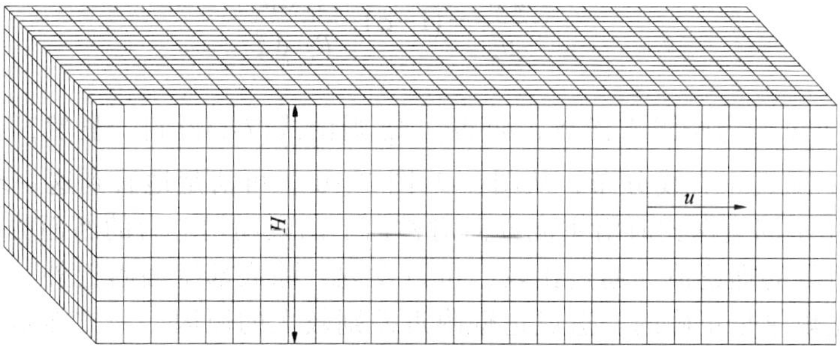


(b)明渠流网格剖分示意图

**图 7-2　算例**

在图 7-2(b)中，顺水流方向网格间距为 1.5 m，水深方向和河宽方向网格间隔基本均匀，为了直观，图中 $x$、$y$、$z$ 方向的比例尺有所不同。

## 二、流速断面分布分析

自从 1938 年 Keulegan 揭示了流速的对数分布律以来，人们假设明渠的平均流速服从下述规律：

$$\frac{u}{u_*}=\frac{1}{\kappa}\ln(Ez_+) \tag{7-1}$$

严格说来，对数律只在内部区域才成立，而在外部区域，则必须使用 Coles 提出的 $w(\xi)$ 函数来修正：

$$\frac{u}{u_*}=\frac{1}{\kappa}\ln\left(Ez_+\right)+w\left(\xi\right) \tag{7-2a}$$

$$w\left(\xi\right)=\frac{2\Pi}{\kappa}\sin^2\left(\frac{\pi}{2}\xi\right) \tag{7-2b}$$

式中：$\xi=z/h$；$\Pi$ 是 Coles 系数，当 $Re\leqslant 4.0\times10^4$ 时 $\Pi=0$，雷诺数增大后该系数单调增加，而在 $Re\geqslant 1.0\times10^6$ 以后 $\Pi$ 值大致一定，采用 $\Pi=0.2$。

图 7-3~图 7-6 绘出了不同宽深比时沿主流方向对称面上的流速断面分布，图中的曲线是由式(7-2)计算出的理论值，实心圆点是计算结果。可以看到，随着宽深比的增大，明渠的“边壁效应”减小，相应的流速也更符合式(7-2)的理论分布。另外，由于计算中采用的是均匀网格，在底部壁面附近网格划分就显得过于粗糙，使得计算值与理论值有较大的偏差。同时 $B/H$=8 时的中轴线流速仍稍大于理论值，说明此时的边壁影响虽然很小，但还是存在的。

## 三、雷诺应力的断面分布分析

在明渠流动中，其紊动切应力的经验公式是由运动方程推导得到的：

$$-\frac{\overline{u'w'}}{u_*^2}=\left(1-\xi\right)-\frac{1}{R_*}\frac{\mathrm{d}u_+}{\mathrm{d}\xi} \tag{7-3}$$

式中的 $R_*=u_*h/\nu$，为摩阻雷诺数，而 $\mathrm{d}u_+/\mathrm{d}\xi$ 则由式(7-1)得到。显然，当摩阻雷诺数很大时，$-\overline{u'w'}$ 逼近于直线分布，从图 7-7~图 7-10 中可清楚地看到这一现象。图 7-7~图 7-10 绘出了不同宽深比时沿主流方向对称面上的紊动切应力的断面分布，曲线是由式(7-3)计算所得的理论值。通过比较，可以发现，除底部壁面附近外，计算得到的紊动切应力变化规律是正确的。造成边壁附近差别较大的原因，一方面是在边壁附近网格划分过粗，同时在计算时采用壁函数技术来处理壁面边界，本身就是一种近似；另一方面，式(5-30)是在平衡区域得到的理论公式，把其应用于壁面区域，必将带来一定的误差。

## 四、主流方向流速横断面等值线图分析

明渠流动的自由水面上方与大气相接触，所以在空气和水之间必然存在摩擦阻力，但包括式(7-1)在内的所有理论公式在推导时都忽略了这一点，于是得到 $z=h$ 处 $du/dz=0$ 的条件，相应的横断面最大流速也将出现在自由水面的中点。实际情况并非如此，最大流速常常发生在水面以下附近，而空气阻力则使水面上的流速略低于理论计算值。如果有风，水面流速更因顺风或逆风而有所不同。最近的研究表明，横断面上的环流结构(第二类二次流)是使最大流速发生在水面下附近的主要原因。D. Naot 等应用代数应力模型研究了不同宽深比时的二次流现象，他们的计算表明，当 $B_h=B/H\leqslant 2$ 时，由于二次流的影响，最大流速确实发生在水面以下的某个位置，而当 $B_h\geqslant 6$ 后，二次流的影响已经很小，最大流速将出现在水面上。同时试验表明，当 $B_h\geqslant 5$ 时，可以把中间流区 $B_0=B-5h$ 作为二维明渠处理。应该注意的是，这仅意味着过水断面中心线附近(而不是全部河宽)的水流流动近似符合二维条件。而且无论宽深比多大，由于边壁影响产生的非二维流区总是存在的。

在本书的计算中，由于采用各向同性的 $k-\varepsilon$ 模型，无法得到横断面上的二次流现象，因此图 7-11~图 7-14 中的最大流速都出现在水面上。虽然如此，还是能够从图中看到壁面对横截面上主流速分布的影响，*B*/*H*=2 和 *B*/*H*=4 时的“边壁效应”还比较强烈，此后随宽深比的加大，边壁的影响逐渐减弱；*B*/*H*=8 时中心部分已经可以近似看成二元流。同时，由流速等值线图可以发现计算结果相当对称，这与理论分析结果是一致的。

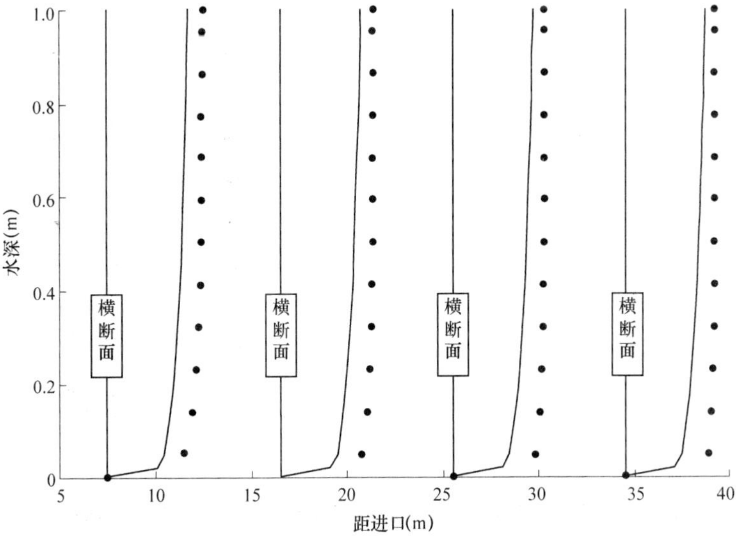


图 7-3　*B*/*H*=2 对称面上的流速与流速分布理论曲线的对比

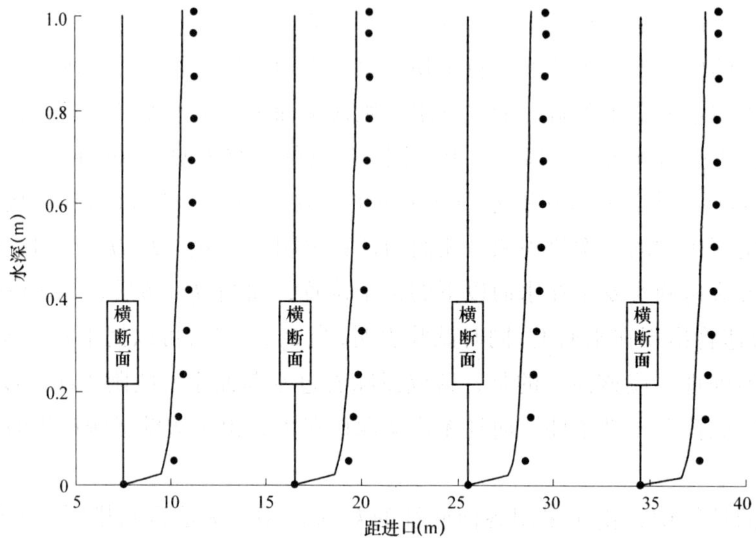


图 7-4　*B*/*H*=4 对称面上的流速与流速分布理论曲线的对比

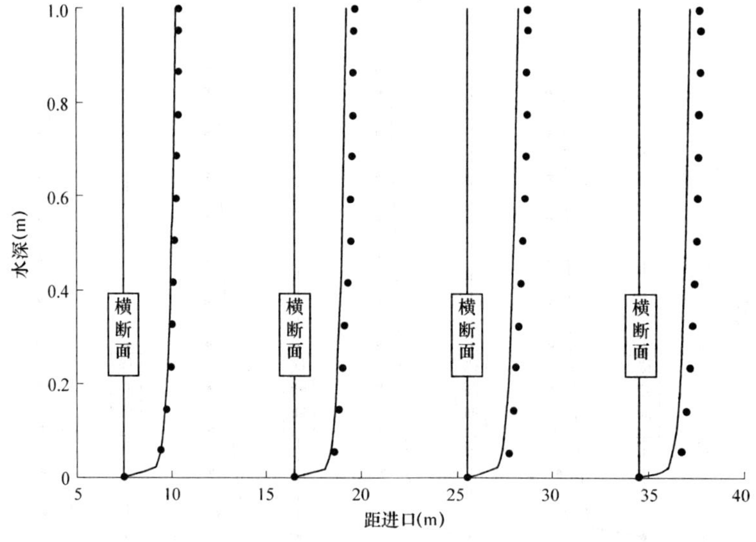


图 7-5　*B*/*H*=6 对称面上的流速与流速分布理论曲线的对比

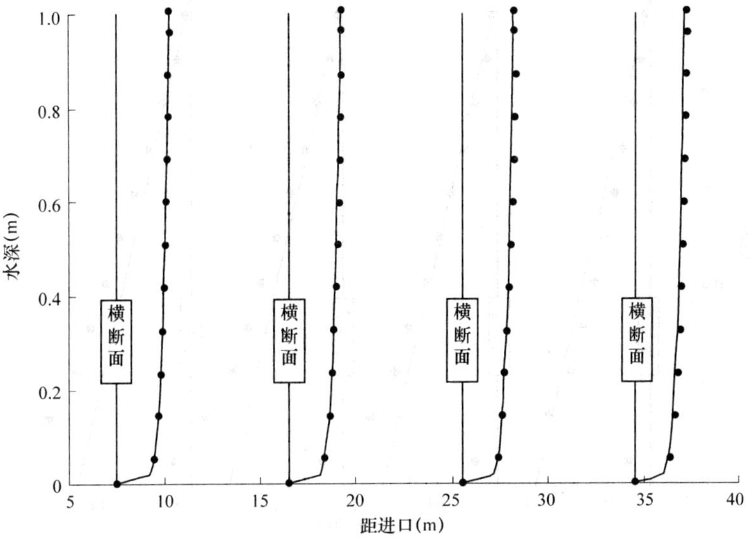


图 7-6　*B*/*H*=8 对称面上的流速与流速分布理论曲线的对比

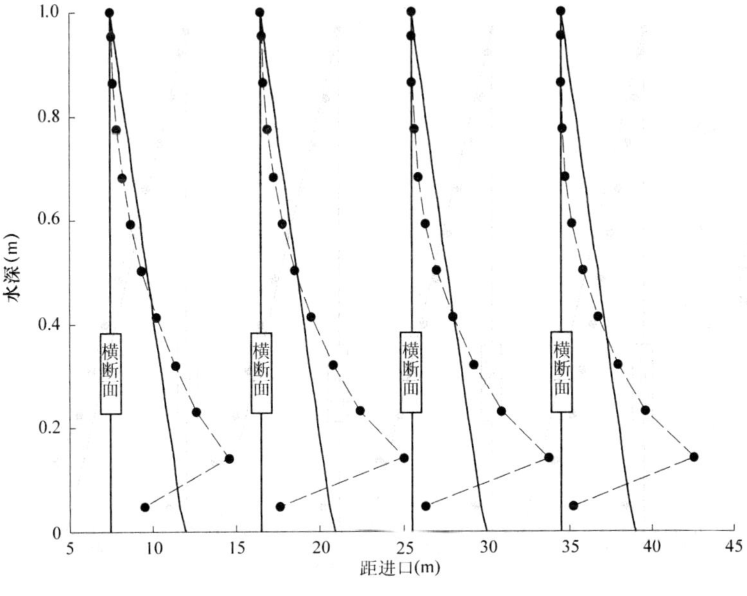


图 7-7　*B*/*H*=2 对称面上的雷诺应力与理论曲线的对比

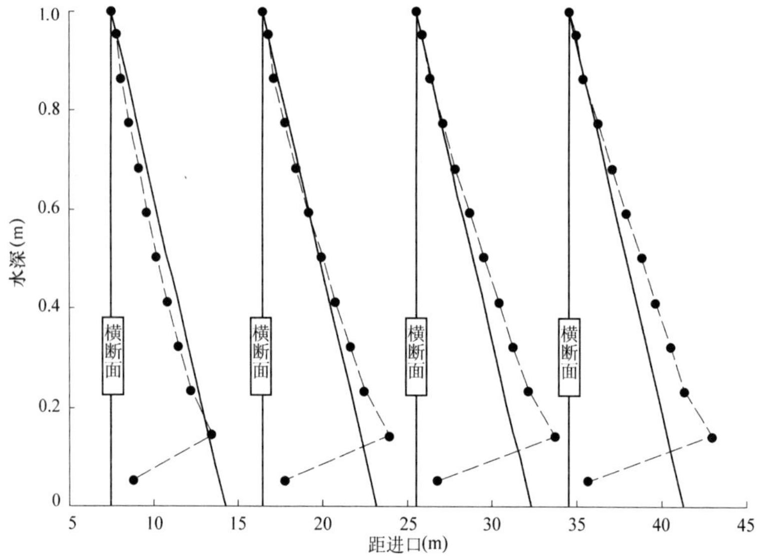


图 7-8　*B*/*H*=4 对称面上的雷诺应力与理论曲线的对比

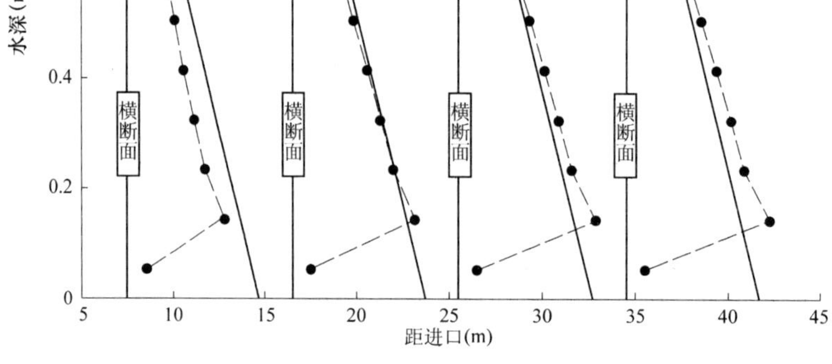


图 7-9　*B*/*H*=6 对称面上的雷诺应力与理论曲线的对比

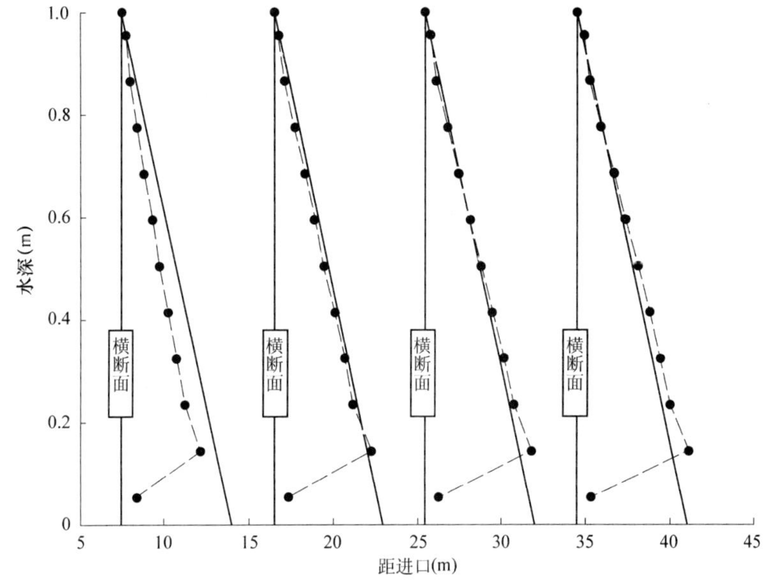


图 7-10　*B*/*H*=8 对称面上的雷诺应力与理论曲线的对比

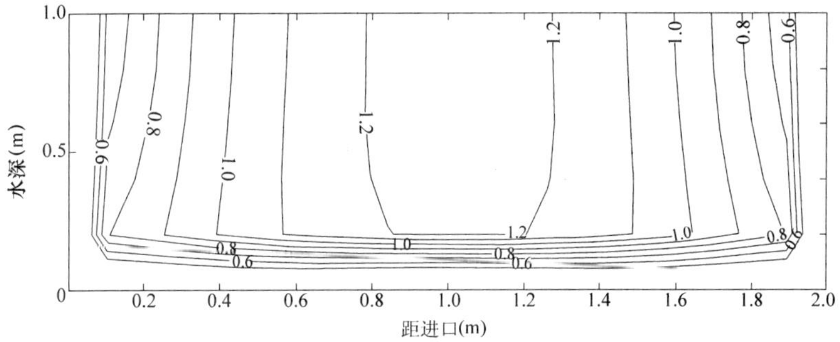


图 7-11　*B*/*H*=2 时断面相对流速等值线

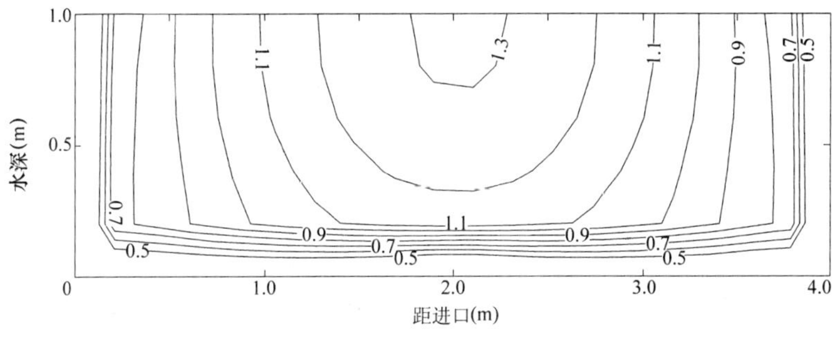


图 7-12　*B*/*H*=4 时断面相对流速等值线

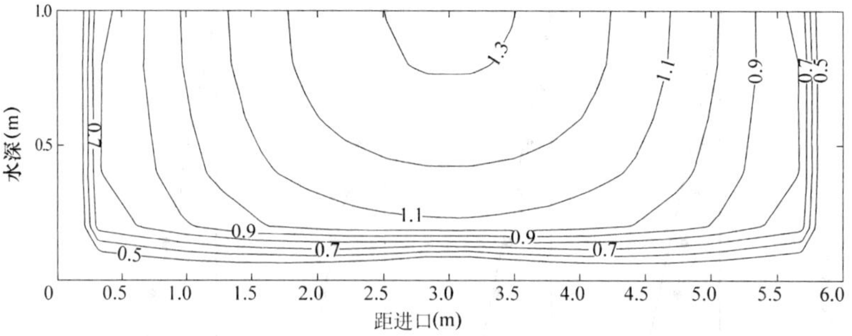


图 7-13　*B*/*H*=6 时断面相对流速等值线

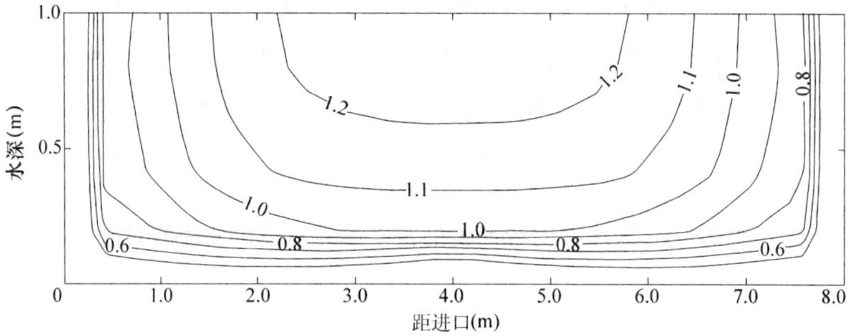


图 7-14　*B*/*H*=8 时断面相对流速等值线

# 第二节　三维水流模型在计算复式断面中的应用

冲积河道一般为同时具有主槽和滩地的复式断面河道，由于主槽与滩地之间过流能力存在差异，水流阻力较大，极可能造成洪水排泄能力不畅，增大防洪压力。复式断面主槽与滩地水流特性、相互关系及其对阻力的影响等问题是河流动力学界关注的热点问题之一。南京水利科学研究院采用概化试验的方法，利用宽度可调的水槽研究不同滩槽形态、过水面积比例及糙率大小等因素与断面过流能力和沿程水面比降之间的关系，分析它们的规律及其对河道行洪的影响。试验水槽长 34 m，底坡为平坡，试验设备布置见图 4-2。

计算选用的试验组次水槽宽 2.36 m，其中主槽宽度为 30 cm，以纵向中心线为轴具有主槽和对称滩地的复式断面，滩地水泥抹面，主槽以细小碎石铺垫为近似抛物线形，均视为光滑床面，如图 7-15 所示。分别进行 0.085 $m^3/s$、0.07 $m^3/s$、0.055 $m^3/s$ 三级流量的试验，相应的滩地水深分别为 25 cm、20 cm 和 15 cm 左右，以比较不同水深状态下的断面过流能力。顺水流方向(纵向)、水槽宽度方向(横向)和水深方向(垂向)划分为 41、34、11 个网格，分别间距约 1 m、0.03~0.13 m、0.013~0.04 m，在深槽处 $y$ 方向断面加密。计算开始时用完整的 SIMPLE 格式迭代数十次就发散，下面是采用不同步修正方法的结果。

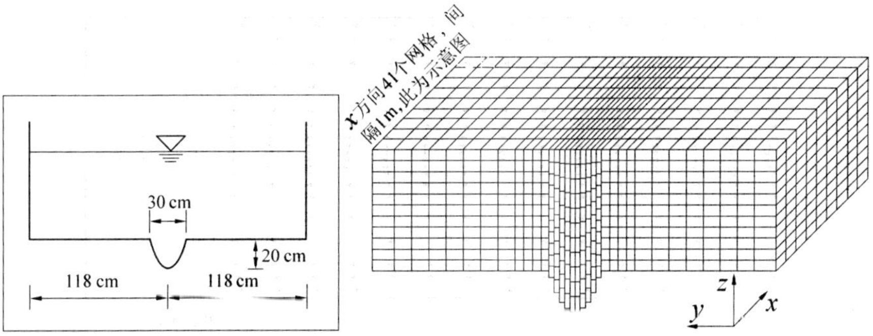


**图 7-15　水槽试验复式断面滩槽形态与网格剖分示意图**

## 一、纵向流速沿河宽的分布

水流漫过滩地以后，边界条件出现突然变化，由单一的主槽流动变为滩槽皆有的复杂流动。由于主槽区域流速大，滩地流速小，两股不同速度的水流必然相互影响。图 7-16~图 7-24 为三种水情下计算所得偶数号断面的表、中、底层流场矢量图。分析该图可以看出，由于主槽水流对滩地水流的拖曳作用，在滩槽交界处，滩地流向略微偏向主槽，这种情况在流速较小的 0.2*h* 处表现明显一些，而离主槽较远处的滩地影响很小。滩地、特别是距离主槽较远的滩地表、中、底层流速差别较大，接近对数分布，而主槽内各层流场则均匀得多，这种现象在水深较小处表现越发明显，这说明主槽内垂向流速较大，使流速图像平均化。

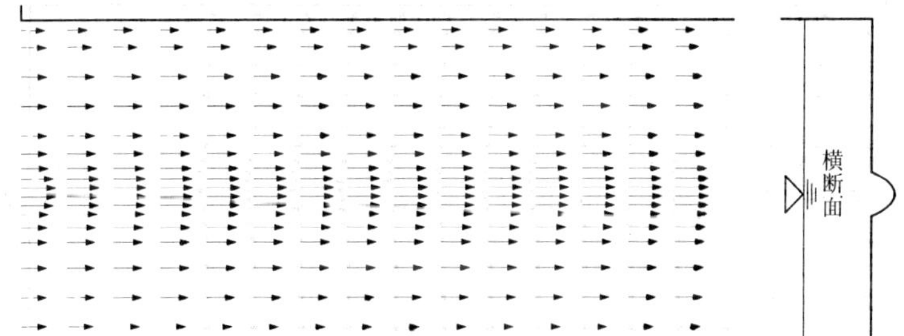


**图 7-16　$Q$=0.085 m$^3$/s 表层流场**

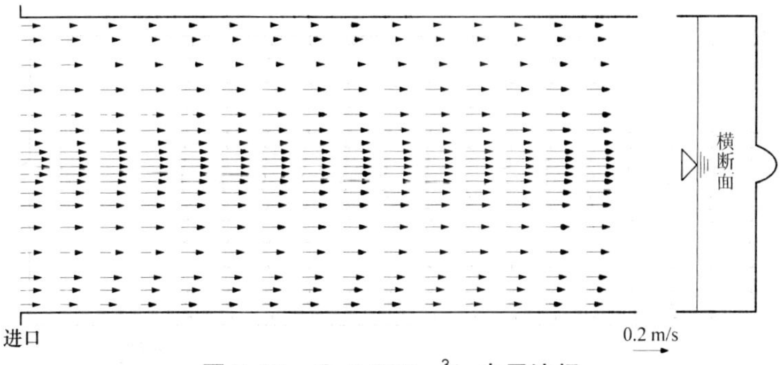


**图 7-17　$Q$=0.085 m$^3$/s 中层流场**

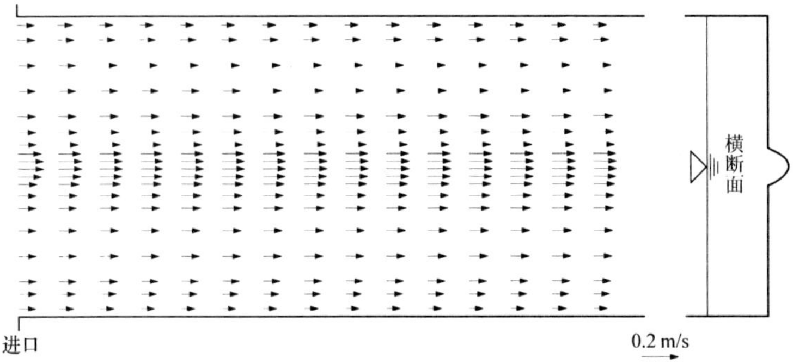


图 7-18　Q=0.085 $m^3/s$ 底层流场

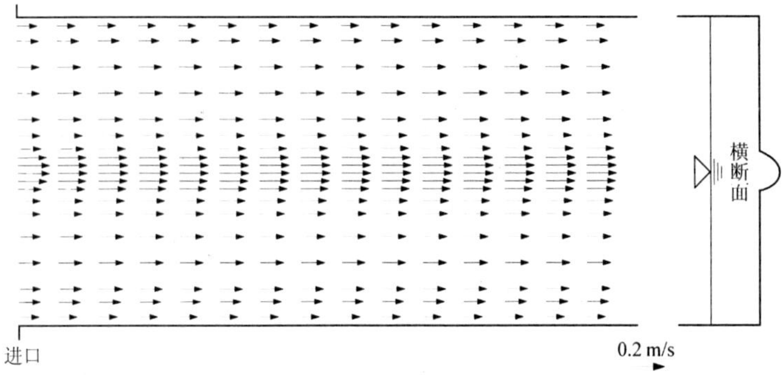


图 7-19　Q=0.07 $m^3/s$ 表层流场

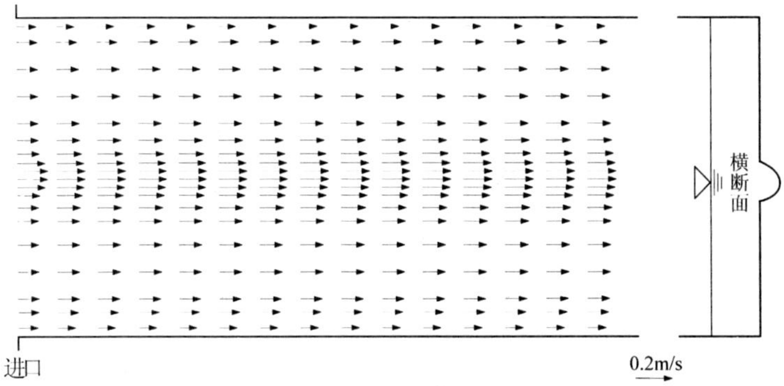


图 7-20　Q=0.07 $m^3/s$ 中层流场

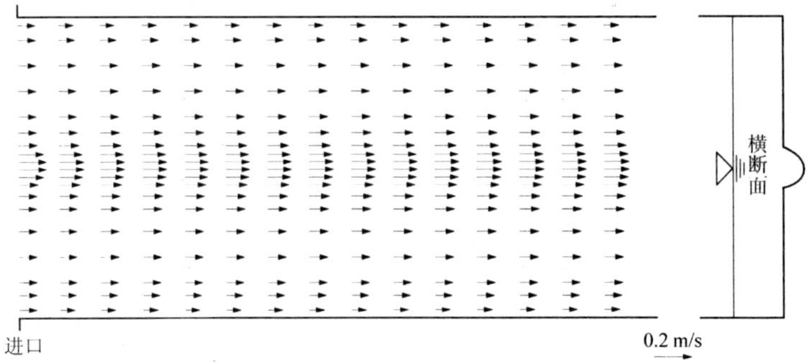


图 7-21　Q=0.07 $m^3/s$ 底层流场

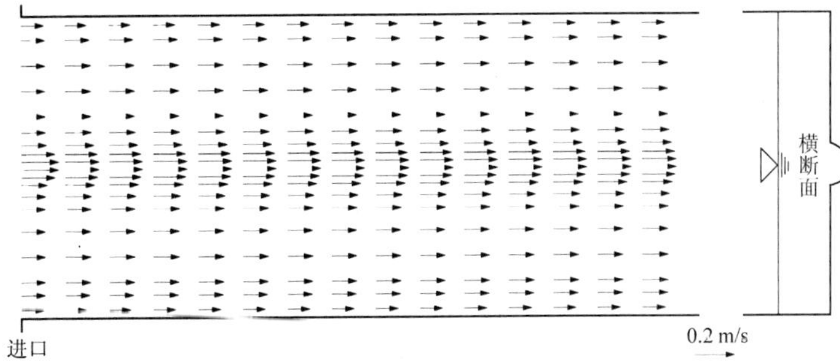


**图 7-22　$Q$=0.055 m$^3$/s 表层流场**

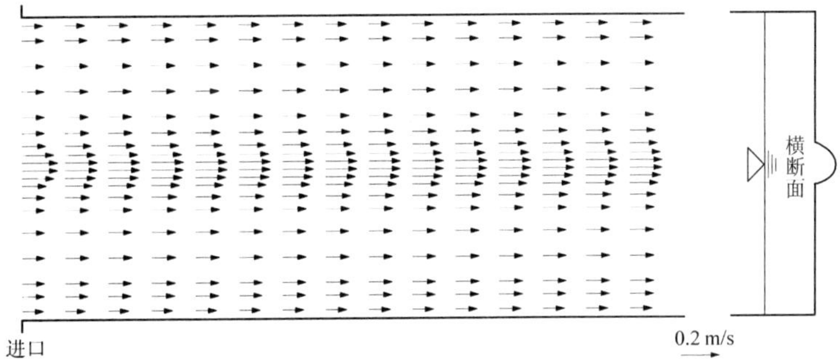


**图 7-23　$Q$=0.055 m$^3$/s 中层流场**

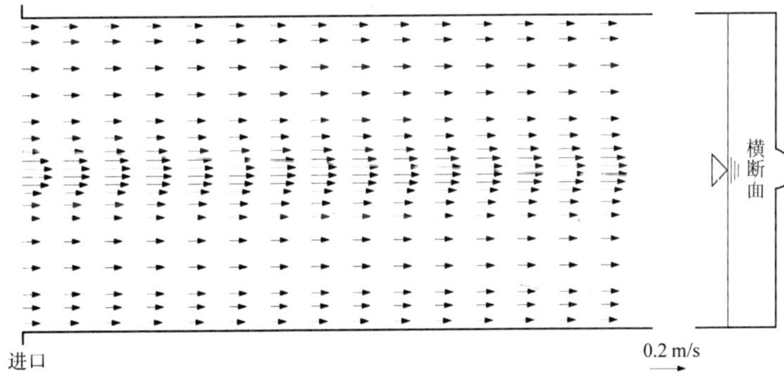


**图 7-24　$Q$=0.055 m$^3$/s 底层流场**

由于滩槽流速存在差异，水流动量相互传递的作用，流速沿横断面出现梯度很大的交界区，改变了主槽和滩地流速横向分布的均匀性，呈现复杂的图形。图 7-25~图 7-27 为计算和试验所测得的典型断面的纵向垂线平均流速沿横断面分布，从图上可看出：

(1)流速横向分布图形复杂，尤其是在滩槽交界面附近，距交界面较远处滩地，流速分布基本均匀。这说明距交界面距离越远处，水流运动受交界面的影响就越小，也就越接近正常的明渠流动。

(2)水深越小，主槽过流面积所占的比例越大，则主槽与滩地的流速差别也越大。

(3)由于断面对称，流速分布也对称，最大值出现在主槽中央。

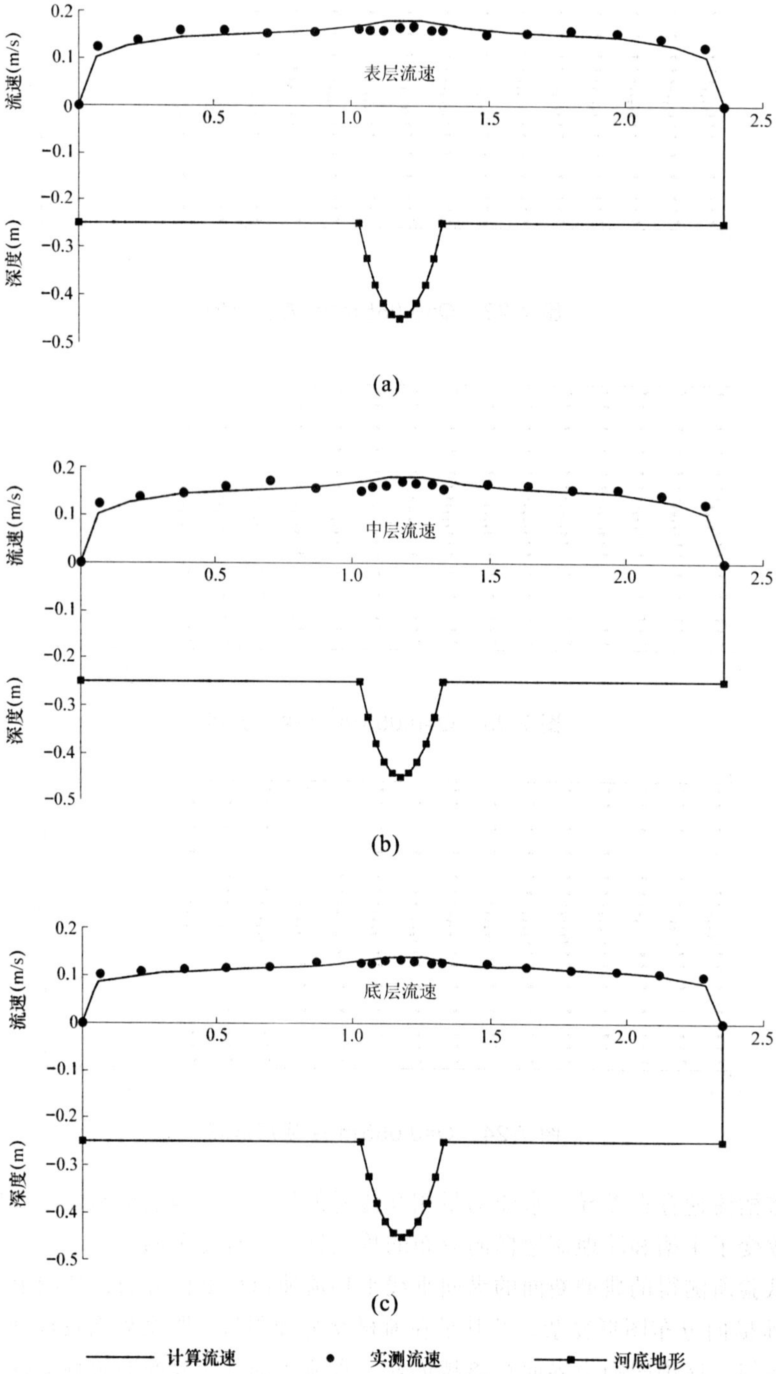


**图 7-25　$Q$=0.085 $m^3/s$ 时断面计算流速与实测流速的对比**

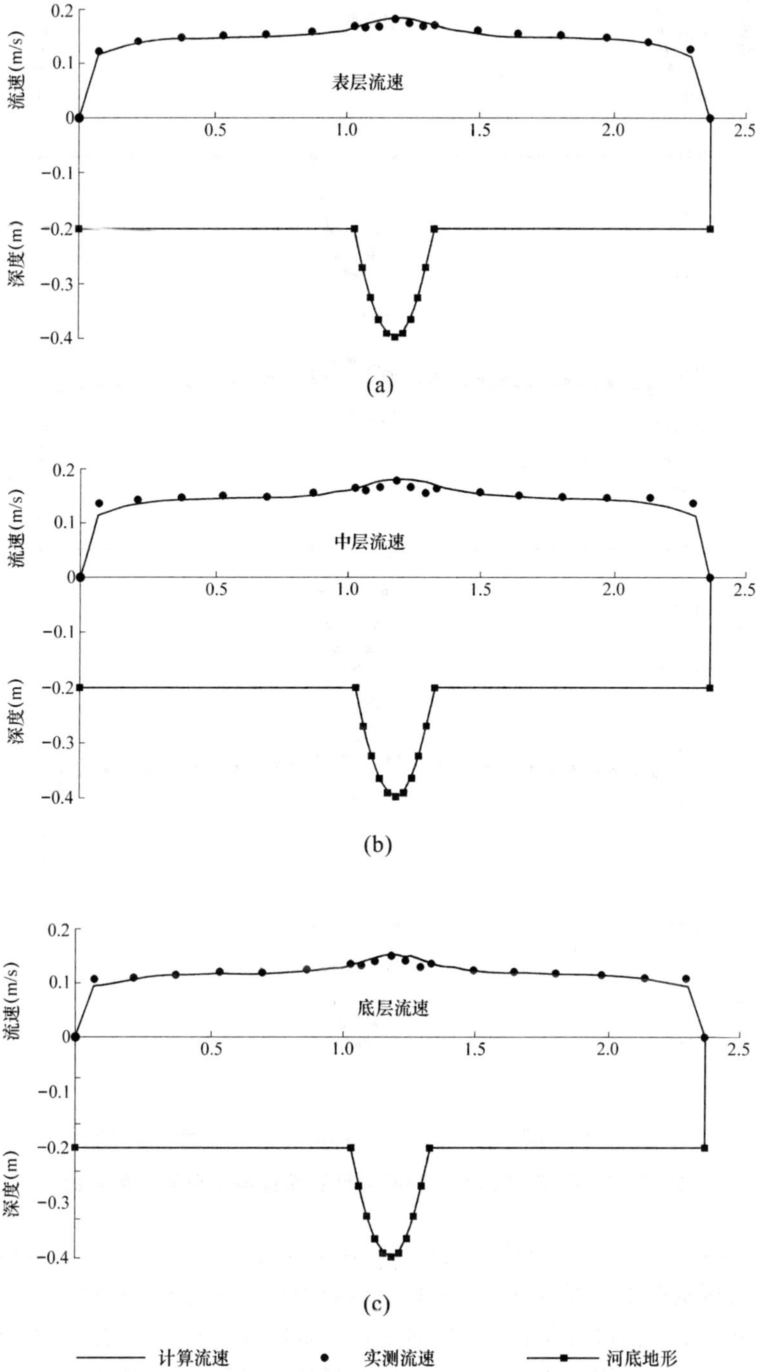


图 7-26　$Q$=0.07 m$^3$/s 时断面计算流速与实测流速的对比

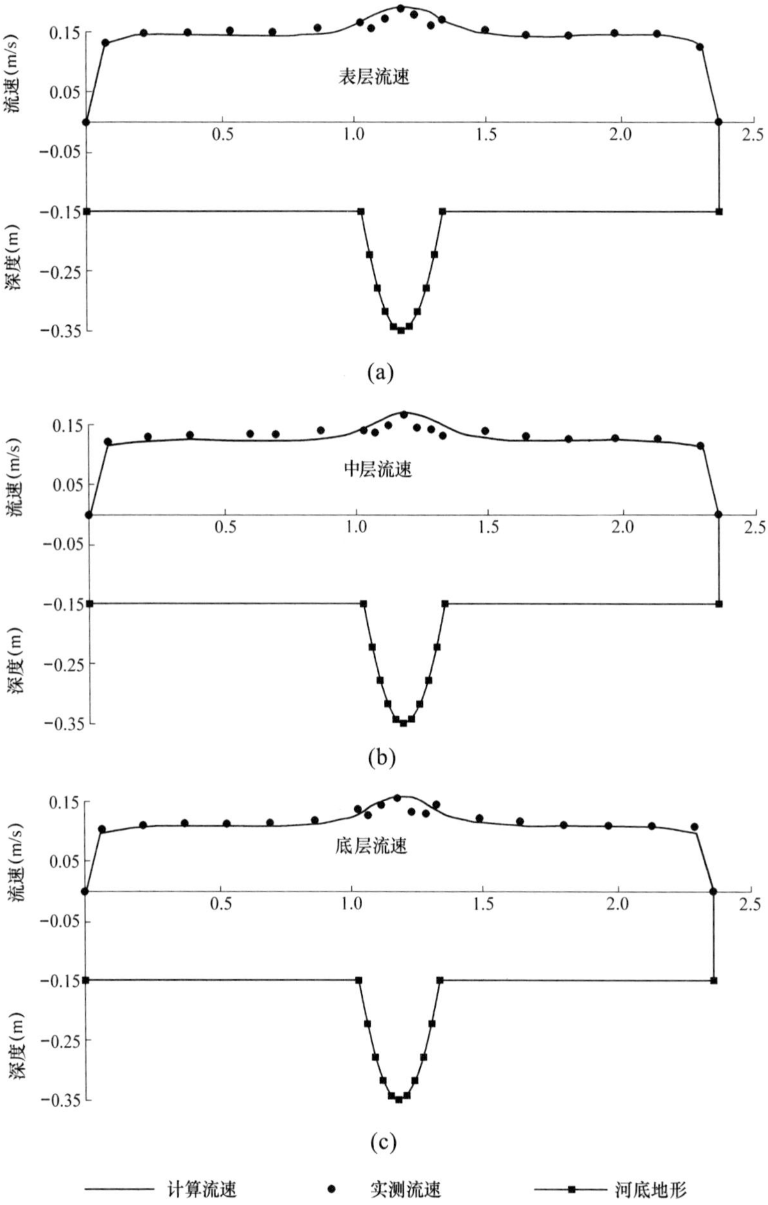


**图 7-27　$Q$=0.055 m$^3$/s 时断面计算流速与实测流速的对比**

从图 7-25～图 7-27 中可以清楚地看出流速横向分布的这些特征，计算值与实测值是一致的。主要区别在于：测量时发现滩槽交界面处垂线平均流速较两侧略小，明显存在一个流速的间断面。这种现象其他研究者的试验资料和天然河流实测资料也有所反映。形成这一现象的主要原因是滩槽交界处水流的强烈掺混和碰撞，致使水流能量损失很大。而计算值曲线则相对光滑，未出现流速减小现象。因为本次计算采用的标准 $k-\varepsilon$ 紊流模型是各向同性的，在预测强烈混掺流区效果并不令人满意，Lin 等采用非线性的 $k-\varepsilon$ 紊流模型来预测复式断面流动，更能反映出二次流现象及其对溶解质浓度扩散的重要影响。

## 二、滩地和主槽的比降

在防洪工程中，确定洪水水位是一个很重要的问题。平原河流大都为具有滩槽分明的复式断面河道，河道主槽往往较小，而滩地宽阔，河道行洪仅依靠主槽泄流，显然不能满足要求，必须同时发挥滩地的过流作用。因此，计算了三种水情下滩地和主槽的沿程水位变化，见图 7-28。

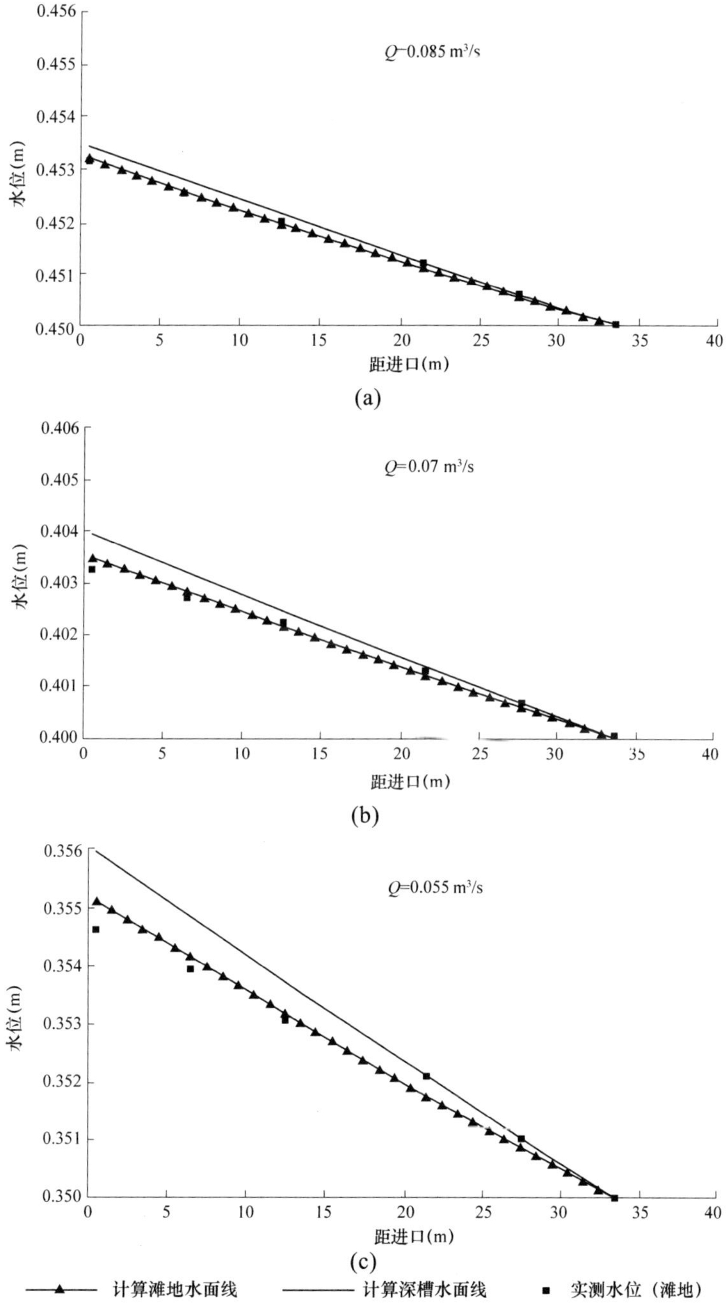


**图 7-28　三种流量情况下的水面线**

当水流刚漫滩时，滩地水深较小，过水面积也不大，此时，相对于整个断面而言，滩地水流阻力很大，其比重超过过水面积的比重。随着流量的增大，滩地水深增加，滩地水流阻力的比重逐渐下降，最后与过水面积的比重趋向平衡。因此，流量越小，阻力越大，水面线也越来越陡。$Q=0.085\ \mathrm{m^3/s}$ 时滩地水面比降 $J\approx 9.3\times 10^{-5}$，$Q=0.055\ \mathrm{m^3/s}$ 时 $J\approx 1.3\times 10^{-4}$，与实测结果基本一致。

从图 7-28 上还可以看出，主槽的水面高度一般比滩地大，这可与弯道水流的类比得到解释：主槽相当于充分发展的弯道的凹岸，流速大而水位高，滩地相当于弯道的凸岸，流速小而水位低，这对防洪工作是有利的。

图 7-29 为考虑动水压力梯度和不考虑该项时沿程水位的对比，由图可见，引入该项后计算值与实测值更为接近，这再次说明了第六章结论的正确性。

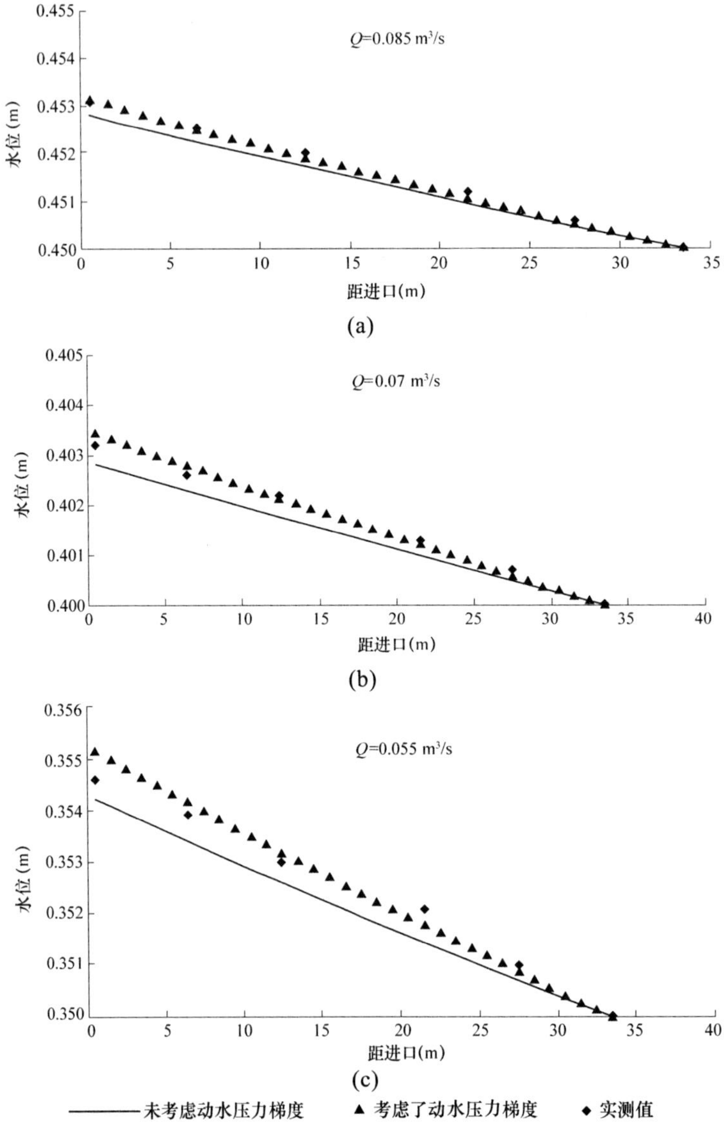


**图 7-29　引入动水压力梯度项对滩地沿程水位的影响**

## 三、横断面上的流速分布

Akihiro 等精细测量了复式断面横断面上的水流流速分布，发现断面中存在明显的环绕纵向的副流，副流在滩槽交界面处产生，形成朝向水面流动的两个方向相反的旋涡,并且旋涡带动两侧水体形成更大范围的旋转运动,见图 7-30。从计算得到的图 7-31~图 7-33 可看出，计算得到的横断面上流速对称性良好，由于主槽处宽度较小，水槽中间两个方向相反的旋涡互相作用的结果，横向流速基本抵消，使得主槽中部基本上只有垂直向下的流速，但滩槽交界处的旋涡还是存在的。而滩地上的补偿性旋涡水深(流量)较大时明显，水深较小情况下旋涡的发展受到抑制。计算结果与图 7-29 定性上是一致的。由于主槽处垂向流速较大，因而图 7-16~图 7-24 中主槽纵向流速沿水深分布明显比滩地均匀。这些都表明了计算结果的合理性。

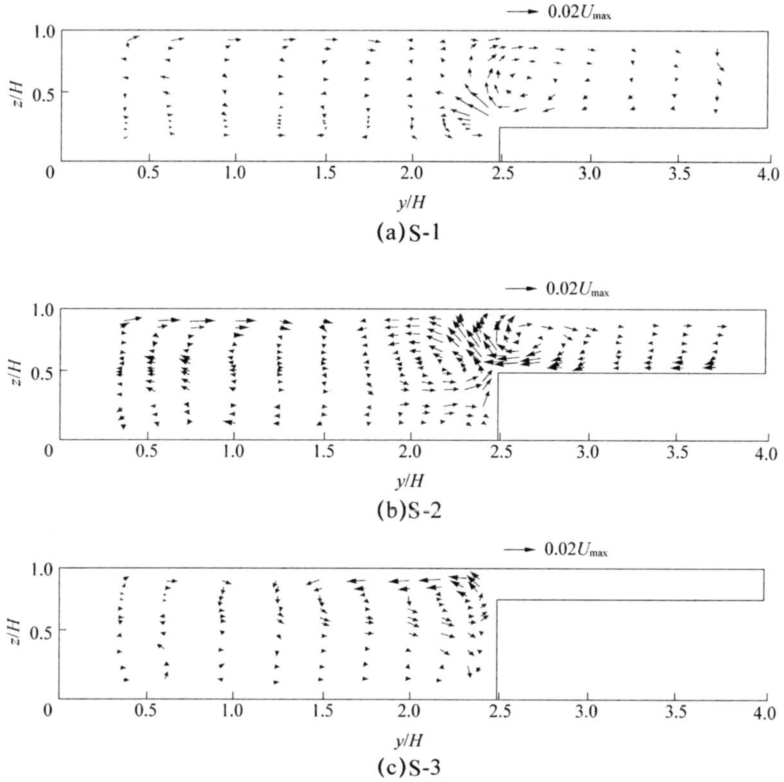


图 7-30　Akihiro 测得的横断面流速分布

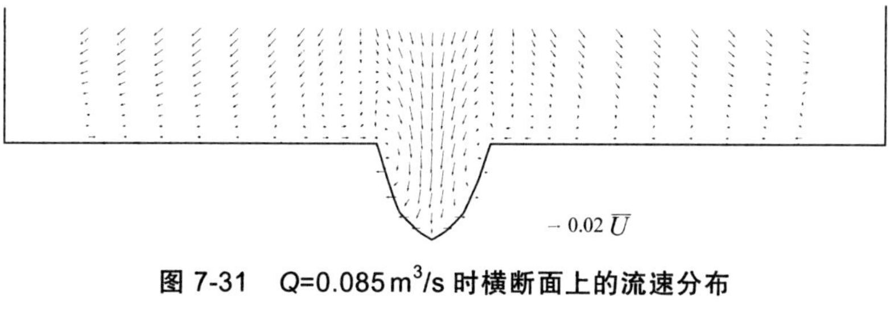


图 7-31　Q=0.085 m$^3$/s 时横断面上的流速分布

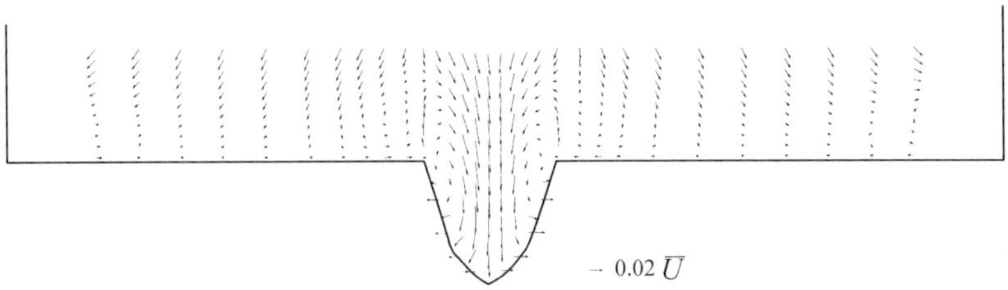


图 7-32　$Q$=0.07 m$^3$/s 时横断面上的流速分布

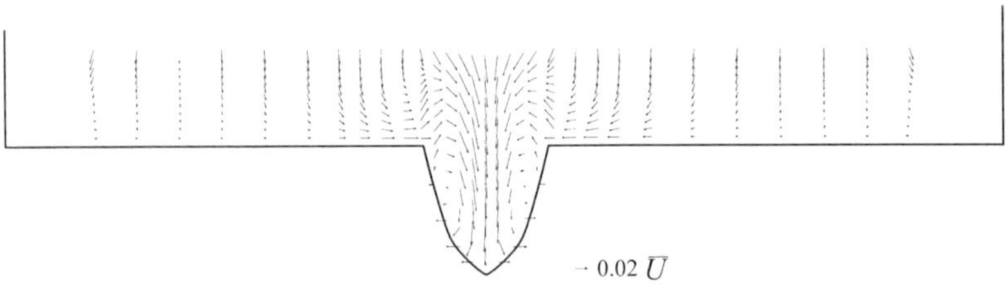


图 7-33　$Q$=0.055 m$^3$/s 时横断面上的流速分布

# 第三节　挖入式港池内流场的数值计算

挖入式港池内的水流泥沙特性是工程界十分关心的问题。由于港池口门开敞而内端封闭，形同盲肠，所以也称这类河段为盲肠河段。在已建成的挖入式港池(或盲肠河段)如青山运河、葛洲坝三江引航道、上海宝钢成品码头等都发生了泥沙淤积。

挖入式港池内的泥沙绝大部分以悬移质形式进入，淤积很难避免。范家骅、窦国仁、张瑞谨、谢鉴衡、严镜海等对港池内水流运动规律和淤积特性进行了探讨，刘青泉于1989～1993 年设计了概化模型试验系统，从理论上探讨港池内回流流态和淤积的普遍规律，试验结果表明，回流淤积和异重流淤积存在明显的分界线，异重流淤积厚度比较均匀，而回流区淤积显著增大，这说明两者的淤积机理有很大不同。如果在潮汐河段，还应考虑随涨落潮带入口门内的悬沙落淤。以下将利用建立的数学模型对挖入式港池内的水流特性进行数值模拟。

1999 年南京水利科学研究院对挖入式港池内的水流特性进行了试验研究。该试验是在河港研究所南京港试验厅水槽上进行的。水槽长约 30 m，宽 1.6 m，试验前对水槽进行了改造，将各种挖入式港池概化成断面为矩形、底部与主流槽底齐平、平面上与主流正交的形式，水槽中部挖开宽 0.65 m 的缺口作为挖入式港池的口门，垂直主流方向向外伸展出 1.6 m，长度足以使回流充分发展。上游施放流量由进口三角形量水堰控制，水深通过调节下游手动尾门来达到试验要求，为了使水流平顺，在水槽进口设置了多道格栅，以减少波动影响。整个水槽循环系统见图 7-34。

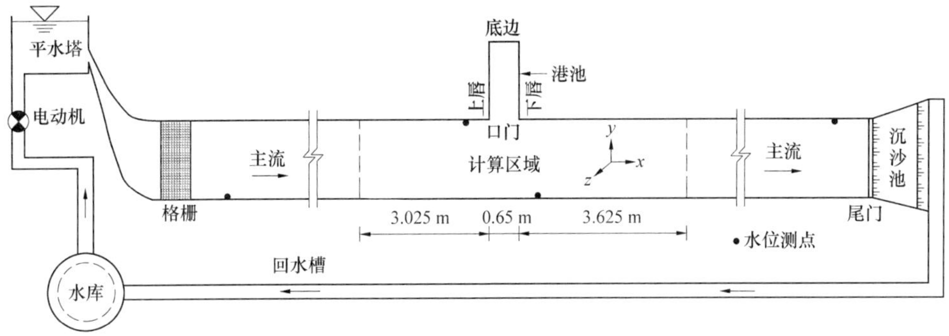


图 7-34 水槽循环系统

试验时在港池底用白漆画上多条与水槽中心线平行或垂直的网格线以确定测点位置，流速采用 LSY-1 型旋桨流速仪测量，采样时间为 15 s，采用三点法测量了各网格交点垂线上表层、中层和底层的流速和流向。

在进行数值模拟计算时，认为整个计算区域床面光滑，$x$ 方向与主流平行，节点 120 个，间距 1.625～15 cm，$y$ 方向为横向，节点 60 个，间距 4～8 cm，在港池内加密；$z$ 轴沿水深铅直向上，节点 11 个，间隔大致均匀。网格剖分见图 7-35，在图中港池附近 $x$ 方向节点间距很小，为直观，每隔一个断面画一条网格线。

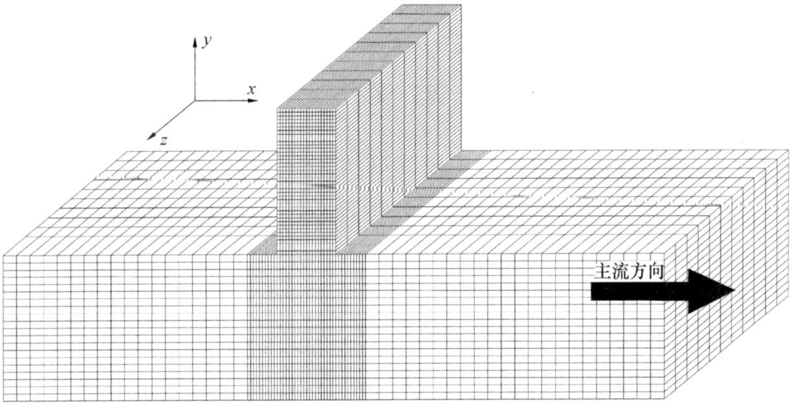


图 7-35 计算网格示意图

由于港池内部水流运动具有非常复杂的三维特性，各水质点运动为竖轴回流和径向环流复合叠加的螺旋轨迹，港池内水体中、底部流向测量误差较大，在验证时只考虑表面流场。用两组试验资料对建立的数学模型进行检验。①大流量：上游流量 $Q$–75.32 L/s，下游水深 16 cm；②小流量：上游流量 $Q$=35.92 L/s，下游水深 10 cm。计算得到的流场与实测资料的对比见图 7-36、图 7-37，两图中都只显示了流速在 1.0 cm/s 以上时港池内测点或计算点的流速矢量，为直观，将港池顺时针旋转 90°，其中矢量线中箭头较大者为实测值，其他为计算值。

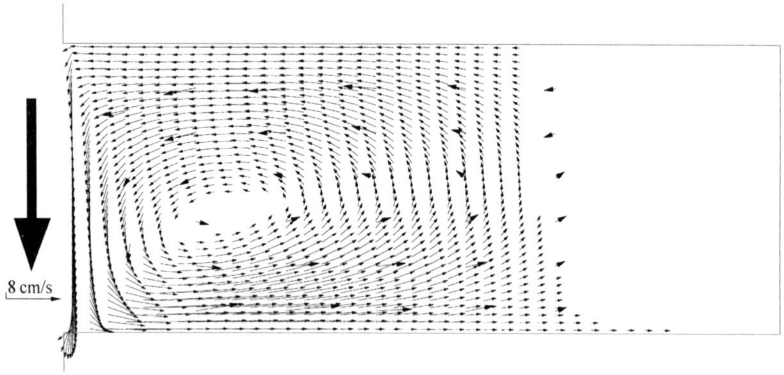


**图 7-36　Q=75.32 L/s 时计算表层流场与实测值的对比**

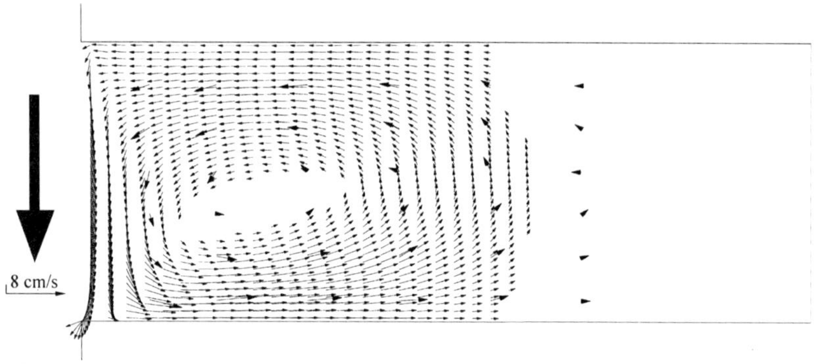


**图 7-37　Q=35.92 L/s 时计算表层流场与实测值的对比**

从图 7-36、图 7-37 上可以看出，主流从口门靠近下唇一侧进入港池内，形成一个逆时针近似椭圆形回流，回流中心在港池平面对称轴附近，回流轴线向主流下游一侧倾斜。从回流中心向上唇或下唇边壁作垂线，距离回流中心越远流速越大。靠近口门的主流进入港池后，沿椭圆流线速度值经历了一个“增—减—增—减”的过程，在口门靠近上唇一侧汇入主流。计算与实测的流场从定性上比较一致，各测点的流向符合程度也较好。

计算值与实测资料的主要区别是：计算得到的回流范围偏小，部分地区流速大小也比测量值明显偏小。这主要是由于 $k-\varepsilon$ 模型使用的涡黏性系数各向同性假定，在计算回流占支配地位的流动时会有较大的偏差，此外在边界条件给定上也存在一定问题。比如试验中观察表面流场时发现，港池底边附近流速虽然很小，但水流反复振荡，有一定的周期性，在仔细排除了外界干扰(如风应力、试验人员走动等)后，该周期性依然存在，说明此处的流动已经呈现出不完全紊流特性，确定合适的边界条件十分困难。

图 7-38 ~ 图 7-41 为两种流量情况下中层和底层的流场矢量图。从图上可以看出，表、中、底层流速值大小差别不如对数分布那么明显，但流向有一定差异，这说明港池内回流的三维性很强，与理论分析结论一致。综上所述，计算结果与实测值和理论分析结论较为接近，说明建立的水流数学模型比较可靠。

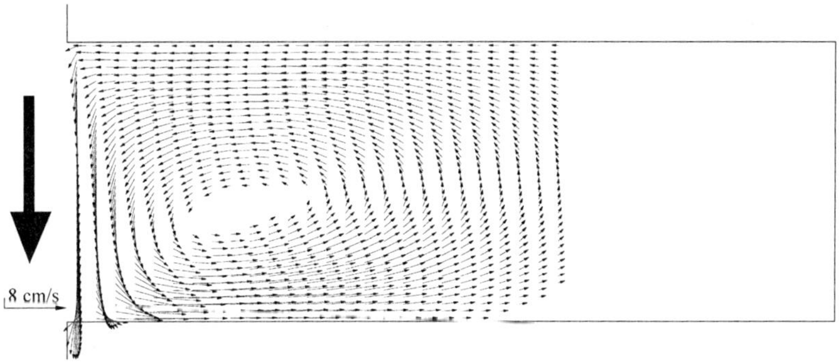


图 7-38　$Q$=75.32 L/s 时计算中层流场矢量图

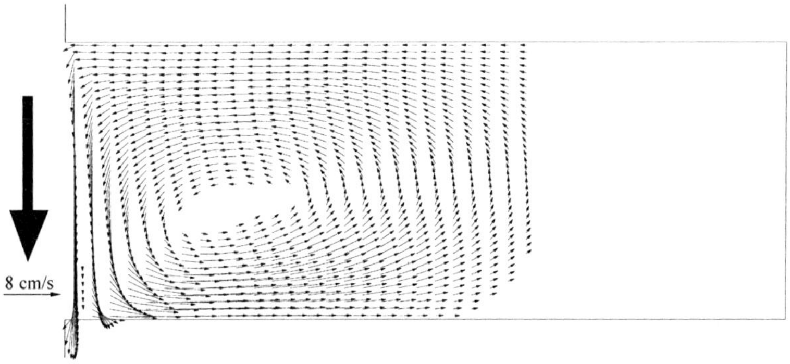


图 7-39　$Q$=75.32 L/s 时计算底层流场矢量图

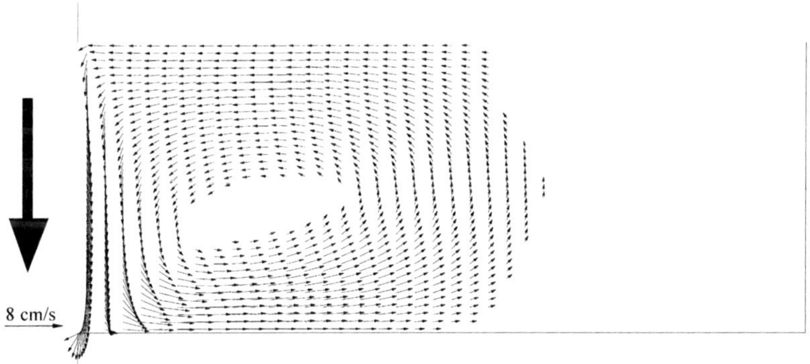


图 7-40　$Q$=35.92 L/s 时计算中层流场矢量图

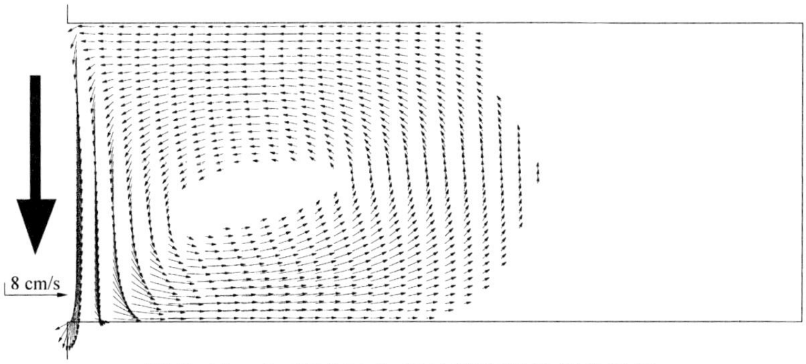


图 7-41　$Q$=35.92 L/s 时计算底层流场矢量图

# 第四节　三维泥沙数学模型计算实例

## 一、单纯冲刷水槽试验的数值计算

Van Rijn 在 1981 年进行了清水来流引起床面泥沙冲刷上扬直至形成稳定含沙浓度分布的水槽试验研究，如图 7-42 所示。

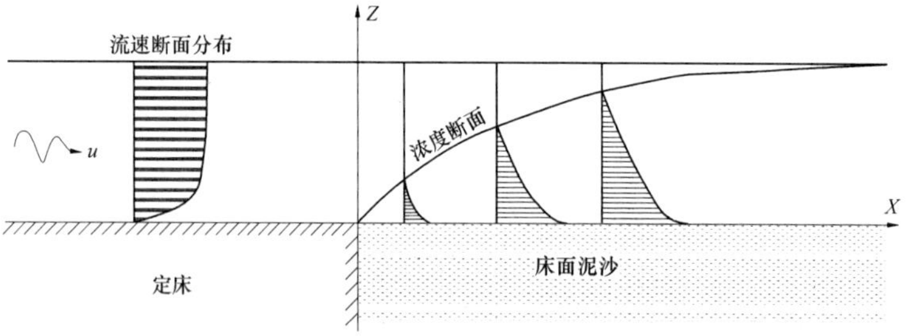


图 7-42　清水冲刷松散床面试验示意图

试验水槽长 30 m，宽 0.5 m，高 0.7 m，试验组次水深 $h$=0.25 m，平均流速 $U$=0.67 m/s，床面泥沙组成 $d_{50}$=0.23 mm，$d_{90}$=0.32 mm，Celik 等、Sylvain 等、Weiming Wu 等分别利用该组试验资料验证和率定了各自的数学模型。验证计算中选用代表泥沙粒径 $d$=0.2 mm，相应沉速 $\omega_s = 0.022$ m/s，有效床面切力 $\tau' = 1.2$ N/m$^2$，床面粗糙高度 $k_s = 0.01$ m。本书也利用建立的泥沙模型，令 $\sigma_c = 0.6、0.8、1.0$，进口给定对数流速分布、含沙量为零，计算结果见图 7-43。

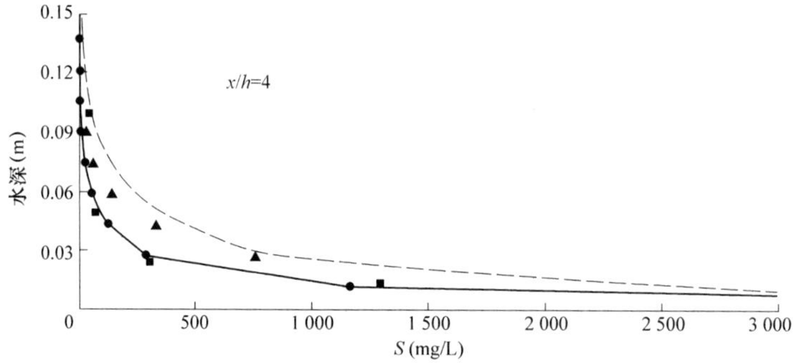


(a)

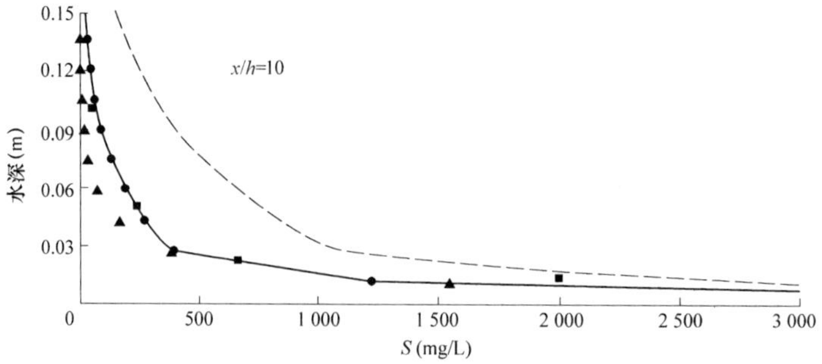


(b)

图 7-43　含沙量垂线分布的发展与实测值的对比

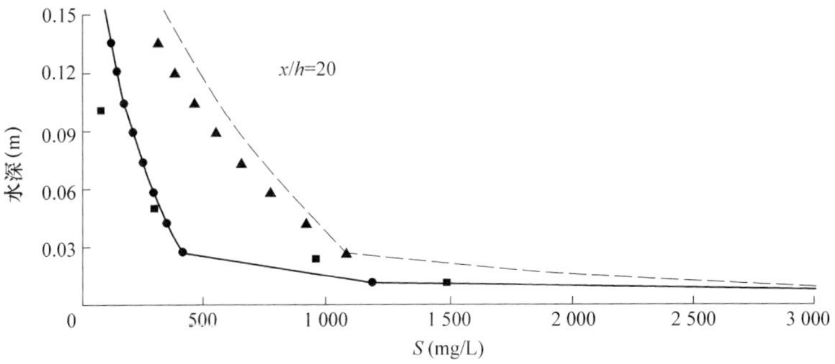


(c)

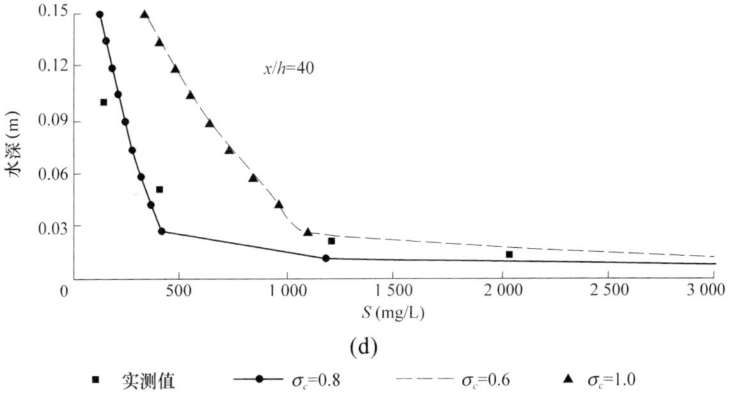


续图 7-43

从图 7-43 可见，令紊动 Schmidt 数 $\sigma_c = 0.8$ 时计算值与实测值符合较好。上述数值计算反映了清水冲刷条件下床面泥沙冲刷上扬直到形成平衡状态时，沿程含沙量沿水深分布的情况。分析成果表明，底部水体含沙量很快达到稳定状态，表层水体含沙量经过一段距离泥沙冲刷上扬，逐步达到一定的含沙量。

## 二、纯淤积水槽试验数值计算

选择 Wang 和 Ribberink 的水槽试验资料来验证纯淤积条件下数学模型计算结果。图 7-44 为水槽试验示意图。

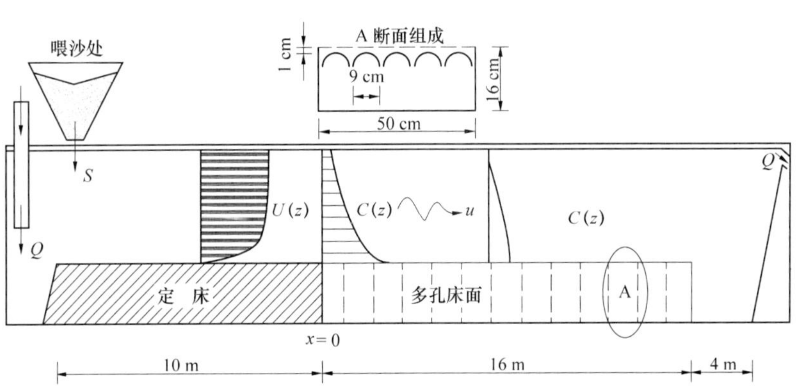


图 7-44　水槽试验示意图

试验水槽长 30 m，在上游进口断面加沙，多孔床面捕捉下沉泥沙，近底泥沙沉降通量为 $\omega_S C_b$，上扬通量 $E_b$ 几乎为零。本次计算选用其中一组试验资料为：水深 $h$=0.215 m，平均流速 $U$=0.56 m/s，计算中依照 Van Rijn 建议按均匀沙考虑 $d = 0.95$ mm，其沉速 $\omega_s = 0.0065$ m/s，床面粗糙高度 $k_s = 0.0025$ m，进口含沙量条件由水槽试验资料给出，计算得到床面摩阻流速约为 0.0335 m/s，与试验观测值 0.033 m/s 很接近。图 7-45 为计算值与水槽试验资料的对比。

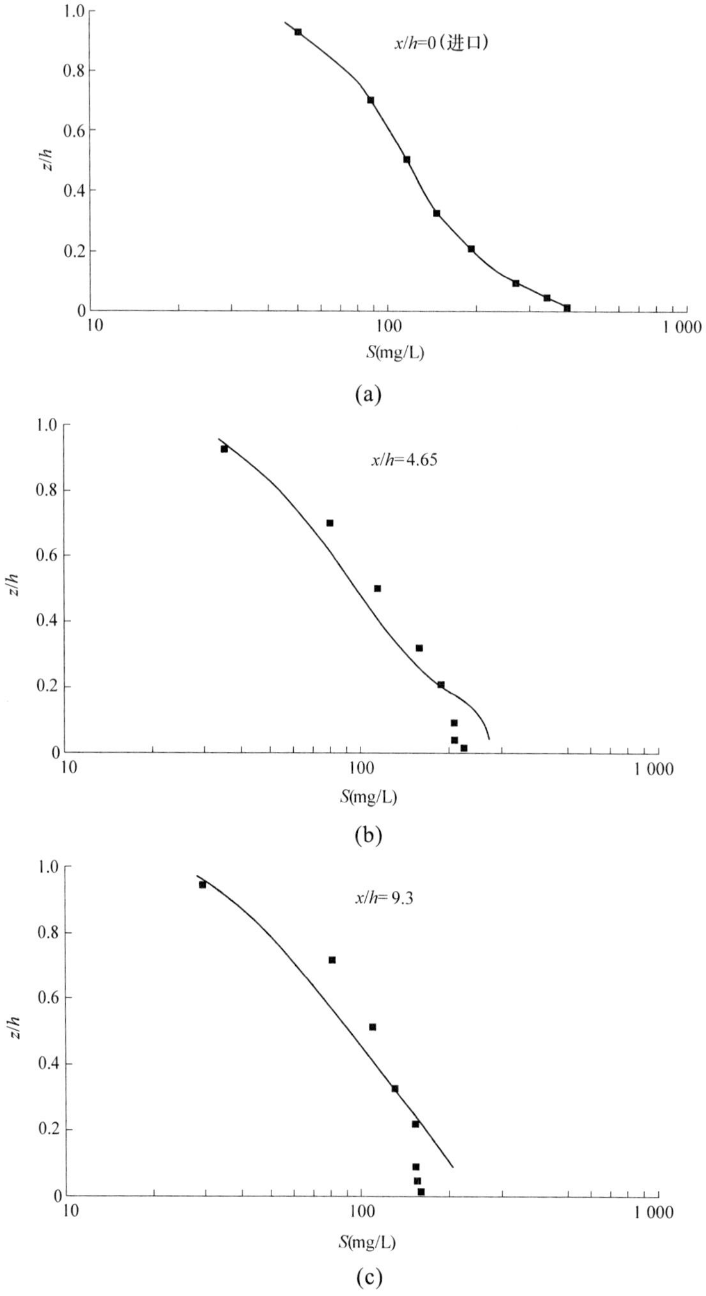


**图 7-45　计算值与实测悬沙分布曲线的比较**

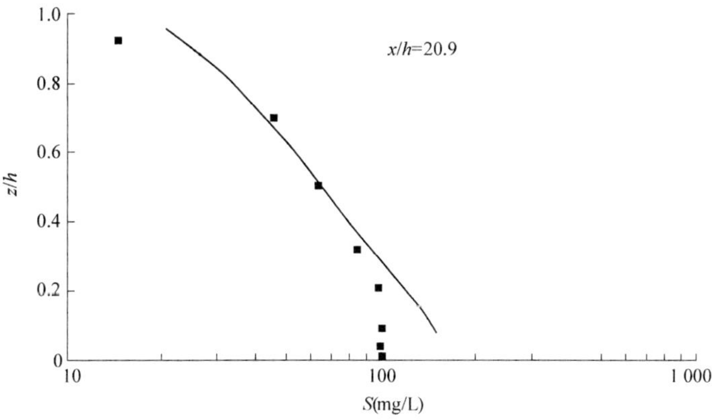


(d)

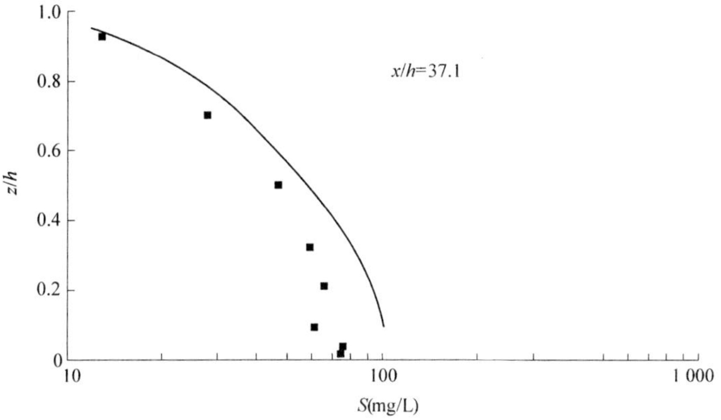


(e)

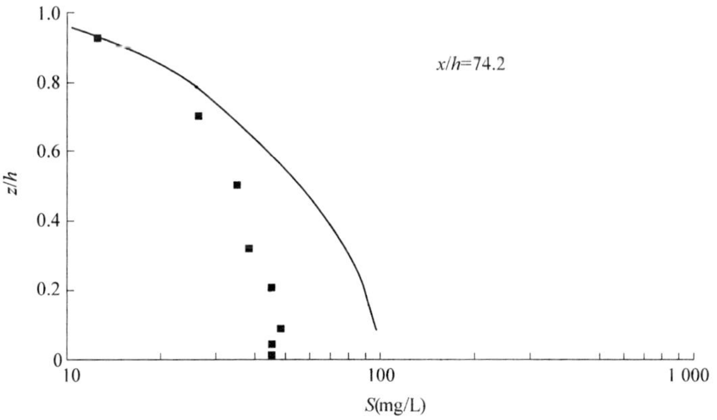


(f)

**续图 7-45**

从图 7-45 可以看出，计算值与实测悬沙分布曲线比较接近，仅远端含沙量比实测值偏大，此结果与 Weiming Wu 等、陆永军的计算结果比较一致。

上述计算时取 $\sigma_c = 0.8$，如果采用 Schmidt 数值为 1.0 或 0.6，计算趋势与图 7-45 结

果相似，但与实测值差别要更大一些，这再次说明了 $\sigma_c = 0.8$ 的合理性。

必须指出的是，尽管已经对三维泥沙数学模型中推移层厚度、推移质泥沙的输运方程、输沙率等进行了讨论，但计算的算例中并不包含由于推移质沿程变化引起的河床变形。在河道内，如果水流强度达到能够使泥沙颗粒悬浮，则推移质运动也是存在的，在很多情况下(如桥墩局部冲刷)推移质引起的河床变形居于支配地位。当推移质、悬移质、床面互相交换剧烈时，河床变形计算将更加复杂，因此建立的三维泥沙数学模型应进一步完善。

## 第五节　本章小结

在三维水流泥沙运动控制方程离散处理的基础上，编制了相应的计算程序，对明渠流、复式断面水流、挖入式港池内的水流进行了计算，得到的水流流态与理论分析或实测资料比较符合，表明了数学模型的正确性；将 Schmidt 数取为 0.8，通过对水槽纯冲刷、纯淤积的泥沙浓度沿程变化进行数值模拟，与实测资料符合较好，表明了三维泥沙数值模拟的正确性。

# 下篇　黄河治理开发中的实用泥沙数学模型

## 第八章　黄河治理开发中的人工智能体系

黄河是世界上河性最为复杂、治理最为困难的河流，黄河复杂难治主要表现在四个方面：黄河中游黄土高原的水土流失机理复杂，小浪底水库的多沙河流水沙调节难度大，下游游荡型宽河道的河性控制难，黄河河口的综合治理难。

黄河复杂难治是由黄河特殊的自然条件、气象条件所决定的，黄河流域的气象降雨、产水产沙、水沙输移、河道演变等过程是一个异常复杂的非线性动力学系统，难以用定量的方程或公式来准确描述，如，通用的大气运动方程、水土流失方程、水动力学圣维南方程和泥沙输移运动方程等，以及半经验半理论的水文学方法和纯数学的经验方法，这些传统的方程或公式应用于黄河上存在着不少问题。同时，黄河缺乏完整的气象、地形、水沙资料和区间产流、引水资料。因此，寻求一种利用目前有限资源来解决黄河复杂的非线性动力学系统的方法，显得极为迫切和重要。

### 第一节　人工智能理论

为求解黄河复杂的非线性动力学系统，目前有两个有效途径：第一，继续谋求在治黄理论上实现重大突破；第二，计算机的高速发展，为治黄提供了一个新途径，即近年来迅速发展起来的计算机人工智能系统。本书主要从第二个途径探讨计算机人工智能在治黄中的应用。

人类社会从最开始的结绳记事、筹算、算盘到机械计算机，经历了一个漫长的历史过程。20 世纪 40 年代中期，第二次世界大战时期，需要解一些复杂的数学问题，为此，1946 年 2 月诞生了电子数字计算机。

60 多年来，计算机经历了 5 次大的更新换代：第一代(1946 ~ 1959 年)为电子管计算机，第二代(1958 ~ 1963 年)为晶体管计算机，第三代(1964 ~ 1970 年)为集成电路计算机，第四代(1971 年至现在)为大规模集成电路计算机，目前正在发展的第五代计算机，为智能计算机。其中第五代计算机具备以下特点：采用超大规模集成电路，具有更大容量的仿生存储组织，具有可作自动推理的操作方法，具有对知识进行处理及智能模拟的功能。

计算机在科学技术、国民经济、社会生活方面都得到了广泛的应用，主要有五大类：科学计算、数据处理、实时控制、计算机铺助工程、人工智能等。

(1)科学计算。在科学研究和工程设计中经常遇到各种计算问题，应用计算机可快速、准确解决这些数学问题。第一台计算机 ENIAC 就是为了从事科学研究应用而研制的。一些科学问题，若采用人工计算方法，速度太慢、性能差、缺乏时效性，譬如气象、洪水预报，需要求解一系列大气运动、水沙运动的微分方程式，时效性很强，若用人工计算，将无法赶上天气和洪水的变化而失去意义。这些问题利用高速运转的计算机可迎刃而解。

(2)数据处理。数据处理指数据的加工、合并、分类等工作。例如，人造地球卫星送来的大量的数据和图片信息，利用计算机可快速、全面进行空间信息处理，可解译获得农业、水利、环境、森林、军事以及自然资源等情况，用每秒运算 1 亿次的计算机处理一张卫星送回地面的照片，若粗略处理要花 100 s，若要精细处理，则要花 3 d 到 1 个月的时间。

(3)实时控制。实时控制，或称为过程控制、自动控制，是指计算机的运算和控制时间与被控制过程的真实时间相适应，计算机按照某种最佳的控制规律控制过程的进展。计算机过程控制的研究及应用历史不长，经历了巡回检测、越限报警、自动显示、打印制表、直接数字控制和局部最优控制等过程。如，对于水库运用，计算机可根据上游来水来沙、库区已拦蓄的水沙、下游兴利需求和闸门控制能力等因素，实施实时控制，实现优化调度。

(4)计算机辅助工程。综合利用计算机的工程计算、数据处理、逻辑判断等能力和人的经验、推理能力，形成一个专门系统，帮助人们完成各种任务，包括计算机辅助设计(Computer Aided Design，简称 CAD)、计算机辅助制造(Computer Aided Manufacturing，简称 CAM)、计算机辅助测试(Computer Aided Testing，简称 CAT)、计算机辅助教学(Computer Assisted Instruction，简称 CAI)等。目前，水利工程中应用的大量制图，就是借助于功能强大的 CAD 技术来实现的。

(5)人工智能。人工智能是计算机应用研究最前沿的学术领域，探索计算机模拟人的感觉和思维规律的科学，如感知、推理、学习和理解方面的理论与技术，是控制论、计算机科学、心理学等多学科综合的产物。人工智能研究和应用领域包括模式识别、自然语言的理解与生成、自动定理证明、自动程序设计、联想与思维的机理、数据智能检索、博弈、专家系统、神经网络等。在自然科学领域，专家系统、神经网络的发展和应用相当迅速。

## 第二节　人工智能概述

计算机人工智能是科学家用计算机模仿人脑工作的方式，来表示客观世界、解决客观世界问题的一个方法。具体来说，计算机依靠若干个基于数学模型的信息处理器，获得和处理信息，并解决问题。

### 一、人工智能的特征

计算机的最基本行为是对从外部输入或接收的信息和指令作出反应。按功能分类主要有两种：一是工具型，包括科学计算、信息处理、趋势预测、自动控制、办公管理、通信传输、教育培训和娱乐等功能；二是智能型，具有模糊识别、学习提高、自动纠错、分析和归纳推理能力。

计算机的工具功能目前已经达到了非常高的水平，并远远超过了人脑或人的能力。依赖硬件的进步和配置水平，电脑可以实现几乎所有的人的特定物理感觉方式，包括视觉、听觉、嗅觉、味觉、触觉，而且识别范围和精度大大超过人的能力。但是，计算机在智能化方面的进展远远比不上其硬件的进步速度，体现在人工智能的学习和自动纠错功能上，计算机经常不知道它的行为是否正确及如何纠正。因此，计算机虽然能够完成许多人工难以进行的复杂处理，在一定程度上模拟人脑的智能特点和结构，但计算机模仿人脑的思维智能是极其有限的，这是由人脑系统的异常复杂性决定的，人脑是由大约 140 亿个神经元(神经细胞)通过 100 万亿个突触组成的复杂系统，并且每个神经元都有学习功能，并含有大量与信息储存相关的脱氧核糖核酸，也就是说，人脑相当于由 140 亿台微机和 100 万亿个通信网络组成的庞大系统。因此，人工智能不可能实现人脑的真实描写，而只能对人脑的某些高度复杂的生理和心理活动过程进行部分功能的抽象、简化和模拟。

一般来说，人的思维有两种不同的基本方式，即逻辑性和直观性。逻辑性的思维是指根据逻辑规则进行推理的过程，先将信息化成概念符号，然后根据符号运算按一定模式进行逻辑推理，产生结果。直观性的思维是将分布式存储的信息综合起来，忽然间产生想法或解决问题的办法。模拟第一种人类思维，发展了计算机专家系统，模拟第二种人类思维，形成了计算机人工神经网络模型。

对于专家系统和人工神经网络两种人工智能形式，两者的共同点均是通过匹配新问题和已知问题的特征来求解一个新问题。不同的是，专家系统一般要求用完整的信息，并用规则来产生输出，而神经网络可以从不完整的信息，以事例产生输出。因此，人工神经网络在完成一些特殊功能时更有优势，如求解难以用规则来描述的复杂问题，求解逻辑不确定的新问题，求解具有创造性的新情况等。

## 二、人工智能的研究与应用

人工智能的研究始于 20 世纪 40 年代，半个多世纪以来，由兴起到萧条，又由萧条到兴盛，研究较多的技术是人工神经网络模型。

1943 年，心理学家 W. S. McCulloch 和数学家 W. Pitts 提出了 MP——第一个神经计算模型；1949 年心理学家 D.O.Hebb 提出了神经元之间突触强度调整的假设，产生了著名的 Hebb 学习规划；50 年代末，F. Rosenblatt 提出了第一个完整的人工神经网络，即著名的感知器(Perceptron)；1960 年，B. Windrow 和 M. E. Hoff 提出了自适应线性(Adaline)单元网络；70 年代，神经网络的研究进入了一个缓慢发展的低潮期；1982 年，Hopfield 提出了 Hopfield 网络模型，开拓了用于联想记忆和优化计算的新途径；1986 年，D. E. Rumelhart 和 J. L. McClelland 著书综述神经网络在物理、数学、分子生物学、神经科学、心理学和计算机科学等许多相关学科的成果，及 Rumelhart 提出的多层网络 Back-Propagation 法，即 BP 算法；1988 年，Chua 和 Yang 提出了细胞神经网络模型，其是一个大规模非线性计算机仿真系统；90 年代，诺贝尔奖获得者 Edelman 提出了 Darwinism 模型，其建立了一种神经网络系统理论。

到 1994 年，人工神经网络模型的种类至少达 48 种，比较著名的有自适应共振理论

(ART)、雪崩网络、双向联想记忆(BAM)、BCM、BP、盒中盒(BSB)模型、CPN、Hopfield 神经网络、Madaline、LRN、自组织特征映射(SOM)、细胞神经网络(CNN)和交替投影神经网络(APNN)等。随着人工神经网络模型种类的不断增长，在认识科学、神经科学、计算机科学、物理科学及工程应用等众多领域已形成了很多应用研究分支。

人工智能应用的领域众多，几乎涵盖了自然科学和人文科学的所有领域，目前应用较多的行业有航空航天、地震、医疗、农业、能源、水利等。在水利方面，美国地质调查局利用人工神经网络技术进行密西西比河等流域的气候预测、降雨时空变化预测、流域产流预测、水文要素预测、短期和长期河流流量及径流预测、水质预测和水温预测，主要是洪水流量和水位的预测；英国 Surrey 大学利用排水管道修复规划专家系统和给水管网控制专家系统进行水环境的科学管理；我国武汉大学利用神经网络技术进行长江的洪水水沙运动预报和河道演变预测，四川大学利用神经网络模型模拟流域的产流、汇流、土壤侵蚀、产沙及其泥沙输移，黄河水利委员会利用神经网络技术进行黄河水文预报和黄河下游河道冲淤变化预测。

目前，国际上研究人工智能的单位很多，如，在美国，斯坦福大学信息系统实验室和航空航天机器人实验室，哈佛大学机器人实验室，华盛顿大学人工智能研究所，海军人工智能研究应用中心，得克萨斯大学奥斯汀分校人工神经系统实验室等；英国剑桥大学语言图像机器人学研究小组；俄罗斯科学院无线电工程及电子研究所；澳大利亚人工智能研究学会；奥地利人工智能研究所；意大利米兰理工学院人工智能和机器人研究课题，意大利 Palermo 大学计算机科学及人工智能实验室；韩国人工智能研究中心；西班牙国家研究院下属人工智能研究学会；在中国，清华大学智能技术与系统国家重点实验室，中科院自动化所人工智能实验室，台湾中央大学人工智慧与图形识别实验室等。

## 三、专家系统介绍

专家系统是人工智能应用研究最活跃和最广泛的领域之一，作为一个智能计算机系统，其内部具有大量专家水平的某个领域的知识与经验，能够利用专家的知识和解决问题的方法，来解决该领域的问题。就是说，专家系统是一个具有大量专门知识与经验的程序系统，可根据某个领域一个或多个人类专家提供的规则(知识和经验)进行推理和判断，模拟人类专家的决策过程，以解决那些必须依靠专家决定的复杂问题。

专家系统通常由五部分组成。即：其一，用于存储某领域专家系统的专门知识的知识库；其二，用于存储问题的初始数据和存储推理过程中的中间数据的综合数据库；其三，用于记忆所采用的规则和控制策略程序，以逻辑方式协调工作的推理机；其四，向用户解释专家系统行为的解释器；其五，系统与外界进行交互对话的接口。

发展专家系统的关键是表达和使用专家知识，即来自人类专家并已被证明对解决有关领域内的典型问题是有用的规则(知识和经验)。专家系统可以解决的问题有解释、预测、诊断、设计、规划、修理、指导和控制等。

## 四、人工神经网络介绍

人工神经网络是由大量的处理单元(神经元)广泛互相连接而成的网络，以简单处理器来模拟人脑神经元，以处理器之间的联接(某种网络拓扑结构)模拟人脑神经元之间的轴突联系，以此来模拟人脑处理问题。

以一个三层神经网络为例，一个神经网络模型由输入层、隐藏层和输出层组成，输入层是一个要解决的新问题，隐藏层是网络连接的内部表示，也就是求解问题的神经网络函数，输出层是新问题的解法。经过神经网络的不断学习，合理调整网络连接的权重因子，可使新问题的解法逐步满足应用精度要求。

同时，人工神经网络还需要有网络模型与外界交互对话的外部接口，与输入层交互是输入接口，接收信息的来源，一般有两种形式：数据库和通信端口；与输出层交互对话是输出接口，传递问题的解决办法，也有两种形式：数据库和通信端口。

人工神经网络技术之所以风行世界，并渗透于各个领域，主要由其三项独特的功能决定：一是能以任意精度逼近任意复杂的非线性函数；二是有适应于复杂环境和多目标要求的自学习能力；三是以信息的分布式并行处理方法快速进行大量计算。

总之，计算机人工智能是科学家用计算机模仿人脑的工作方式，依靠若干个基于数学模型的信息处理器，获得和处理大量信息，并通过较为完整的信息(知识和经验)，利用逻辑规则，模拟人类逻辑性思维，形成计算机专家系统；或者，利用不完整的信息，以简单处理器模拟人脑神经元，以处理器之间的联接模拟人脑神经元之间的轴突联系，将分布式存储的信息综合起来，忽然间(模糊)产生解决问题的办法，模拟人类直观性思维，形成人工计算机神经网络模型。利用计算机人工智能技术的专家系统或人工神经网络可以解决黄河许多复杂的非线性问题。

## 第三节　人工智能体系在治黄中的应用

既然人工智能技术具有解决复杂非线性问题的能力，考虑到黄河河性的复杂性和治理开发的难度，应用人工智能技术进行治黄研究是一个新的途径。

目前，黄河水利委员会部分基层单位为了满足生产需求，已开发了具有一定人工智能技术的软件模型或硬件装置，如水文部门开发的自动测报水位和流量的软件及装置，河务防汛部门开发的自动监测、远程控制防洪工程的自动技术等。随着“数字黄河”工程建设的深入推进，黄河水量调度系统建设和小花(小浪底—花园口，下同)间洪水预警预报系统建设作为两项首期工程已全面启动，将为黄河治理现代化建设打下坚实基础。

同时，黄河治理的现代化建设，尤其是“数字黄河”工程建设，需要一系列高标准、系统化的人工智能技术作为基本支撑，需要有意识、有目的地整合、开发、建设高水平的黄河治理人工智能技术体系。

结合黄河治理的任务和需要解决的难点，黄河治理人工智能技术体系至少包括五个部分，即：求解黄河中游黄土高原的水土流失治理难题，制定小浪底水库的多沙河流水沙调节运用方式，确定下游游荡型宽河道的河性控制方法，实现黄河水沙防洪减灾实时预防与控制，研究黄河河口的综合治理措施。

## 一、黄河中游黄土高原的水土流失治理

黄河难以治理的症结在于黄河水少、沙多、水沙不平衡和地上悬河，其根源是“沙多”，即黄河中游黄土高原的水土流失异常严重。初步统计世界主要多沙河流(见表 8-1)，黄河(以三门峡站计)年均沙量 16 亿 t，平均含沙量 35kg/m$^3$，侵蚀模数 2 200 t/(km$^2$ · a)，均处于世界多沙河流中的第一位。

表 8-1 世界主要多沙河流水沙特征统计

| 序号 | 国别 | 河流 | 流域面积 (km$^2$) | 年水量 (亿 m$^3$) | 年沙量 (亿 t) | 含沙量 (kg/m$^3$) | 侵蚀模数 (t/(km$^2$ · a)) | 说明 |
|---|---|---|---|---|---|---|---|---|
| 1 | 中国 | 黄河 | 731 000 | 427 | 16 | 35 | 2 200 | 三门峡站 |
| 2 | 印度，孟加拉国 | 恒河 | 955 000 | 3 710 | 14.51 | 3.92 | 1 520 | 干流 |
| 3 | 孟加拉国，印度 | 布拉马普特拉 | 666 000 | 3 840 | 7.26 | 1.89 | 1 270 | 干流 |
| 4 | 巴基斯坦 | 印度河 | 1 034 000 | 2 070 | 5.4 ~ 6.3 | 3 | 600 | 干流 |
| 5 | 中国 | 长江 | 1 000 000 | 4 500 | 5.30 | 1.18 | 530 | 宜昌站 |
| 6 | 巴西，委内瑞拉等 | 亚马孙河 | 6 915 000 | 69 300 | 3.62 | 0.052 | 52 | 河口 |
| 7 | 美国 | 密西西比河 | 3 220 000 | 5 800 | 3.12 | 0.54 | 97 | 河口 |
| 8 | 缅甸 | 伊洛瓦底江 | 430 000 | 4 860 | 3.00 | 0.62 | 698 | 干流 |
| 9 | 越南，泰国等 | 湄公河 | 646 000 | 4 110 | 2.50 | 0.61 | 387 | 桔井站 |
| 10 | 苏联，阿富汗 | 阿姆河 | 465 000 | 630 | 2.17 | 3.6 | 467 | 克尔基城 |
| 11 | 美国，墨西哥 | 科罗拉多河 | 637 000 | 49 | 1.35 | 27.5 | 210 | 河口 |
| 12 | 埃及，苏丹 | 尼罗河 | 2 870 000 | 840 | 1.34 | 1.6 | 47 | 阿斯旺 |
| 13 | 越南，中国 | 红河 | 79 000 | 1 230 | 1.30 | 1.06 | 1 600 | 越池站 |

黄河泥沙异常之多，根源是黄河中游流经的 64 万 km$^2$ 的黄土高原，其中基本水土流失区有 45.4 万 km$^2$，对河道泥沙贡献最大的重点地区是 7.86 万 km$^2$ 的多沙粗沙区。黄土高原是世界上水土流失面积最广、强度最大的地区，为近 200 年风成堆积而成，土质松散，垂直节理发育，植被稀疏，在暴雨径流的水力侵蚀和滑坡、崩塌、泻流等重力侵蚀作用下，流失严重。

以往对黄土高原水土流失及其治理已进行了一定研究，指出黄土高原的侵蚀模式主要是重力侵蚀，并提出治理的根本措施是治沟骨干工程和淤地坝系建设。目前，需要深化研究的是治沟骨干工程和淤地坝系建设的理论依据——相对平衡理论，需定量研究的因子有坝区淤积速度、沟道侵蚀基准面抬高速度、坡度减小程度、坝地面积与控制流域面积关系、重力侵蚀和沟蚀量减少程度等，尤其是确定坝系相对稳定的前提条件，及如何确定建坝座数、最佳拦沙库容和滞洪坝高等。

鉴于黄土高原水土流失具有较明显的规则可循，并且“3S”技术正在广泛应用，可获得大量的黄土高原水土流失信息及治理经验，因此建立黄土高原水土流失的专家系统是可行的。

黄土高原水土流失的专家系统至少应包括五部分：一是专家知识数据库，包括黄土高原不同区域的地形地貌、植被覆盖、土壤结构、泥沙粒径、表层覆盖、表层糙率、降

雨、地表水径流量、地下水、蒸发、人类活动等信息；二是水土流失及其治理的综合推理机，根据流域产流产沙和降雨、下垫面条件的关系，根据黄土高原重力侵蚀的水土流失理论和相对平衡理论原则，综合推算不同时期、不同条件的区域产流、产沙和水沙输移过程，确定治沟骨干工程和淤地坝系建设布局及进程；三是水土流失相关信息和治理布局及进程成果多媒体数据库(图片、音像、视频)；四是水土流失机理及治理布局解释器，以多媒体形式显现专家知识数据库信息，描述水土流失及其治理的综合推理机的工作过程，显现水土流失治理结果，如某地区的一场降雨，可显示降雨过程、下垫面条件、水土流失理论、产沙产流过程、水土流失治理布局及影响；五是系统与外界进行交互对话的接口，通过数据库或通信端口实时输入“3S”技术等方法获得的黄土高原相关信息，通过数据库或通信端口将专家系统完成的结果输出。

## 二、小浪底水库的多沙河流水沙调节运用方式

黄河难以治理的症结在于黄河水少、沙多、水沙不平衡和地上悬河，远景目标是根治措施——黄土高原水土流失治理，近期措施有：小浪底水库水沙调节运用，使下游水、沙、河道三者相适应；科学进行下游游荡型宽河道河道整治，控制河性，并加大河道行洪输沙能力；加强黄河河口的综合治理，疏畅河道出口，争取溯源冲刷有利条件，避免出现抬高出口基准面加大溯源淤积的不利现象。

说小浪底水库水沙调节运用的难度非常之大，主要是由于水库上游水沙极不匹配，下游河道悬河形势、防洪形势异常严峻。

黄河水少沙多、水沙不平衡。从表 8-1 可以看出，在世界大江大河中，黄河水量很少，但沙量极大，如，与世界水量第一位的亚马孙河相比，黄河水量仅仅为亚马孙河的 0.6%，沙量却为亚马孙河的 4.4 倍，含沙量差别更大，约为 670 倍；与世界沙量第二位的恒河相比，沙量处于同一数量级，黄河水量仅为恒河的 11%，含沙量则为恒河的 9 倍。

黄河下游地上悬河、防洪形势严峻。黄河下游现行河道是 1855 年铜瓦厢决口改道后形成的，目前全部是地上悬河，河道滩面一般高出背河地面 4～6 m，高的达 10 m 以上，河道上宽下窄，河南段最宽处达 24 km，山东段最窄处仅 275 m。河道比降上陡下缓，排洪能力上大下小。宽河道河势游荡多变，主流摆动频繁，堤防沙质抗冲性极差，防洪形势严峻。

世界多沙河流一般具有一定的天然有利条件(水沙有利或河道有利)。大致有五种类型：其一，水量极大、含沙量极小的河流，如恒河、布拉马普特拉、印度河、长江、亚马孙河、密西西比河、伊洛瓦底江、湄公河，这些河流年均水量大都超过 2 000 亿 $m^3$，平均含沙量低于 5 $kg/m^3$，库区及河道泥沙淤积问题不突出，河流上水库运用主要考虑调节水流，满足防洪、供水灌溉、发电等兴利要求；其二，泥沙少、含沙量也小的河流，如尼罗河、红河，年均沙量 1 亿～2 亿 t，平均含沙量 1～2 $kg/m^3$；其三，流速大、坡降大、输沙能力大的河流，如科罗拉多河、红河；其四，有存沙位置的河流，如阿姆河，10%～20%的泥沙可多沉积在河谷中；其五，两岸人稀、任其游荡泛滥、没有开发任务的河流，如亚马孙河、锡尔河。

因此，与世界多沙河流相比，黄河的水少沙多、水沙不平衡的问题显得异常突出，

加上下游的地上悬河形势、堤防沙土易冲性、河道游荡程度均是世界上独一无二的，这大大加剧了小浪底水库水沙调节运用的难度。

既然小浪底水库水沙调节运用的难度很大，其影响因素也复杂众多，可利用人工智能技术解决此复杂难题，考虑到水库水沙调节规则易定，但相关因素复杂，一些指标难以综合确定，如下游防洪、防断流、减淤、减灾等指标，一些因素难以预测，如水库上游流域及小花间的中长期气象、降雨、洪水预报，一些现象的机理难以完全明晰，如水库异重流的发生条件及操作程序，因此可用人工神经网络模型进行小浪底水库水沙调节运用方式的制定。

影响制定小浪底水库运用方式的因素有三部分，第一部分是水库上游流域和小花间的实时流量、含沙量、泥沙级配，中长期气象、降雨、洪水预报，第二部分是水库的水量、沙量、水位、库区形态、库区水沙运动(含异重流运动)，第三部分是下游防洪、防断流、减淤、减灾的具体要求。

因此，把入库流量、含沙量、泥沙级配，伊洛河和沁河流量、含沙量、级配，水库上游和小花间 3~10 日气象、降雨、洪水预报，水库的水量、沙量、水位、库区形态特征、库区主要断面水流速度沿垂向分布、泥沙运动沿垂向分布、含沙量沿垂向分布，下游防洪减灾兴利要求的流量大小限制、历时限制、含沙量限制、级配限制、水沙搭配等影响因素，作为模型输入向量。

水库具体的水沙调节指令，包含水库蓄水量、拦沙量、库区水位、出库流量、含沙量、级配等，作为模型输出向量。

隐含层的网络连接函数，需根据上游水沙条件、水库水沙运行规律和下游兴利要求之间的关系确定。

## 三、下游游荡型宽河道的河性控制

一般来说，改变黄河下游游荡性河段河势演变的主要方法有两种：一是通过采取上中游一系列调水调沙措施(含黄土高原水土流失治理工程、中游水库优化调度措施)有效控制水沙条件，使来水来沙适应河床边界；二是通过修建河道整治工程改变河床边界，使河床边界适应来水来沙，并有效控制水沙演进和河势游荡。下面以神经网络模型人工智能技术研究第二种方法。

确定河道整治方案及其布局的因素有边界条件、水沙条件、地理条件，其中，边界条件包括河岸沙质组成、节点控制程度、水位顶托影响，水沙条件包括流域来沙量、泥沙纵横向冲淤平衡程度、泥沙年内冲淤变化幅度、含沙量大小、流量大小及历时、流量变幅、洪水涨落特征，地理条件包括河谷比降、地理位置。

河道整治的目标是确定科学的整治方案、布局、参数。整治方案主要有五种：平顺保护整治、卡口整治、渠化整治、节点与治导线结合整治和弯曲型整治。整治布局有三类：平顺型、凸出型和凹入型。整治参数主要有三个：设计流量、整治河宽、治导线。

确定下游游荡型宽河道河性控制与影响因子间的定量关系，并根据人工神经网络基本原理，可设计相应的神经网络。

## 四、黄河水沙防洪减灾系统

黄河水沙防洪减灾一直是治黄的首要任务，鉴于黄河目前的地上悬河形势严峻、堤防抗冲能力和防洪工程控制作用有限，因此在世界大江大河中，黄河的防汛是最难的。

根据已有成果，黄河防汛工作有一定的规则可循，只是情况复杂，人工进行决策时间较长，应用专家系统人工智能技术可加速决策进程、提高决策可靠性。

黄河水沙防汛减灾专家系统建立的目的是全面、迅速、及时、准确地掌握黄河流域水库、河道及滩区气象降雨状况、洪水演进过程、灾情发展进程，在短期内分析、测报最大洪水及其影响能力和防御对策，对重点地区、地段进行实时监测，提高对洪水预报的正确性，及时提出防洪调度决策的建议。

黄河防汛减灾专家系统至少包括五个子专家系统，即流域气象降雨预报、河道洪水预报、水库联合调度、水库河道滩区的洪水演进和制订防汛预案。同时还应有支持上述各子系统工作的综合数据库，每个子系统含有专家知识数据库、综合推理机、工作解释器和系统与外界进行交互对话的接口。关键技术包括：卫星技术在流域气象降雨预报子系统中的应用，获取大量的专家知识信息和气象与降雨规律；“3S”技术在河道洪水预报子系统、水库河道滩区洪水演进子系统中的应用，获得精确的边界条件，三维数字高程模型和电子地图技术在水库河道滩区的洪水演进子系统、制订防汛预案子系统中的应用，获取实时水沙、边界条件及其之间的关系规律。具体来讲：

第一，流域气象降雨预报子系统。目的是从云团开始预报洪水的产生。专家知识数据库包括卫星遥感技术观测获得的云团运动信息、“3S”技术获取的复杂下垫面条件，综合推理机为气象运动特性、下垫面条件和形成降雨的关系规律。重点是小花间暴雨预警预报系统。

第二，河道洪水预报子系统。目的是预报入河洪水的时间和大小。专家知识数据库包括利用“3S”技术和水利技术获取的相关流域下垫面、降雨、产流、汇流信息。综合推理机为降雨径流相关法、洪峰流量相关法、洪水预报模型法等较为成熟的水文学方法和黄土高原产汇流规律。

第三，水库联合调度子系统。目的是对三门峡、陆浑、故县、小浪底等水库进行实时调度运用，确定某种洪水在四库及河道中的时空变化进程，即各水库间科学的防洪运用次序及蓄洪量在各水库之间的分配。专家数据库包含各水库的位置、规模、作用，不同洪水在各个水库间水沙运动的时空变化。推理机为水库调洪计算理论、水库间水流运行的水力学理论、水库泥沙理论、最优控制数学理论以及水库水动力学和泥沙运动三维数学模型。

第四，水库河道滩区的洪水演进子系统。目的是实时监控水流在水库、河道和滩区的运动进程，实现自动监测和远程控制水库水量、下游及滩区洪水演进速度、控导工程靠溜进程、堤防临水进程。专家数据库是用航空航天技术、“3S”技术和三维数字高程模型综合获取的流域水文要素和各种地理实体的空间分布。推理机是根据水文和边界条件，用计算水力学理论，计算洪水在水库河道滩区的运行时间和大小，重点计算洪水淹没范围和淹没水深的时空分布。

第五，制订防汛预案子系统。实时制订下游滩区人员撤退方案、具体避险措施、出现险情工程抢险方案等准备预案。专家知识库为洪水降雨持续条件、水库及滞洪区运用条件、沿程洪水流量水位测报、沿程地形条件、滩区洪水淹没范围及水深预估、黄河防汛减灾任务、防汛抢险措施、安全避险措施。推理机为以最优控制理论，求解洪水灾害损失最小时的防汛预案。

## 五、黄河河口的综合治理

黄河河口治理的目的是实现黄河顺畅的排洪通道和排沙通道。河口地区多年平均淤积 8 亿 t，增加土地 3333 $hm^2$，造成河口不断向海洋延伸，形成溯源淤积，壅高河口以上河道水位，加剧黄河河道防洪形势。

因此，对黄河河口进行综合治理，降低淤积面高程，争取形成溯源冲刷的局面，有利于河道行洪排沙入海，为实现黄河下游“河床不抬高”、“堤防不决口”的目标服务。下面以神经网络模型人工智能技术求解黄河河口治理措施。

确定河口治理方案的因素有边界条件、水沙条件、地理条件。其中，边界条件包括河口河道的沙质组成、冲淤变化、形态变化、河势摆动、流路历时及变化、造陆速率、河口拦门沙影响(发生时机、发展模式、发育地点及进程)、海洋动力及其影响；水沙条件包括河道流量大小及历时、流量变幅、洪水涨落特征、含沙量、泥沙纵横向冲淤平衡、泥沙年内冲淤变化、行洪排沙能力、河口输沙能力；地理条件包括河道比降、地理位置。

整治方案主要有：疏浚尾闾河槽、截支强干、加大行洪排沙能力的方案，建导流堤将河口泥沙直接送入渤海的方案，现行入海流路的改道方案，引海水冲刷河口的方案。

确定河口治理的措施与其影响因子间的定量关系，根据人工神经网络基本原理，可建立网络函数，并设计相应的黄河河口治理人工神经网络模型。

## 六、黄河治理人工智能体系的保障

### (一)技术保障

要按标准的人工智能系统建设。各个专家系统或人工神经网络模型从一开始建设，就要按标准的、规范的人工智能技术要求进行，这需要黄河水利委员会有关部门与国内外相关的高水平人工智能研究和应用机构密切合作。建成的人工智能体系，要统一平台标准，严格按规范的专家系统和人工神经网络模型标准，同时，一定要以实用性为前提，建设真正规范、统一、实用的黄河治理人工智能体系。

### (二)组织保障

在“三条黄河”工程统一的安排、组织下，依托相关的“三条黄河”工程项目，如黄河防汛调度指挥系统、黄河水量统一调度管理系统和黄河水资源保护监控系统、黄土高原地区水土流失的遥感监测系统等重点项目。

### (三)整合现有力量

整合已有的人工智能成果，避免重复建设。黄河水利委员会利用计算机技术已进行了多个重大项目工作，如 20 世纪 80 年代的三花(三门峡—花园口)间实时遥测洪水预报项目，国家“八五”攻关项目——黄河防汛决策支持系统，90 年代的中芬合作项目——黄河下游防洪减灾项目，黄河防汛防凌决策支持系统，这些项目大大促进了计算机技术在黄河治理开发中的应用。同时，很多基层单位已开发了具有一定人工智能技术的模型或设备，如，多个单位开发研制了水文预报、水沙运动、水资源调度、经济评价等多种数学模型软件，黄河下游基层河务局开发应用的实时工程信息采集传输系统，以及“数字黄河”工程的试点项目——杨桥引黄闸远程控制系统等。

**(四)培养人才**

结合“三条黄河”建设和人工智能系统开发，培养一批现代化治黄人才，既拥有扎实的治黄专业理论和实践经验，又熟练掌握计算机技术，尤其是人工智能的专家系统和人工神经网络应用技术，可加速并保障科技治黄的稳定发展。

# 第九章　黄河与渭河下游河道人工神经网络模型

人工智能体系中神经网络的发展和应用相当迅速，它能以任意精度逼近任意复杂的非线性函数，可以解决黄河许多复杂的非线性问题。目前，计算机技术也广泛地应用于各种信息领域，并且能够完成许多人工难以进行的复杂处理，随之产生了模拟人脑智能特点和结构的人工神经网络及其模型，本章将论述河道人工神经网络模型在黄河与渭河下游泥沙研究中的应用。

## 第一节　人工神经网络模型特点

人工神经网络是由大量的处理单元(神经元)广泛互相连接而成的网络，它可以反映人脑功能的基本特性，但不是人脑的真实描写，而是人脑的某种抽象、简化和模拟。

人工神经网络试图模拟人脑的信息处理系统，其中心由类似于人脑神经元的简单处理器组成，而处理器之间的联接则与神经元之间的轴突联系相似。具体来说，网络的信息处理由神经元之间的相互作用来实现，知识与信息的存储表现为网络元件互连分布式的物理联系，网络的学习和识别取决于各神经元连接权系的动态演化过程。

根据人工神经网络对生物神经系统的不同组织层次和抽象层次的模拟，人工神经网络模型可分为神经元层次模型、组合式模型、网络层次模型、神经系统层次模型、智能型模型等六类。目前已有近 40 种人工神经网络模型，比较有代表性的有自适应共振理论(ART)、雪崩网络、双向联想记忆(BAM)、BCM、BP、盒中盒(BSB)模型、CPN、Hopfield 神经网络、Madaline、LRN、自组织特征映射(SOM)、细胞神经网络(CNN)和交替投影神经网络(APNN)等，其中，自组织特征映射模型的特点是描述某种最优映射，本次研究就是在该模型的基础上加以改进和应用的。

## 第二节　人工神经网络模型在黄河下游的开发及应用

### 一、黄河下游河道泥沙人工神经网络模型的建立

研究一场洪水冲淤特性，以往的经验方法是到实测的历史洪水中找出一场流量、含沙量、级配、河道边界条件等决定河道冲淤变化的主要因素与之相近的洪水，用来水来沙和河道边界相近的历史洪水的冲淤特性来类比、代替要研究的该场洪水冲淤特性，这种方法为经验类比法。本次研究在经验类比法的基础上，尝试性地借鉴人工神经网络的理论，进行黄河下游河道泥沙人工神经网络模型的初步探索和开发。具体来说：吸收“经验类比法”的类比因素，采用改进的自组织特征映射神经网络，将某一水沙作为输入层，

已知冲淤特性的水沙作为核心层，某一水沙的冲淤特性作为输出层获胜元。其中，输入矢量由流量、含沙量、级配、漫滩程度和平滩流量构成，输入矢量与经验类比法的类比因素作用是相似的。

## 二、黄河下游河道泥沙人工神经网络模型的主要技术问题

模型的主要技术问题有：输入层的组成、核心层的组成和输出层获胜元的选取。

### (一)输入层的组成

将某一未知冲淤特性的水沙作为输入层神经元，根据影响河道冲淤特性的主要水沙因素和河道边界因素，确定输入矢量 $\bar{X}$ 由三黑小(指三门峡、黑石关、小浪底，下同)水沙(流量、含沙量、级配)、漫滩程度和平滩流量构成。其中，漫滩程度和平滩流量与下游河道的行洪输沙能力有关，可用来反映河道边界情况。输入矢量的目的是进入核心层找出获胜神经元，与经验类比法的类比因素作用是相似的。

### (二)核心层的组成

将实测的已知冲淤特性的水沙作为核心层，本模型采用 1960 年 9 月～1996 年 6 月的实测三黑小水沙(流量、含沙量、级配)，下游河道的漫滩程度、平滩流量及其下游三门峡—花园口、花园口—高村、高村—艾山和艾山—利津等河段的泥沙冲淤效率(单位水量的冲淤量)组成核心层神经元，$\bar{W}$ 为核心层神经元的权值矩阵，$N$ 为核心层神经元的数目。其中，三黑小水沙分为三种情况：汛期流量大于 1 000 $m^3/s$ 的洪水、汛期流量小于 1 000 $m^3/s$ 的平水和非汛期水流。

### (三)输出层获胜元的选取

根据输入矢量的构成要素计算核心层每个神经元与输入神经元的距离 $\bar{Y}$，根据 Euclid 距离运算，即：

$$\bar{Y} = \left\| \bar{W} - \bar{X} \right\|_E \tag{9-1}$$

式(9-1)表示核心层该神经元与输入层神经元关于输入矢量的匹配程度，如果要求最佳匹配($\bar{Y}_{opt}$)，须满足：

$$\bar{Y}_{opt} = \min(y_i \left| i = 1, 2, \cdots, N \right.) \tag{9-2}$$

通过式(9-2)，竞争选取距离最小 $\bar{Y}_{opt}$ 所相应的核心层神经元为获胜者。考虑到一个核心层神经元有一定的偶然性，获胜元选取两个，然后根据两个获胜元与输入神经元距离的倒数对两个获胜元的冲淤特性加权平均得到输入神经元的冲淤特性。

## 三、黄河下游河道泥沙人工神经网络模型的验证计算

本书的模型验证根据黄河下游河道特征和冲淤特性将验证河段分为铁谢—花园口、花园口—高村、高村—艾山和艾山—利津四个河段，验证资料为 1960 年 9 月～1996 年 6 月。

黄河下游各河段冲淤量的验证计算结果见表 9-1。其中，实测值为黄河设计公司(原黄河水利委员会勘测规划设计研究院)在实测资料基础上根据输沙平衡法、断面法和水位法综合分析而取得的冲淤成果，计算值为黄河下游河道泥沙人工神经网络模型的计算成果。

表 9-1　人工神经网络模型下游冲淤量验证计算汇总　(单位：亿 t)

| 时 间 (年-月) | 铁谢—花园口 | | 花园口—高村 | | 高村—艾山 | | 艾山—利津 | | 铁谢—利津 | |
|---|---|---|---|---|---|---|---|---|---|---|
| | 实测 | 计算 | 实测 | 计算 | 实测 | 计算 | 实测 | 计算 | 实测 | 计算 |
| 1960-09～1964-10 | －9.47 | －10.04 | －11.29 | －10.47 | －4.51 | －3.47 | －2.54 | －2.05 | －27.80 | －26.03 |
| 1964-11～1973-10 | 8.85 | 10.35 | 17.49 | 16.16 | 7.60 | 6.45 | 5.48 | 4.56 | 39.42 | 37.52 |
| 1973-11～1996-06 | －0.61 | －1.62 | 13.35 | 14.17 | 8.16 | 8.18 | 3.81 | 4.18 | 24.70 | 24.90 |
| 1960-09～1996-06 | －1.23 | －1.31 | 19.55 | 19.86 | 11.25 | 11.16 | 6.75 | 6.69 | 36.32 | 36.39 |

**(一)沿程冲淤比较**

从 1960 年 9 月 15 日至 1996 年 6 月黄河下游淤积量的沿程分布看，对于实测值与计算值,全下游分别淤积 36.32 亿 t 和 36.39 亿 t,铁谢—花园口分别冲刷 1.23 亿 t 和 1.31 亿 t，花园口—高村分别淤积 19.55 亿 t 和 19.86 亿 t，高村—艾山分别淤积 11.25 亿 t 和 11.16 亿 t，艾山—利津分别淤积 6.75 亿 t 和 6.69 亿 t，说明模型对黄河下游各河段冲淤总量的模拟是可信的。

**(二)三门峡不同运用期的下游冲淤比较**

三门峡水库蓄水运用期(1960 年 9 月 15 日～1964 年 10 月),水库蓄水拦沙下泄清水，下游河道发生了普遍冲刷，全下游的实测冲刷量和计算冲刷量分别为 27.80 亿 t 和 26.03 亿 t。三门峡水库滞洪排沙期(1964 年 11 月～1973 年 10 月)，洪峰期水库滞洪，排沙比小，洪峰后水库排沙，排沙比加大，这种不利水沙条件造成下游河道大量回淤，下游淤积量的实测值与计算值分别为 39.42 亿 t 和 37.52 亿 t。三门峡水库蓄清排浑期(1973 年 11 月～1996 年 6 月)，随着三门峡水库泄流规模的扩大和运用方式的改变，5 000 $m^3/s$ 以下的洪水基本不滞洪，下游河道淤积速度也因此较前一时段有所减弱，全下游淤积量的实测值与计算值分别为 24.70 亿 t 和 24.90 亿 t。说明模型对水库不同的运用方式和不同的水沙条件同样具有较好的适应性。

从较长时期的下游河道沿程冲淤以及三门峡不同运用期的下游冲淤等情况看，模型的计算值与实测值均比较接近，这反映了以大量实测资料为基础、以人工神经网络为理论的黄河下游河道泥沙人工神经网络模型的计算成果有比较高的精度，可以适应不同的水沙条件和河道边界条件。

## 四、黄河下游河道泥沙人工神经网络模型的实践应用

黄河下游河道泥沙人工神经网络模型有比较高的精度，可为黄河下游防洪减灾、河道治理，小浪底水库的调度运用等提供可靠依据，目前已经应用于小浪底水库初期运用方式的制定中。利用黄河下游河道泥沙人工神经网络模型，结合黄河设计公司黄河下游河道泥沙水文–水动力学模型,计算分析小浪底水库运用方案遇不同水沙条件时下游河道的冲淤发展趋势。小浪底水库运用方案：调控上限流量 2 600 $m^3/s$，调控库容 8 亿 $m^3$，起始运行水位 210 m，历时三年。

**(一)水沙情况**

采用 1978～1980 年、1985～1987 年及 1991～1993 年三个三年设计水沙系列，相应的小浪底入库年均水沙特性如表 9-2 所示。

**表 9-2　三个系列小浪底入库水沙特性**

| 系列 | 年均水量(亿 $m^3$) | | | 年均沙量(亿 t) | | | 主汛期均值 | | |
|---|---|---|---|---|---|---|---|---|---|
| | 主汛期 | 非汛期 | 全年 | 主汛期 | 非汛期 | 全年 | 流量 $Q(m^3/s)$ | 含沙量 $S(kg/m^3)$ | 来沙系数 $S/Q$ |
| 1978~1980 年 | 137.8 | 188.2 | 326.0 | 7.91 | 0.93 | 8.84 | 1 733.6 | 57.4 | 0.033 |
| 1985~1987 年 | 97.4 | 190.3 | 287.7 | 4.61 | 0.92 | 5.53 | 1 225.3 | 47.3 | 0.039 |
| 1991~1993 年 | 93.8 | 169.0 | 262.8 | 6.49 | 0.57 | 7.06 | 1 180.1 | 69.2 | 0.059 |

注：表中主汛期为 7~9 月。

以往研究成果表明，汛期不漫滩含沙水流全下游不淤的来沙系数 $S/Q$ 为 0.008～0.01，当来沙系数增大时，下游河道排沙比减小。表 9-2 中，1991～1993 年系列，主汛期来沙系数高达 0.059，且相应来水量最少，最为不利；而 1978～1980 年系列主汛期来沙系数为 0.033，相应来水量较丰，相对而言，是较为有利的水沙条件。

三个系列经小浪底水库调节后的小黑小(指小浪底、黑石关、小董，下同)水沙情况如表 9-3 所示。

**表 9-3　三个系列经小浪底水库调节后进入下游的水沙特性**

| 系列 | 年均水量(亿 $m^3$) | | | 年均沙量(亿 t) | | | 主汛期含沙量 $(kg/m^3)$ | 水库主汛期排沙比 (%) | 主汛期来沙系数 $S/Q$ |
|---|---|---|---|---|---|---|---|---|---|
| | 主汛期 | 非汛期 | 全年 | 主汛期 | 非汛期 | 全年 | | | |
| 1978~1980 年 | 149.6 | 192.8 | 342.4 | 1.27 | 0.06 | 1.33 | 8.5 | 13.44 | 0.004 5 |
| 1985~1987 年 | 112.1 | 199.8 | 311.9 | 0.72 | 0.14 | 0.86 | 6.4 | 11.06 | 0.004 5 |
| 1991~1993 年 | 101.4 | 177.8 | 279.2 | 1.13 | 0.05 | 1.18 | 11.1 | 14.18 | 0.008 7 |

注：表中主汛期为 7~9 月。

由表 9-3 可知，水库的少量排沙均集中在主汛期，三个系列主汛期的小黑小沙量分别为 1.27 亿 t、0.72 亿 t 和 1.13 亿 t。非汛期水库下泄清水，小黑小沙量为 0.05 亿～0.14 亿 t。

**(二)方案计算**

利用黄河下游河道泥沙人工神经网络模型，结合黄河设计公司黄河下游河道泥沙水文–水动力学模型，进行三年水沙系列的现状和小浪底水库选定方案下游河道冲淤预估计算，结果见表 9-4 及表 9-5。

表 9-4　下游各河段淤积情况计算结果　（单位：亿 t）

| 系列 | 人工神经网络模型 | | | | | 水文-水动力学模型 | | | | |
|---|---|---|---|---|---|---|---|---|---|---|
| | 小—花 | 花—高 | 高—艾 | 艾—利 | 小—利 | 小—花 | 花—高 | 高—艾 | 艾—利 | 小—利 |
| 现状工程条件下年均冲淤量 | | | | | | | | | | |
| 1978~1980 年 | 0.74 | 0.83 | 0.32 | 0.23 | 2.12 | 0.91 | 1.09 | 0.34 | 0.25 | 2.58 |
| 1985~1987 年 | 0.25 | 0.30 | 0.21 | 0.24 | 0.99 | 0.48 | 0.53 | 0.05 | 0.26 | 1.32 |
| 1991~1993 年 | 0.84 | 0.96 | 0.41 | 0.19 | 2.40 | 1.01 | 1.08 | 0.30 | 0.19 | 2.59 |
| 小浪底水库调节后年均冲淤量 | | | | | | | | | | |
| 1978~1980 年 | −1.32 | −1.18 | −0.22 | −0.13 | −2.85 | −1.10 | −1.13 | −0.26 | −0.07 | −2.57 |
| 1985~1987 年 | −1.20 | −1.04 | −0.20 | 0.10 | −2.34 | −0.97 | −0.95 | −0.23 | 0.03 | −2.12 |
| 1991~1993 年 | −0.98 | −0.64 | −0.12 | 0.03 | −1.70 | −0.87 | −0.72 | −0.01 | 0.03 | −1.58 |

注：小指小浪底，花指花园口，高指高村，艾指艾山，利指利津。

表 9-5　下游河道减淤效益计算结果

| 系列 | 主汛期入库 $S/Q$ | 水库年均拦沙量(亿 t) | 全下游减淤比 | |
|---|---|---|---|---|
| | | | 人工神经网络模型 | 水文-水动力学模型 |
| 1978~1980 年 | 0.033 | 7.95 | 1.60 | 1.54 |
| 1985~1987 年 | 0.039 | 5.24 | 1.57 | 1.52 |
| 1991~1993 年 | 0.059 | 6.18 | 1.51 | 1.48 |

由表 9-4 可见，无水库调节时，下游各个河段均发生淤积，全下游年均淤积 0.99 亿~2.59 亿 t；小浪底水库调节后，下游各个河段均明显减淤，全下游年均冲刷 1.58 亿~2.85 亿 t，其中，水量较丰的 1978~1980 年系列各个河段发生普遍冲刷，水量不丰的 1985~1987 年系列和 1991~1993 年系列艾山以上冲刷、艾山以下冲淤平衡或微淤，全下游减淤 3.44 亿～5.15 亿 t。

由表 9-5 可见，三个系列小浪底主汛期入库来沙系数分别为 0.033、0.039、0.059，三个系列的全下游减淤比分别为 1.54~1.60、1.52~1.57、1.48~1.51，全下游减淤比随着主汛期入库来沙系数的增大而减小，说明水沙条件越不利，水库调节发挥的调节作用越大，这与黄河下游河道的冲淤规律是一致的，两个模型的计算结论是合理的。

## 第三节　人工神经网络在渭河下游输沙水量研究中的应用

黄河流域水资源供需矛盾十分突出，在开展高效节水和加强治污的前提下，实施外流域调水，增加水资源总量，是缓解流域资源性缺水、维持黄河健康生命的根本措施。引江济渭入黄方案从长江、汉江、嘉陵江等调水入渭入黄，可补充渭河、黄河水资源的不足，将在促进流域经济社会可持续发展和改善生态环境等方面发挥积极作用。为了提出合理的渭河下游生态环境用水量，充分发挥调水对河道的减淤效果，需要对渭河下游输沙用水量进行研究。

## 一、研究中存在的困难和问题

输沙用水量是指输送一定量的泥沙所用的水量。输沙用水量作为引江济渭入黄调水工程受水区需求重要的组成部分之一，直接关系到调水量和工程规模，是调水工程规划的基础，十分重要。在进行渭河下游输沙用水量研究时，由于实测资料和分析手段的限制，遇到了较大的困难，主要有：

(1)原始实测资料不系统。渭河下游进口水文站(干流的咸阳和泾河上的张家山)、中间的华县站水沙资料比较齐全，但是入黄的把口站——华阴站建建撤撤，资料很不系统，而采用断面法计算的华县—华阴多年平均淤积量占渭河下游淤积总量的60%以上，华县以下的淤积量如何考虑是一个难题。

(2)采用断面法和输沙率法得到的淤积量存在系统误差。以咸张(渭河咸阳站、泾河张家山站的简称，下同)—华县为例，大多数年份两种方法结果比较接近，但有些年份差别较大，需要慎重选择。另外，根据引江济渭入黄方案研究的总体要求，需要得到洪水期的输沙用水量，只能采用输沙率法计算，其结果也需要进行校核、修正。

(3)现有输沙用水量研究方法难以在工程实际中应用。如有研究者认为，视水沙条件和输沙效率的不同，输沙用水量是来水量的部分或全部。如果整个河段发生冲刷，输沙用水量小于来水量；若整个河段相对冲淤平衡，净水量全部用于泥沙输移，输沙用水量等于来水量；河段淤积时，输沙用水量应大于来水量，可以采用冲淤比修正法研究多泥沙河流冲积段的输沙用水量。但是，多泥沙河流水体是否达到饱和状态(含沙量 $S$ 与挟沙力 $S_*$ 大致相等)，或为不饱和状态($S<S_*$)，或为过饱和状态($S>S_*$)，极难判断，任何修正方法都有其近似性；同时，在工程规划中，想得到的是在一定水沙条件、淤积水平和河床边界条件下，将一定量泥沙输移至渭河入黄口所需要的水量，输沙用水量占来水量的比例不是问题的焦点。因此，现有的分析手段难以直接套用到输沙用水量研究中。

由于采用传统的分析方法遇到了较多的困难，在进行渭河下游输沙用水量研究时，采用多种分析方法进行创新实践，得到了输沙用水量的计算成果，能够满足规划阶段工作深度的要求。

## 二、渭河下游洪水期冲淤临界条件的确定

1960 ~ 1973 年，渭河下游河床演变受三门峡水库运行方式和潼关高程大幅抬升的影响，发生大量淤积，这段时期的输沙用水量不能真实反映水流输沙能力。1974 年后，河道冲淤性质主要由来水来沙条件控制，输沙用水量基本可以反映渭河下游水流的输沙能力，故分析时以 1974 年后的实测资料为主。

### (一)渭河下游汛期冲淤量与咸阳—华县冲淤量的关系

渭河下游进口控制水文站为咸阳站(干流)和张家山站(支流泾河)，基本上反映流域的来沙量；下游河道有三个水文站，即临潼站、华县站和华阴站，其中华阴(渭淤 2 断面)已很接近渭河入黄口。临潼、华县站是常设站，有多年实测资料；而华阴站则撤撤建建，

施测项目也有变化，1974~1990 年 6~10 月有实测水文、泥沙资料，1991 年后改为水位站。根据断面法计算，华县以下的淤积量占全下游的 60%以上，因此确定场次洪水冲淤量时，只计算到华县显然是错误的，对 1991 年后的洪水资料，应该进行插补延长。

按断面法计算，渭河下游 1974~2003 年是发生淤积的，在此期间各水文站常流量时水位明显抬高，因此计算成果与渭河实际情况大致相符。而输沙率法计算的结果，1974~2003 年咸阳—华县河道累计发生冲刷，这与渭河实际情况有偏差，主要原因有：①输沙率法计算时未考虑区间来沙；②输沙率法存在的误差容易累积；③输沙率法存在测验误差。分析时认为：断面法得到的冲淤量比较符合实际，是正确的；而输沙率法的计算结果不宜无条件套用，有些需要修正。

图 9-1 为 1974~2003 年汛期渭河下游冲淤量与咸阳—华县冲淤量(断面法)的关系。由图可见，两者之间无论是 1974~1990 年还是 1991~2003 年，都存在较好的线性相关关系，在 1974~1990 年系列两者之间的相关系数 $R$=0.890，如果不考虑汛期发生了多次高含沙小洪水、水沙搭配关系与其他年有显著差别的 1977 年，则两者相关系数 $R$=0.927，即渭河下游冲淤量约为咸阳—华县冲淤量的 1.9 倍，而 1991~2003 年冲淤分配与 1974~1990 年十分相似。

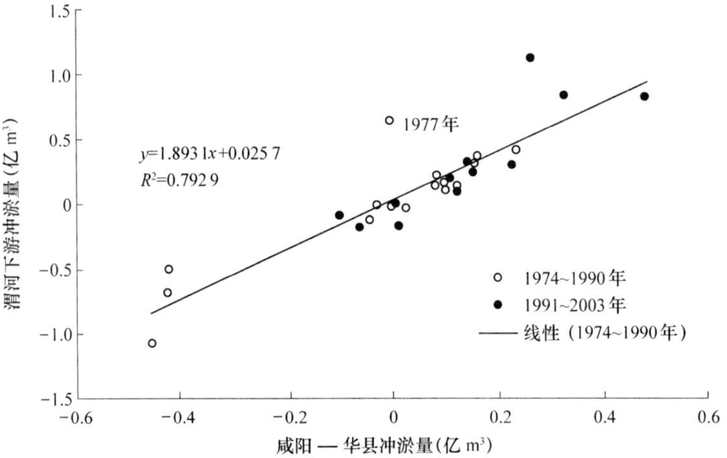


**图 9-1　渭河下游汛期冲淤量与咸阳—华县冲淤量的关系**

1974～2003 年，渭河下游共发生平均流量大于 400 m³/s(咸阳+张家山，下同)的洪水 112 场，总历时 629 d，占 1974～2003 年汛期总天数的 17.0%；洪水期来水量 457.2 亿 m³，占同期汛期来水量的 53.9%；洪水期来沙量 41.9 亿 t，占同期汛期来沙量的 59.7%。这说明渭河下游汛期来水来沙主要在洪水期输送，因此汛期的冲淤量也应主要在洪水期完成。对 1991 年以后(华阴站未测水沙量)的场次洪水资料，渭河下游场次洪水的冲淤量(输沙率法)可由该场洪水咸阳—华县冲淤量(输沙率法)推导出，即前者是后者的 1.9 倍，这样 1974～2003 年洪水期渭河下游冲淤量(输沙率法)都是可以得到的。

**(二)采用断面法对输沙率法冲淤量的修正**

尽管 1974 ~ 2003 年咸阳—华县断面法与输沙率法冲淤总量差别巨大，甚至性质上都相反，但是大多数年份，两者差别十分有限。在本书分析时，认为断面法与输沙率法计算结果接近的年份，无需修正。

对两者结果差别较大的年份(如 1978 年、1990 年、1992 年、1994 年等)，采用如下的步骤修正：

(1)确定汛期洪水期的总冲淤量(断面法)。据分析，汛期平水期的冲淤量约占来沙量的 1/3，用汛期的总冲淤量减去平水期的冲淤量，即为洪水期的总冲淤量(断面法)。

(2)由于渭河下游洪水期具有“多来多排多淤”的特点，分析时认为场次洪水断面法与输沙率法冲淤量存在线性相关关系，可以将洪水期总冲淤量加权分配到各场次洪水中，其公式如下：

$$\Delta W_{si}(\text{断面法}) = \frac{\Delta W_{si}(\text{输沙率法})}{\sum \Delta W_s(\text{输沙率法})} \times \sum \Delta W_s(\text{断面法}) \tag{9-3}$$

其中 $\Delta W_{si}$ 为第 $i$ 场洪水咸阳—华阴的冲淤量。

从以上分析可以看出，式(9-3)在定性上是正确的。

**(三)场次洪水冲淤量中异常点的判别与修正**

采用以上方法后，虽然得到了场次洪水冲淤量(断面法)，但仍不能保证它就是比较准确的。本次对其中可能的异常点进行判别和修正，方法的核心是 BP 神经网络原理。具体方法是：由于场次洪水冲淤量与来水量、来沙量、咸阳来水比例、洪峰流量、洪水持续时间、河道边界条件(以汛前华县平滩流量为代表)等有关，因此将这 6 个条件作为输入因子，选定 6 个神经元，认为输出因子为场次洪水的冲淤量，建立输入层、中间层、输出层为“6–6–1”结构的 BP 神经网络模型，采用断面法与输沙率法冲淤总量差别小的年份的洪水资料作为训练因子，得到整个 BP 网络系统的连接权；采用该连接权将断面法与输沙率法冲淤总量差别大的年份作为预测系列，得出其预测值，如果该值与分析结果接近，认为它是正常点，不予修正。如果差别很大，则认为它是异常点，应修正。如图 9-2 所示，首先采用两种冲淤量计算方法差别小的年份的洪水资料作为训练系列，得到的训练值和实测值比较接近，说明所建立的 BP 神经网络是正确的。然后用其余年份的洪水资料作为预测系列，如果预测值与实测值仍比较接近，说明实测值有较好的可信度，不必修正；而预测值与实测值差别较大的点，如图 9-2 中的 $A$ 点和 $B$ 点，分别在上包线以上或者下包线以下(注：上包线和下包线确定时，要根据离散点的分散度合理选择)，可认为是异常点，应该予以修正。修正后的数值应与 BP 网络的预测值比较接近，同时当年的其他场次洪水的冲淤量也要相应调整，综合平衡，以保证所调整的年份洪水期冲淤总量不变。

采用以上方法，使单场洪水的冲淤量确定比较合理，为下一步研究洪水期的冲淤临界条件、洪水期的输沙用水量、调水流量和规模等提供了良好的基础。

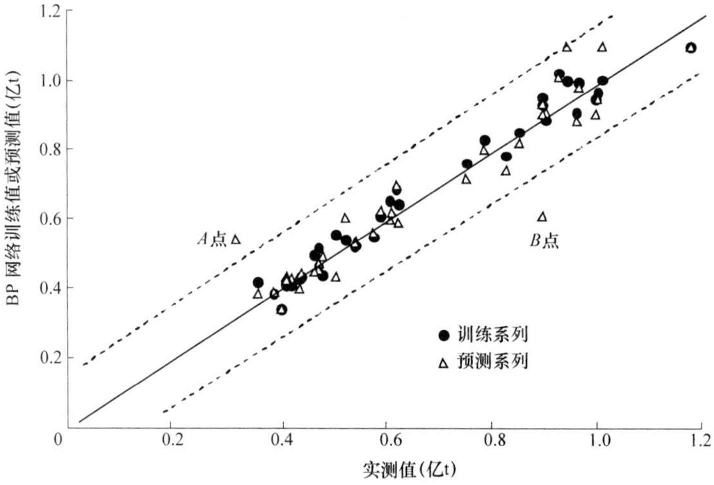


图 9-2　场次洪水期冲淤量确定中的异常值判别

## (四)洪水期冲淤临界条件

分析不同类别洪水的水沙量、所占比例、达到临界条件时流量的不同，进而得出不同来源区、不同含沙量区洪水的冲淤特性。根据含沙量的不同，对非漫滩场次洪水进行分组，将进入渭河下游场次洪水平均含沙量小于 20 kg/m$^3$ 的洪水称为低含沙量洪水，平均含沙量为 20～100 kg/m$^3$ 的洪水称为中等含沙量洪水，平均含沙量为 100～300 kg/m$^3$ 的洪水称为较高含沙量洪水，平均含沙量大于 300 kg/m$^3$ 的洪水称为高含沙量洪水，综合分析不同水沙组合条件下渭河下游非漫滩洪水冲淤特性和洪水期平均流量与河道排沙比关系(见图 9-3)，得出渭河下游不同含沙量级非漫滩洪水河道的冲淤临界条件，见表 9-6。

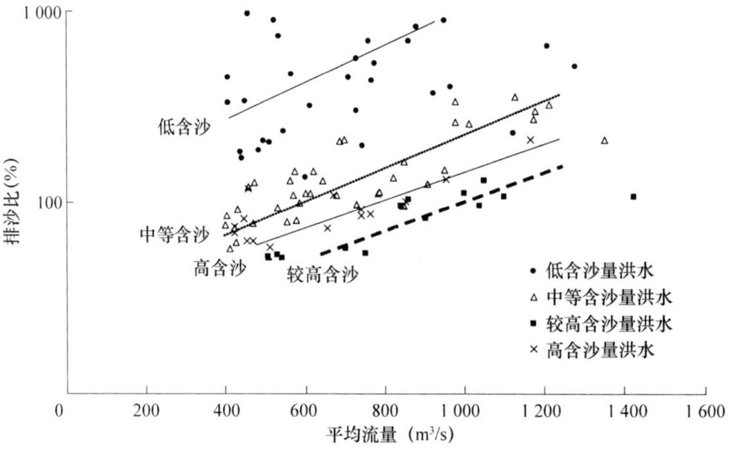


图 9-3　渭河下游洪水期排沙比与平均流量的关系

表 9-6　渭河下游非漫滩洪水冲淤临界条件

| 项目 | 含沙量级 | | | |
|---|---|---|---|---|
| | 低含沙量 | 中等含沙量 | 较高含沙量 | 高含沙量 |
| 含沙量($kg/m^3$) | <20 | 20 ~ 100 | 100 ~ 300 | >300 |
| 平均流量($m^3/s$) | 400 | 600 | 1 000 | 800 |
| 洪峰流量($m^3/s$) | 650 | 1 000 | 1 700 | 1 400 |

由于洪水期冲淤量估算比较合理，临界条件比较容易确定。根据表 9-6，当进入渭河下游场次洪水水流的含沙量在 300 $kg/m^3$ 以下时，随着含沙量的增加，冲淤临界流量呈增大趋势；当含沙量超过 300 $kg/m^3$ 以后，冲淤临界流量有所减小。这主要是因为渭河来沙组成较细，平均含沙量大于 300 $kg/m^3$ 的洪水，挟沙能力随着含沙量的增加而显著增大，高含沙水流在渭河下游窄深河槽内具有较强的输沙能力，达到冲淤平衡所需要的流量有所降低。

## 三、汛期输沙用水量的研究

渭河下游来水来沙集中在汛期，汛期水量占年水量的 60%以上，沙量占 90%以上。同时汛期来沙量集中于几场洪水，而非汛期洪水很少，来沙量较少，需要的输沙用水量较小，因此需要重点研究汛期输沙用水量。

### (一)公式建立

以冲淤量为参数，从汛期单位输沙用水量与华县汛前平滩流量(以平滩流量代表河道边界条件)的关系，可以看出，在一定的河床边界条件下，河道淤积越多，单位输沙用水量越小，冲刷越多，单位输沙用水量越大；而在河道淤积量相同的情况下，平滩流量较小时，单位输沙用水量较小，随着平滩流量的增加，单位输沙用水量逐渐增加，但当平滩流量达到一定程度后，单位输沙用水量增加的幅度变小，二者大致呈指数关系。利用渭河下游 1974 ~ 2003 年汛期实测资料，对有关参数进行了率定，得到的计算公式如下：

$$W_{汛} = (17W_s - 50.6\Delta W_s)\times[1-\exp(-1.24\times10^{-3}\times Q_{平})] \tag{9-4}$$

式中：$W_{汛}$ 为汛期输沙用水量；$W_s$ 为咸张来沙量；$\Delta W_s$ 为河槽冲淤量；$Q_{平}$ 为华县汛前平滩流量。

根据公式(9-4)，假定咸张来沙量、平滩流量和河道淤积水平，计算得渭河下游汛期塑槽输沙用水量。

### (二)合理性分析

(1)与实测资料进行对比分析。据统计，1974 ~ 1990 年，渭河下游汛期平均来沙量为 2.59 亿 t，淤积量为–0.042 亿 $m^3$，根据公式计算得渭河下游的输沙用水量为 44.3 亿 $m^3$，与实测值 47.3 亿 $m^3$ 相差不大；1991 ~ 2003 年汛期平均来沙量为 2.21 亿 t，河道淤积 0.072 亿 $m^3$，根据公式计算得渭河下游的输沙用水量为 26.1 亿 $m^3$，与实测值 24.7 亿 $m^3$ 也较接近。

(2)与已有成果对比分析。在国务院批复的《渭河流域重点治理规划》中，采用含沙量相关法、输沙率法、平均水量法等方法，计算得渭河下游淤积 0.1 亿 $m^3$，汛期输沙用水量约 45 亿 $m^3$，本次计算同等淤积水平情况下塑槽输沙用水量为 44.8 亿 $m^3$，两者基本一致。

## 四、洪水期输沙用水量的研究

在渭河下游 1974 ~ 2003 年系列中，分析主槽明显淤积、冲淤相对平衡、明显冲刷这三种典型年的洪水期输沙用水量，可见当水沙搭配关系不同时，河道的冲淤性质和冲淤量都明显变化。另据实测资料分析，在汛期的平水期，下游河道一般都是淤积的。根据本次研究的要求，要实现整个汛期冲淤平衡，需要重点分析计算发生冲刷洪水时的输沙用水量。

选取 1974 ~ 2003 年渭河下游咸张平均含沙量小于 100 kg/m$^3$、洪峰流量大于 800 m$^3$/s、来沙系数 $S/Q$ 小于 0.1 的非漫滩洪水，称为高效输沙洪水，点绘渭河下游此类洪水咸张来沙系数$(S/Q)_{xz}$与淤积比$\eta$的关系，可见$\eta$与$(S/Q)_{xz}$的关系比较密切，两者大致呈对数关系。还可以看出，华县汛前平滩流量小于 3 000 m$^3$/s 的年份，场次洪水淤积比点据大部分在拟合曲线的下方；汛前平滩流量大于 3 000 m$^3$/s 的年份，淤积比点据大部分在拟合曲线的上方。这说明河道边界条件对洪水冲淤量有一定的影响。据此建立如下关系：

$$\eta = \frac{\Delta W_s}{W_s} = 0.91 \times \ln(S/Q)_{xz} + 9.3 \times 10^{-5} \times Q_{平} + 1.74 \tag{9-5}$$

式中：$\Delta W_s$ 为冲淤量，亿 t；$W_s$ 为咸张来沙量，亿 t。

根据 1974 ~ 2003 年实测高效输沙洪水的来水来沙量，利用式(9-5)可以求出河道冲淤量，与实测冲淤量符合良好，见图 9-4。

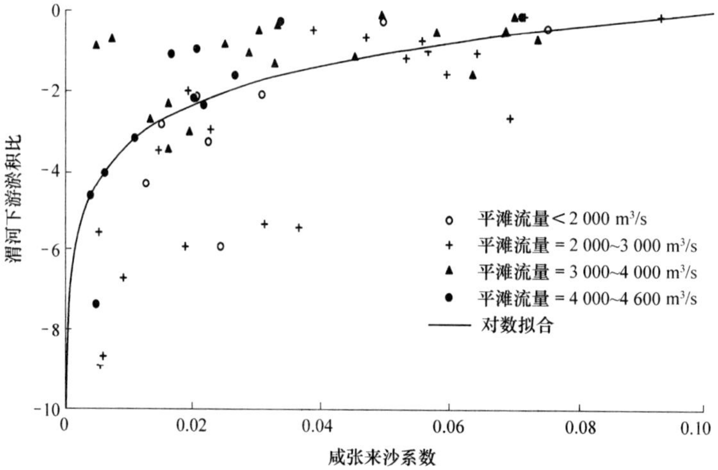


**图 9-4　高效输沙洪水淤积比与咸张来沙系数的关系**

根据近期渭河流域治理开发程度不断增大的实际情况和黄土高原水土流失治理力度不断加大的规划方案，预见未来渭河流域平均来沙量将呈减少趋势。经分析，汛期来沙量 2000 年水平年为 3.20 亿 t，2020 年为 2.71 亿 t，2030 年为 2.55 亿 t。

采用上述计算洪水期输沙用水量的方法，在 2000 年水平，为了维持渭河中水河槽的过流能力，利用洪水期高效输沙的特点，当调节汛期洪峰流量为 1 200 ~ 1 500 m$^3$/s 时，高效输沙洪水的水量为 35 亿 ~ 29 亿 m$^3$，历时为 43 ~ 31 d；在 2020 年水平来沙条件下，调节洪峰流量到 2 000 ~ 3 000 $m^3/s$，渭河下游汛期主槽冲淤平衡时，高效输沙洪水的水量为 24 亿 ~ 17 亿 $m^3$，持续时间为 20 ~ 11 d；在 2030 年水平来沙条件下，调节洪峰流量到 2 000 ~ 3 000 $m^3/s$，为保持渭河下游主槽过流能力，高效输沙洪水的水量为 23 亿 ~ 16 亿 $m^3$，持续时间为 19 ~ 10 d。

## 五、创新思维方法的应用

创新思维方法泛指在创新思维过程中所需要运用的、能直接或间接地起到某种开拓突破作用的各种方法。创新思维方法有模仿法、组合法、希望点列举法、换元法、信息交合法等。此次“渭河下游输沙用水量研究”创新实践至少采用了前三种方法。

在“洪水期冲淤临界条件确定”时采用了模仿法。在 1998~2000 年，黄委会设计院小浪底水库拦沙初期运用方式研究项目组采用按含沙量(低、中、高)、颗粒直径(粗、中、细)、冲淤部位(河南段、山东段)等分组法，根据 1960~1996 年黄河下游 300 多场洪水资料，得出了冲淤临界条件(流量、含沙量、洪水持续时间等)，为小浪底水库调水调沙运用等提供技术支撑。该成果先后获黄委会、水利部科技进步奖，创新性得到公认。本次实践时，对当时的方法进行了深入剖析，结合渭河情况，有些进行简化，如泥沙粒径不必区分，冲淤量也不用分段算；有些讨论得更深入(如采用断面法对输沙率法冲淤量的修正、对场次洪水冲淤量异常点的判断)，将该方法模仿、移植过来，并根据渭河实际情况有取有舍，也取得成功。

在汛期、洪水期输沙用水量研究中都运用了组合法。将输沙用水量与来沙量、冲淤水平、河道边界条件(以平滩流量为代表)进行了组合，计算式(9-4)、式(9-5)建立时先后试验了直线、二次和三次曲线、指数函数、对数函数、三角函数和反三角函数等，反复组合演算，并与实测资料对比，得到了比较好的形式，经过合理性分析比较正确。

在汛期输沙用水量的研究中运用了希望点列举法。维持黄河健康生命的过程要经历“遏制、恢复、维持”三个阶段，维持阶段需要的水量比遏制阶段要大，维持阶段主槽过流能力也较大，而主槽过流能力以平滩流量为标志，因此计算公式中要考虑平滩流量的影响。同时，根据实测资料分析，来沙量越少，淤积得越多，输沙用水量也就越少。也就是说，计算公式还没有建立以前，先确定式(9-4)、式(9-5)希望得出的大致方向，再进行实践，可以保证最终成果的质量，同时少走弯路。

## 六、结论

(1)探讨了一种渭河下游场次洪水冲淤量的确定方法，采用资料系列插补延长、两次修正、综合平衡等步骤，使单场洪水的冲淤量计算定性准确、定量合理，进而得到非漫滩洪水的冲淤临界条件。

(2)分析了汛期、洪水期输沙用水量与来沙量、冲淤水平和河道边界条件的关系，建立了输沙用水量计算公式，经分析比较合理，可得到不同水平年的输沙用水量。

(3)在本次工作实践中应用了模仿法、组合法、希望点列举法等创新思维方法，解决了渭河下游输沙用水量研究中遇到的技术难题，成果满足规划阶段工作深度要求。

# 第十章　多泥沙游荡河道中常洪水的演进方法

黄河治理人工智能体系的重要内容之一是小浪底水库的多沙河流水沙调节运用方式，其影响因素复杂众多，水沙调节运用的难度非常之大。进行中常洪水的演进方法研究，合理划分每场洪水的水量、沙量和各级配泥沙沿程冲淤量，为小浪底水库运用方式研究提供技术支撑，具有很强的现实意义。

## 第一节　研究方法的由来

### 一、意义

为防御黄河下游洪水、根治黄河下游水害，对黄河下游洪水演进特性的研究工作一直为国家重点研究课题。与此同时，黄河下游河道泥沙冲淤计算数学模型的开发和应用非常迅速，但其计算往往在很大程度上受流量演进精度的限制，尤其是山东河道，以往的流量演进误差往往达10%以上，由此引起的输沙量误差也在10%以上，而一般山东河道的冲淤量大多仅占来沙量的10%以内，因此冲淤量的计算精度受到很大限制，高精度的下游洪水流量演进方法的探讨和研究极为迫切和重要。

### 二、研究现状

黄河下游洪水流量演进常用的方法有两种，即洪峰相关法和流量演算法。洪峰相关法是以平滩流量或洪峰系数为参数作上下游断面洪峰流量相关图，此方法简单灵活、修正方便，早在20世纪50年代初已在黄河上广泛应用，为洪峰预报的常用方法。流量演算法，早期曾采用图解法和瞬态法，后采用马斯京根法，多用于大洪水，不同类别的洪水有不同的洪水演算参数，不适于预报中常洪水的流量过程，不能全面模拟多沙游荡河道诸多因素的影响。

### 三、本次研究方法的理论分析及确定

鉴于现有的洪水演进成果多是根据大洪水过程或洪峰资料获得的，不适于多沙游荡河道的中常洪水的流量过程，而中常洪水是黄河下游洪水中最常见的，也是影响下游河道冲淤的主体洪水。因此，针对中常洪水过程特点，场次洪水有“基流—洪峰—基流”的涨落过程，洪水的水量($W$)取决于洪水过程的最大值(洪峰 $Q_{峰}$)、最小值(基流 $Q_{基流1}$ 和 $Q_{基流2}$)和峰形函数 $F(Q)$，即：

$$W=\int_{T(Q_{基流1})}^{T(Q_{峰})}F(Q)\,\mathrm{d}T+\int_{T(Q_{峰})}^{T(Q_{基流2})}F(Q)\,\mathrm{d}T \tag{10-1}$$

式中，$T(Q_{基流1})$、$T(Q_{峰})$和 $T(Q_{基流2})$分别为洪水过程的基流、洪峰和基流的对应洪水时间。

本书利用精度较高的洪峰相关法，考虑多沙河流和游荡河道的各种流量演进影响因素，着重对洪水过程的最大值(洪峰)和最小值(基流)进行高精度演进，由式(10-1)可知两值的高精度演进可大大提高整个洪水过程总水量的演进精度。另外，借鉴马斯京根法的理论思路，合理考虑峰形和槽蓄因素，合理确定 $F(Q)$，对洪峰–基流间的流量过程进行合理演进，由式(10-1)可获得高精度的洪水水量 $W$。

黄河下游为多沙游荡河道，当进入黄河下游的流量小于 1 000 m³/s 时，水流属于平水，水流基本上在槽内流动，各站流量的演进过程也比较简单，仅考虑各个河段的引水因素即可；当进入黄河下游的流量大于 1 000 m³/s 时，水流属于洪水，水流在槽内及滩上流动复杂，甚至引起河势摆动，各站流量的演进过程则显得异常复杂，这是本书研究的重点。对黄河下游 1960 年 9 月~1996 年 6 月间发生的所有 1 000~10 000 m³/s 的中常洪水，根据洪水的“基流–洪峰–基流”的涨落过程，分析洪水的划分规律；洪水划分后，对每场洪水进行演进，演进可以分为三个步骤，即洪峰演进、基流演进和洪峰–基流间演进，完成整个一场洪水的演进。

## 第二节　洪水划分

洪水划分是洪水流量演进的前期工作，根据洪水流量演进三个步骤的要求，需把一个长时段的洪水过程划分为若干个具有“基流–洪峰–基流”涨落规律的分过程。如图 10-1 所示，一个长时段的洪水过程可以划分为三个具有“基流–洪峰–基流”涨落规律的分过程，即分为三场洪水。

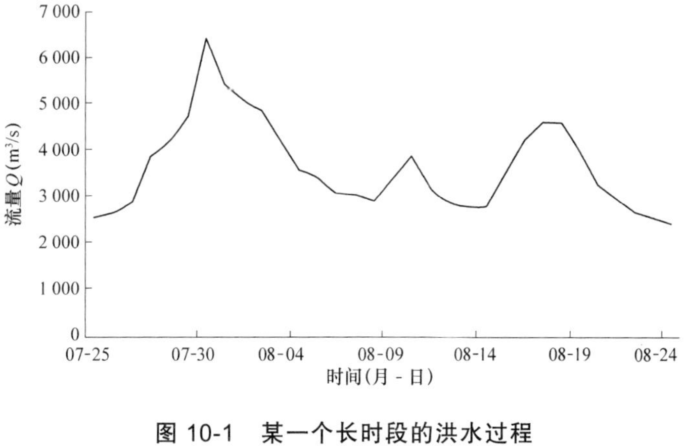


图 10-1　某一个长时段的洪水过程

进入黄河下游的洪水主要来源于黄河干流、伊洛河和沁河等三部分，三部分的控制水文站分别选定为三门峡站、黑石关站和小董站，简称三黑小。对于一个长时段的洪水过程，可根据一定的规律来确定洪水的涨水点基流、洪峰和落水点基流，划分为若干个具有“基流–洪峰–基流”涨落特性的分过程。本次研究经过综合考虑场次洪水的涨落幅度、历时长短、洪水特性等因素，确定洪水过程的划分原则，并根据洪水划分原则对 1960 年 9 月~1996 年 6 月的汛期三黑小流量过程进行场次洪水的划分，共计 397 场 3295 d，平均每场 8.3 d。

# 第三节　洪水演进

洪水划分后，对每场洪水可进行流量演进，根据场次洪水的涨落过程，洪水的演进可以分为三个步骤，即洪峰演进、基流演进和洪峰–基流间演进。

## 一、洪峰演进

洪峰演进是一场洪水演进的关键，其规律是极为复杂的。对于多沙游荡河道的黄河下游来说，洪峰演进的影响因素主要有上站流量、峰形、含沙量、漫滩程度等。根据黄河下游大量的洪水演进资料建立洪峰演进公式如下：

$$Q_{峰} = k_0 + k_1 Q_{上峰} + k_2 Q_{上2} + k_3 Q_{上峰}^2 + k_4 \left(\frac{S}{Q}\right)_{上} Q_{上峰}^2 + k_5 \left(\frac{Q_{上峰}}{Q_{平滩}} - 1\right) \tag{10-2}$$

式中：$Q_{峰}$、$Q_{上峰}$分别为本站、上站的最大日平均洪峰流量；$Q_{上2}$为上站洪峰前两天流量均值；$S$为含沙量；$Q_{平滩}$为河段的平滩流量；$k_i(i=1,2,\cdots,5)$为洪峰流量演进系数。

进一步分析，本站洪峰流量大小与上站洪峰流量、上站洪峰之前的两天流量均值是增函数关系，与$\left(\frac{S}{Q}\right)_{上} Q_{上峰}^2$、$\left(\frac{Q_{上峰}}{Q_{平滩}} - 1\right)$是减函数关系，表明上站洪峰流量越大或上站洪峰之前的两天流量均值越大(即洪峰较胖)，则本站洪峰流量越大，而高含沙洪水的含沙量越大或漫滩洪水的漫滩程度越大，则本站洪峰流量越小。

## 二、基流演进

一般来说，本站基流是由上站基流直接演进而来的，同时，本站与上站的峰形变化也影响本站基流的大小，即峰形变胖增大基流、变瘦减小基流。因此，影响基流$Q_{基流}$的因素有上站基流$Q_{上基流}$、本站与上站的峰形变化(可用$\frac{Q_{峰}}{Q_{上峰}}$表示)，即：

$$Q_{基流} = Q_{上基流}^{k_1} \left(\frac{Q_{峰}}{Q_{上峰}}\right)^{k_2} \tag{10-3}$$

进一步分析得知，$\frac{Q_{峰}}{Q_{上峰}}$小于1，而指数$k_2$小于0，指数$k_1$大于1，表明下站基流一般要大于上站基流，同时，基流流量随着$\frac{Q_{峰}}{Q_{上峰}}$的减小(峰形变胖)而增大。

## 三、洪峰–基流间演进

洪峰–基流间的流量介于洪峰和基流之间，如果不考虑河道槽蓄因素的影响，洪峰–基流间的流量过程形状应与上站的相同，因此洪峰–基流间的流量演进可表达为：

$$F(Q) = Q_{i+1} = Q_i + \left(Q_{上i+1} - Q_{上i}\right)\left(\frac{Q_{峰} - Q_{基流}}{Q_{上峰} - Q_{上基流}}\right) \tag{10-4}$$

式中：$Q_{i+1}$为本站的第 $i$+1 天流量；$Q_i$为本站的第 $i$ 天流量；$Q_{上i+1}$为上站的第 $i$+1 天流量；$Q_{上i}$为上站的第 $i$ 天流量。

考虑到河道槽蓄因素的影响，洪峰–基流间的流量过程形状应在上站的基础上加以调整。据黄河下游流量演进的资料分析，在涨水过程中，有部分水流被河道滞蓄，因此涨水速度会减慢，而在落水过程中，滞蓄的部分水流回归主槽，使得落水速度加快。考虑河道槽蓄作用，在式(10-4)基础上进行修正，如式(10-5)：

$$F(Q)=Q'_{i+1}=Q_{i+1}\left(\frac{Q_{上i+1}}{Q_{上i}}\right)^{\alpha} \tag{10-5}$$

式中：$Q'_{i+1}$为修正后的本站第 $i$+1 天流量。

## 四、洪水演进验证

采用本书方法，对 1967 年 8 月 10~22 日的这场洪水进行演进，考虑了各种因素，从三黑小至利津各站，演进过程与实测过程极为接近，过程中的流量误差小于 5%，根据式(10-1)可获得本场洪水的总水量，其误差小于 2%，见图 10-2，说明本书方法演进一场洪水的过程及水量有较高的精度。另外，采用本书方法即使对大量的场次洪水进行演进，总水量的系统误差会更小，总水量误差小于 0.5%，见表 10-1，说明本方法对于黄河下游的各种场次洪水均是适合的，可基本消除由于水量误差带来的下游各个河段冲淤计算误差，可较大提高下游河道泥沙数学模型的计算精度。

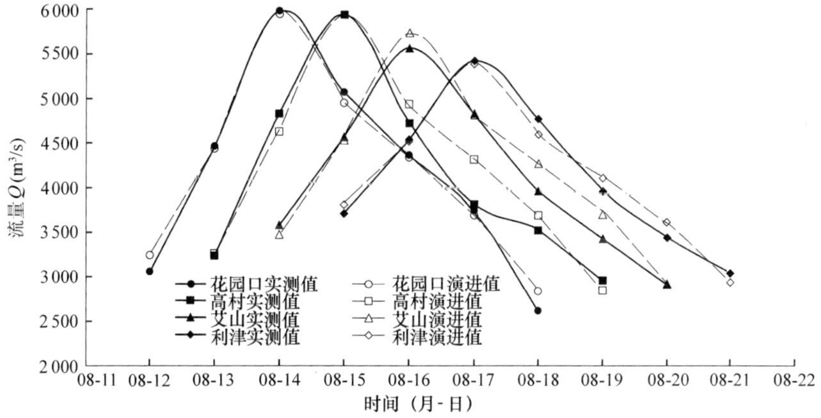


**图 10-2 1967 年一场洪水流量演进过程**

**表 10-1 1960 年 9 月~1996 年 6 月所有洪水总水量演进**

| 项 目 | 站 名 | | | | |
|---|---|---|---|---|---|
| | 三黑小 | 花园口 | 高村 | 艾山 | 利津 |
| 实测水量(亿 m³) | 7297.6 | 7570.3 | 7263.5 | 7337.5 | 6997.5 |
| 计算水量(亿 m³) | | 7553.0 | 7254.8 | 7302.2 | 6973.3 |
| 相对误差(%) | | 0.2 | 0.1 | 0.5 | 0.3 |

# 第十一章　黄河下游河道冲淤平衡水沙关系初步研究

黄河治理人工智能体系的内容之一是游荡型宽河道的河性控制，天然的黄河下游水沙不平衡，当泥沙很多时，水流流量不一定大，当水流很大时，水流挟带的泥沙不一定多，这种不协调的水沙关系，造成水流能量没有得到充分发挥，下游河道呈现出持续淤积的态势。小浪底水库建成后，有条件调节水沙搭配，塑造出平衡的水沙关系，确定新的边界条件下的黄河下游游荡型宽河道河性控制与影响因子间的定量关系。以花园口断面为例，探讨黄河下游河道冲淤平衡的水沙关系。黄河下游花园口断面平衡水沙关系，指造成花园口断面以下河段微冲微淤的花园口断面水沙关系。

1960 年 9 月~2004 年 7 月黄河下游共发生洪水 424 场，其中花园口以下河段冲淤幅度不太大的洪水有 204 场(河道冲淤量低于 0.4 亿 t)，以此 204 场洪水来探讨花园口断面平衡含沙量的函数关系。

通过本次研究，可建立花园口断面平衡含沙量 $S$ 与相关因子的函数关系，初步分析，可认为主要的相关因子有流量、泥沙级配、河槽形态和漫滩情况，即 $S = f$ (有效流量，河槽形态，漫滩程度，悬沙组成，床沙组成)，经过进一步概化，得到：

$$S = f\left[\left(\frac{Q_C}{B_C}\right),\left(\frac{Q_{\max}}{Q_{OV}}\right),(P_{S1}),(P_{S3}),(P_{b1}),(P_{b3})\right] \tag{11-1}$$

式中：$S$ 为花园口断面平衡含沙量，考虑到部分洪水对河道仍有一定程度的冲淤影响，$S$ 没有直接采用花园口断面实测含沙量，而是在实测含沙量的基础上根据河道冲淤量进行了修正；$Q_C$ 为主槽流量(漫滩后取平滩流量)；$B_C$ 为主槽河宽；$Q_{\max}$ 为花园口最大日平均流量；$Q_{OV}$ 为花园口以下河段最小平滩流量；$\frac{Q_{\max}}{Q_{OV}}$ 为漫滩程度，当 $Q_{\max}<Q_{OV}$ 时，$\frac{Q_{\max}}{Q_{OV}}$ 取 1，非大漫滩洪水，$\frac{Q_{\max}}{Q_{OV}}$ 一般小于 2；$P_{S1}$ 为花园口悬沙细沙比例；$P_{S3}$ 为花园口悬沙粗沙比例；$P_{b1}$ 为花园口以下河段床沙细沙比例；$P_{b3}$ 为花园口以下河段床沙粗沙比例。

## 第一节　花园口断面平衡含沙量的影响因素分析

### 一、有效流量(断面形态)对平衡含沙量的影响

毫无疑问，影响一个断面平衡含沙量的主要因子是流量，一般是采用断面平均流量，通过进一步分析，发现一定泥沙条件下不同主槽宽度下流量对平衡含沙量的影响效果是

不一样的。由图 11-1 可见，河槽宽浅时，可输送的泥沙较少，反之，河槽窄深时，可输送的泥沙较多。比如，流量同是 2 500 $m^3/s$，主槽宽度 1 750 ~ 2 000 m 时，可输送的泥沙含沙量约 20 $kg/m^3$，而主槽宽度 460 ~ 600 m 时，输送的泥沙含沙量高达约 50 $kg/m^3$，说明笼统的断面平均流量是不够的，难以建立统一的 $S$~$Q$ 函数关系。

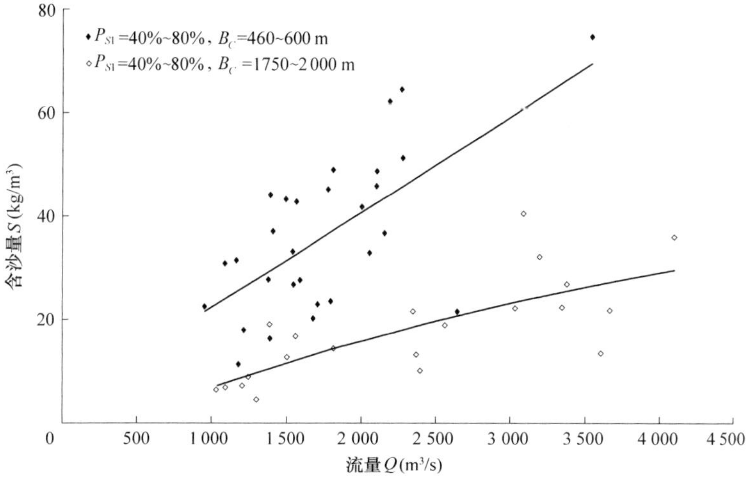


**图 11-1　一定泥沙级配下不同主槽宽度的 $S$~$Q$(花园口断面)关系**

在断面流量中对河道输沙影响最关键的是主槽流量，主槽流量是河道输沙的有效流量，考虑河槽形态因素，可建立一定级配下不同主槽宽度的 $S$~$Q_C/B_C$ 关系(见图 11-2)。

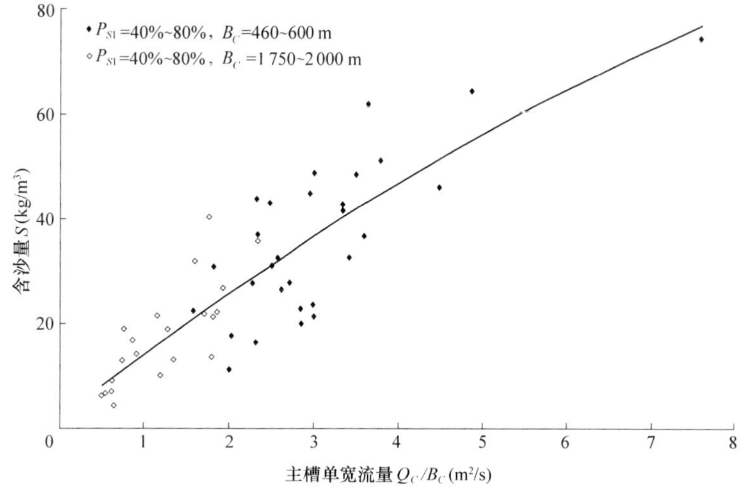


**图 11-2　一定级配下不同主槽宽度的 $S$~$Q_C/B_C$ 关系(花园口断面)**

由图 11-2 知，用 $S$~$Q_C/B_C$ 函数可将不同河槽形态的含沙量和流量关系统一起来，这说明 $Q_C/B_C$ 比单纯用断面平均流量更能代表水流的输沙能力，同时，$Q_C/B_C$ 是主槽单宽流量，也是主槽流速和水深的乘积，代表着主槽的水流动力。

## 二、泥沙级配对平衡含沙量的影响

输送不同颗粒直径的泥沙，需要的水流动力是不一样的。分析不同的悬沙细沙比例($P_{S1}$)条件下的 $S\sim Q$ 关系，如图 11-3 所示。

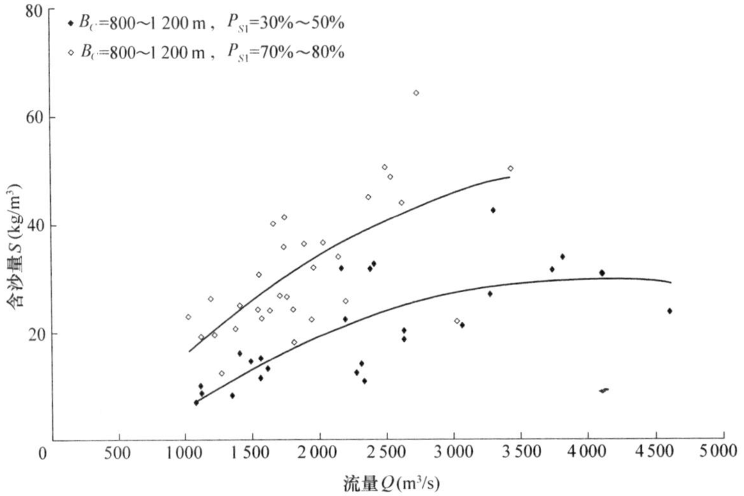


**图 11-3　一定河宽下不同悬沙级配的 $S\sim Q$ 关系(花园口断面)**

从图 11-3 可知，同样的主槽宽度条件下，$P_{S1}$ 越大，同等水流输送泥沙的含沙量就越大，如流量同是 2 500 m³/s，$P_{S1}$ 为 30%～50%时，输送的泥沙含沙量约 24 kg/m³，而 $P_{S1}$ 为 70%～80%时，输送的泥沙含沙量可达到 40 kg/m³ 左右，说明悬沙级配对平衡含沙量有明显的影响。经过进一步研究，还可分析出悬沙粗沙对平衡含沙量的影响。

同时，床沙组成对河道水流输沙能力及平衡含沙量也是有影响的(见图11-4)，它主要通过两个途径实现：一是床沙与悬沙的泥沙交换，当床沙向悬沙提供了某种颗粒的泥沙后，会影响到水流悬沙的输沙含沙量；二是床沙形成河床阻力对水流能量产生作用，床沙中粗沙越多，河床阻力会越大，河道水流输沙能力及平衡含沙量会随之降低，反之，床沙中细沙多，河床阻力较小，会加大河道水流输沙能力及平衡含沙量。

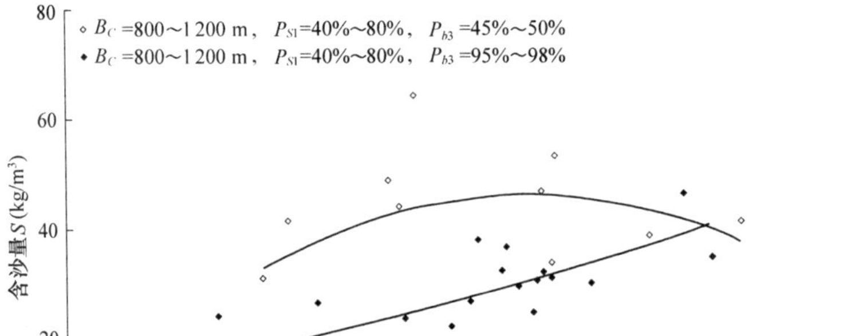


**图 11-4　一定河宽和悬沙级配下不同床沙级配的 $S\sim Q$ 关系(花园口断面)**

从图 11-4 可知，同样的主槽宽度和悬沙级配条件下，花园口以下河段床沙粗沙比例 $P_{b3}$ 越大，同等水流输送泥沙的含沙量就越小，如流量同是 3 000 m³/s，$P_{b3}$ 为 45% ~ 50% 时，输送的泥沙含沙量可达 45 kg/m³ 左右，而 $P_{b3}$ 增大到 95% ~ 98%时，输送的泥沙含沙量急剧降低至 25 kg/m³ 左右，说明床沙级配对平衡含沙量的影响是相当明显的。同时，从图 11-4 还可看出，当水流流量非常大时，水流动力可能远远超过了床沙形成的河床阻力，床沙级配的影响会减弱，甚至消失。

### 三、水流漫滩对平衡含沙量的影响

水流漫滩后，水体分散，流速减弱，加上滩地河床阻力比主槽大，水流输沙能力会降低。分析 42 场花园口以下河段最小平滩流量为 3 500 ~ 4 000 m³/s 的洪水资料(见图 11-5)，当水流流量超过花园口以下河段最小平滩流量而漫滩后，水流输沙能力降低，花园口断面平衡含沙量减小，如流量在 3 800 m³/s 左右达到花园口以下河段最小平滩流量，相应花园口断面平衡含沙量约 41 kg/m³，流量在 5 000 m³/s 时水流漫滩，相应花园口断面平衡含沙量降低至 36 kg/m³ 左右。同时，从图 11-5 还可看出，当水流流量达到河道平滩流量时，水流输沙能力最大，水流的造床作用最大。

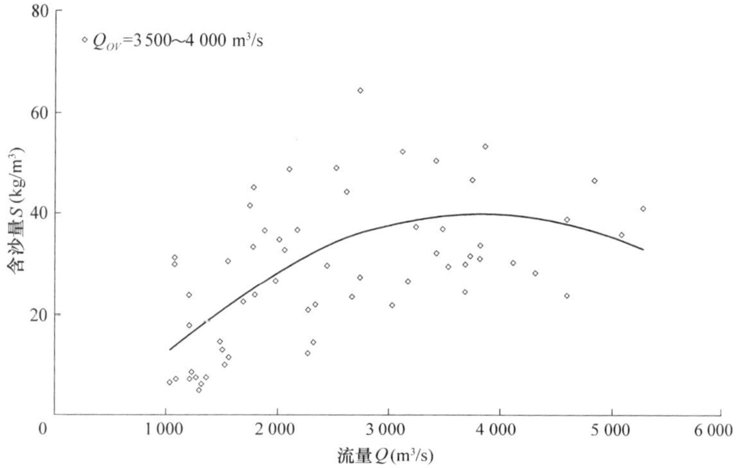


**图 11-5　花园口以下河段最小平滩流量为 3 500 ~ 4 000 m³/s 的 S~Q 关系**
**(花园口断面)**

## 第二节　花园口断面平衡含沙量的函数关系

通过上述分析，找出了影响花园口断面平衡含沙量的相关因子，可建立公式如下：

$$S = K_1\left(\frac{Q_C}{B_C}\right)^{K_2}\left(\frac{Q_{\max}}{Q_{OV}}\right)^{K_3}\left(P_{S1}\right)^{K_4}\left(P_{S3}\right)^{K_5}\left(P_{b1}\right)^{K_6}\left(P_{b3}\right)^{K_7} \tag{11-2}$$

式中：$K_1$、$K_2$、$K_3$、$K_4$、$K_5$、$K_6$、$K_7$ 为系数和指数，需要数据回归率定；其他符号含义

同前。

在 204 场洪水资料中，悬沙中细沙比例范围较大，为 22%～93%，为了充分反映不同级配泥沙的影响，提高公式精度，可对公式(11-2)分三段进行细化表述。

(1)悬沙以细沙为主。当 $80\% \leqslant P_{S1} < 93\%$时，悬沙极细，水流输沙能力主要与主槽单宽流量和漫滩程度、床沙粗沙比例有关系。由于悬沙基本上为细沙成分，会与床沙的粗沙产生交换，一般来说，泥沙最容易被水流输送的级配组成不是越均匀越好，也不是越不均匀越好，而是有一个由不同粗细沙组成的合理级配，这样一来，当悬沙极细时，适当从床沙中补充粗沙，很有可能增大水流输送泥沙的含沙量，如式(11-3)。

$$S = 31.3\left(\frac{Q_C}{B_C}\right)^{0.122\ 2}\left(\frac{Q_{\max}}{Q_{OV}}\right)^{-0.15}\left(\frac{P_{b3}}{0.837}\right)^{0.912\ 1} \tag{11-3}$$

其中，相关系数 $R$=0.85。

(2)悬沙以中粗沙为主。当 $22\% < P_{S1} < 40\%$时，悬沙较粗，输沙能力主要与主槽单宽流量和漫滩程度有关。由于悬沙较粗，当水流漫滩输沙能力减弱后，泥沙容易落淤，所以花园口断面平衡含沙量随着漫滩程度的加大明显减小，如式(11-4)。

$$S = 9.523\left(\frac{Q_C}{B_C}\right)^{1.005}\left(\frac{Q_{\max}}{Q_{OV}}\right)^{-0.891\ 3} \tag{11-4}$$

其中，相关系数 $R$=0.88。

(3)一般悬沙。当 $40\% \leqslant P_{S1} < 80\%$时，属于一般性的悬沙组成，水流输沙能力及花园口断面平衡含沙量随着主槽单宽流量、悬沙细沙比例的增大而增大，随着漫滩程度、悬沙粗沙比例和床沙粗沙比例的增大而减小，如式(11-5)。

$$S = 15.35\left(\frac{Q_C}{B_C}\right)^{0.757\ 6}\left(\frac{Q_{\max}}{Q_{OV}}\right)^{-0.35}\left(\frac{P_{S1}}{0.589}\right)^{0.567\ 9}\left(\frac{P_{S3}}{0.167}\right)^{-0.111\ 4}\left(\frac{P_{b3}}{0.837}\right)^{-0.211\ 1} \tag{11-5}$$

其中，相关系数 $R$=0.83。

# 第十二章　主要结论及研究展望

## 第一节　主要结论

针对挟沙水流数值模型发展过程中遇到的一些关键性技术难题，采用理论分析和编程计算相结合的方法进行分析和研究，获得的主要成果和结论如下：

(1)应用人工神经网络原理对多沙流体的宾汉剪应力进行了多次训练，结果表明低含沙流体随着含沙量的增加流变特性转化时对应的宾汉剪应力存在一临界值，对电木粉高含量的流体，该临界值约为 $3.2\times10^{-1}$Pa。

(2)对 37 组水槽试验挟沙力资料进行 BP 网络训练，发现高、中、低含沙水流挟沙规律可用一个公式来表达，对计算挟沙力的多家公式进行分析比较后推荐了在数学模型中采用的公式。

(3)基于冲淤平衡河段应满足河相关系的规律，以及多沙河流中下游河床调整特性，提出并验证了一种新的多沙河流的断面概化方法，说明了该方法在数学模型中的应用步骤。

(4)编制了适合于多沙河流情况的平面二维数学模型，将流场与沙场耦合计算；给出了计算时段应满足的方程；提出随着水库淤积的发展而水深减小，恢复饱和系数$\alpha$呈减小趋势；对多沙河流分析成果也应用在数学模型中，以计算实例表明了该数学模型的正确性。该模型的水流计算模块在实际工作中已经得到多次应用。

(5)对三维水流控制方程进行离散，并编制了计算河床变形的模块，对方程的定解条件，如进出口条件、近底浓度、推移质与悬移质的交换等进行了分析。

(6)提出不同步修正方法改善迭代求解过程中的发散问题，即迭代初始阶段只修正流速场，对自由水面位置和涡黏性系数暂不修正，通过计算实例说明了采用该方法的步骤和优点。

(7)提出了在计算自由水面时应考虑动水压力的影响，通过水槽计算结果与实测资料对比表明了引入该项时计算结果更接近实测值。

(8)采用建立的三维水流泥沙数学模型对明渠流，复杂断面的水流，水槽纯冲刷、纯淤积和挖入式港池的水流泥沙场进行了计算，结果与理论分析或者实测资料均符合较好，说明建立的数学模型是正确的。

(9)提出了在治理开发中人工智能方面的理论框架，以及与之有关的人工神经网络模型、中常洪水的演进方法、河道冲淤平衡水沙关系的一些成果。在资源有限约束条件下，提出了一种在一定程度上解决黄河泥沙复杂的非线性动力学系统的方法。

## 第二节　研究展望

(1)使用的$k-\varepsilon$紊流模型是目前比较常用的紊流模型，能够模拟多种条件下的紊流运动，但是由于采用了各向同性的紊动黏滞系数假设，从而限制了其在一些复杂的流动中应用。应对各类紊流模型的适用范围进行进一步的探讨，依据具体问题选择既经济又便于应用的紊流模型。

(2)多沙河流的演变规律是异常复杂的。书中对多沙河流的理论分析的结果和数学模型提出的计算原则及步骤，都需要在实际工作中进行进一步的分析、验证和改进，特别是在利用人工神经网络对宾汉剪应力和挟沙力进行模式分类训练时，输入的实测资料组次偏少，如果将来能收集到更系统、更完整的实测资料，本书的结论应重新进行检验。

(3)非均匀沙的研究。在进行多沙河流计算时，将非均匀沙作为分组均匀沙处理，没有考虑到粗颗粒对细颗粒的荫蔽作用和运动的细颗粒对粗颗粒的碰撞作用；在理论分析和三维泥沙数学模型计算时都认为沙样是单一均质沙，这只是一种近似假设，都与实际情况存在一定差异。

(4)尽管已经对三维泥沙数学模型中推移层厚度、推移质泥沙的输运方程、输沙率等进行了讨论，但计算的算例中并不包含由于推移质沿程变化引起的河床变形。当有推移质存在特别是推移质、悬移质、床面互相交换剧烈时，河床变形计算将更加复杂，因此建立的三维泥沙数学模型应进一步完善。

由于挟沙水流数值模拟的内容远远超过本书研究的范围，因而必然还有很多技术难题是书中没有涉及到的。这些问题包括：

(1)非恒定非均匀流条件下泥沙数值模拟中的参数确定。天然河流中水流绝大多数是非恒定非均匀流，而目前数值模拟中选用的公式和参数，大多数是直接套用恒定均匀水流的结果，这必然会带来一定的系统误差，为了提高数值模拟的精度，应进行更多的非恒定非均匀水流的分析和计算。

(2)三维对流–扩散方程(*N–S* 方程是其中之一)的数值计算方法应进行更深入的研究，如采用更高阶精度的数值离散格式、贴体坐标系或非结构网格、自适应网格等，选用更精确的数值求解方法和修正方法(如延迟修正)等。同时，在其他领域(如航空计算、数值传热学等)一些行之有效的方法也应介绍到水流计算中，通过互相对比，达到共同提高的目的。例如，非结构网格和格子–Boltzmann 方法，是在空气动力学领域中首先得到应用，然后扩展到计算流体力学中的，迄今为止已经获得了很多优秀的计算成果。

(3)计算流体力学的许多大型商业软件已经处在普及应用阶段，从市场应用的角度来看，它们有着独特的优点，如包含大量算例、灵活的前处理和输入系统、大量的帮助文件系统、完备的检测及防错措施、方便的模块接口、完善的后处理系统等。即使从学术研究的角度讲，它们也有很多可取之处，如进行流动与传热数值计算经常碰到的迭代收敛性问题，一般要调整松弛因子，而合适的松弛因子是通过试凑法获得的。如果一个商业软件可以主要由软件本身来设定松弛因子之值即能获得收敛的结果，不需要使用者过多地介入，自然是最受应用者欢迎的。采用 CFDS-FLOW3D 计算时，大约有 60%的情形，用户不必更改内部设定的松弛因子都可以获得收敛解，这说明该软件算法的健壮性是相当好的。在经济性、可靠性与适用性方面，商业软件已经获得了很大的成功，如何利用这些软件进行水流泥沙数值模拟应进行更多的实践和探讨。

(4)泥沙数学模型应进一步扩展其适用范围。迄今为止，泥沙数学模型大多限于解决内河、河口、海岸中的工程实际问题，随着学科之间的交叉渗透融合、工农业的发展和环境保护的需要，不仅要解决河流港口海洋中的泥沙问题，湿地、泥石流、风沙、环境泥沙、工业管道输送等都涉及到大量的泥沙知识，也是泥沙工作者研究的对象，数值计算在这些领域的应用前景是很广阔的，这可以大大丰富泥沙数值模拟的研究内容。

# 参 考 文 献

[1] 中国水利学会泥沙专业委员会. 泥沙手册[M]. 北京：中国环境科学出版社，1992.

[2] 高俊才. 水利建设可持续发展[J]. 水利水电科技进展，2003，23(2)：6-10.

[3] 水利水电科技进展编辑部，等. ’98 抗洪纵横谈(一)[J]. 水利水电科技进展，1998，18(6)：8-16.

[4] Chang H. H.. Fluvial processes in river engineering[M]. New York：John Wiley & Sons,1988.

[5] 张瑞瑾，谢鉴衡，王明甫，等. 河流泥沙动力学[M]. 北京：水利电力出版社，1989.

[6] 韩其为，何明民. 泥沙运动统计理论[M]. 北京：科学出版社，1984.

[7] 陆永军. 航道工程泥沙数学模型研究与应用[D]. 南京：河海大学，1998.

[8] 王兆印，宋振琪. 欧美泥沙运动研究述评[C]//第二届全国泥沙基本理论研究学术讨论会论文集. 北京：中国建材工业出版社，1995.

[9] 王光谦. 中国泥沙研究述评[J]. 水科学进展，1999，10(3)：337-344.

[10] 张红武. 河工动床模型相似率研究进展[J]. 水科学进展，2001，12(2)：256-263.

[11] 周志德. 20 世纪的泥沙运动力学[J]. 水利学报，2002(11)：74-77.

[12] Barenblatt G. I.. Scaling laws for fully developed turbulent shear flows, part I, basic hypotheses and analysis[J]. J. of Fluid Mech., 1993，248：513-520.

[13] 肖勇，金忠青. 固壁紊流流速分布指数型公式和阻力规律(I)——粗糙区[J]. 水科学进展，1997，8(2)：148-153.

[14] 肖勇，金忠青. 固壁紊流流速分布指数型公式和阻力规律(II)——过渡区[J]. 水科学进展，1999，10(1)：64-68.

[15] Martin Wosnik, Luciano Castillo, William K. George. A theory for turbulent pipe and channel flows[J]. J. of Fluid Mech., 2000，421：115-145.

[16] Vito Ferro, Giorgio Baiamonte. Flow velocity profiles in gravel-bed rivers[J]. J. of Hydraulic Engineering, 1994，120(1)：60-80.

[17] Junke Guo, Pierre Y. Julien. Turbulent velocity profiles in sediment-laden flows[J]. J. of Hydraulic Research, 2001，39(1)：11-24.

[18] Iehisa Nezu，Akihiro，Hiroji Nakagawa. Turbulent structure in unsteady depth-varing open-channel flow[J]. J. of Hydraulic Engineering, 1997，123(9)：762-763.

[19] Tiancheng Song, Yee-Meng Chiew. Setting characteristic of sediments in moving Bingham fluid[J]. J. of Hydraulic Engineering, 1997，123(9)：812-815.

[20] M. Muste, V. C. Patel. Velocity profiles for particles and liquid in open-channel flow with suspended sediment[J]. J. of Hydraulic Engineering, 1997，123(9)：742-751.

[21] Jim Best, Seam Bennett, John Bridge, et al. Turbulence modulation and particle velocities over flat sand and low transport rates[J]. J. of Hydraulic Engineering, 1997，123(12)：1118-1129.

[22] Zhixian Cao, Xiaoxian Zhang, Hezhong Xi. Turbulent bursting-based diffusion model for suspended

sediment in open channel flows[J]. J. of Hydraulic Research, 1996, 34(4): 457-472.

[23] Vladimin Nikora, Derek Goring. Flow turbulence over fixed and weakly mobile gravel beds[J]. J. of Hydraulic Engineering, 2000, 126(9): 679-690.

[24] A. Gyr, A. Schmid. Turbulent flows over smooth erodible sand beds in flumes[J]. J. of Hydraulic Research, 1997, 35(4): 525-544.

[25] G. E. Karniadakis, Kwing-So Choi. Mechanisms on transverse motions in turbulent wall[J]. Annual Review of Fluid Mechanics, 2003, 35: 45-62.

[26] 王光谦，张仁，惠遇甲，等. 清华大学泥沙研究回顾[J]. 泥沙研究，1999(6)：21-25.

[27] 汤立群，唐洪武，陈国祥. 河海大学泥沙研究进展及成果综述[J]. 泥沙研究，1999(6)：29-32.

[28] 余明辉，杨国录，刘高峰，等. 非均匀水流挟沙力公式的初步研究[J]. 泥沙研究，2001(3)：25-29.

[29] Joseph F. Atkinson, Athol D. Abranhams, Chitra Krishnan, et al. Shear stress partitioning and sediment transport by over/and flow[J]. J. of Hydraulic Research, 2000, 38(1): 37-40.

[30] 王国兵. 水流挟沙能力的探讨[M]. 南京：南京水利科学研究院河港研究所，1997.

[31] 王士强，陈骥，惠遇甲. 明槽水流的非均匀挟沙力研究[J]. 水利学报，1998(5)：1-9.

[32] Wuiming Wu, Sam S. Y. Wang, Yafei Jia . Nonuniform sediment transport in alluvial rivers[J]. J. of Hydraulic Research, 2000, 38(6): 427-434.

[33] P. L. Patel, K. G. Ranga Raju. Fractionwise calculation of bed load transport[J]. J. of Hydraulic Research, 1996, 34(3): 363-379.

[34] 左东启. 中国水问题的思考[M]. 南京：河海大学出版社，2000.

[35] Pierre Y. Julien. Jayamurni Wargadalam, Alluvial channel geometry: theory and applications[J]. J. of Hydraulic Engineering, 1995, 121(4): 312-325.

[36] D. J. Hagerty, M. F. Spoor, A. C. Parola. Near-bank impacts of river stage control[J]. J. of Hydraulic Engineering, 1995, 121(2): 196-209.

[37] Albert Rooseboom, Aldule Grange. The hydraulic of sand streambeds under steady flow conditions[J]. J. of Hydraulic Research, 2000, 38(1): 27-36.

[38] 夏军强，王光谦，张红武，等. 河道横向展宽机理与模拟方法的研究综述[J]. 泥沙研究，2001(6)：71-78.

[39] 王新宏. 冲积河道纵向冲淤和横向变形数值模拟研究及应用[D]. 西安：西安理工大学，2000.

[40] Robert G. Millar. Grain and form resistance in gravel-bed rivers[J]. J. of Hydraulic Research, 1999, 37(3): 303-312.

[41] M. Cellino, W. H. Graf. Experiments on suspension flow in open channels with bed forms[J]. J. of Hydraulic Research, 2000, 38(4): 289-298.

[42] J. Sieben. A theoretical analysis on armouring of river beds[J]. J. of Hydraulic Research, 1999, 37(3): 313-326.

[43] Zhaoyin Wang. Experimental study on scour and river bed inertia[J]. J. of Hydraulic Research, 1999, 37(1): 17-37.

[44] Myer W. R. C, Brennan E. K.. Flow resistance in compound channels[J]. J. of Hydraulic Research, 1990, 28(2): 141-153.

[45] B. Lin, K. Shiono. Numerical modeling of solute transport in compound channel flows[J]. J. of Hydraulic Research，1995，33(6)：773-788.

[46] T. G. Thomas, J. J. R. Williams. Large eddy simulation of a symmetric trapezoidal channel at a Reynolds number of 430 000[J]. J. of Hydraulic Research，1995，33(1)：825-842.

[47] 周宜林. 滩槽水流流速横向分布的研究[J]. 武汉水利电力大学学报，1994(6) ：678-684.

[48] 张幸农，陈长英. 冲积河流复式断面形态及行洪能力的研究[M]. 南京：南京水利科学研究院河港研究所，2002.

[49] D. G. Wren, B. D. Barkdoll, R. A. Kuhnle, et al. Field techniques for suspend-sediment measurement[J]. J. of Hydraulic Engineering，2000，126(2)：97-104.

[50] Ulrich Lemmin, Thierry Rolland. Acoustic velocity profiler for laboratory and field studies[J]. J. of Hydraulic Engineering，1997，123(12)：1089-1098.

[51] T. Song, Y. M. Chiew. Turbulence measurement in nonuniform open-channel flow using Acoustic Doppler Velocimeter[J]. J. of Hydraulic Engineering，2001，127(3)：219-232.

[52] S. C. Kim, C. T. Friedrich, J. P. Y. Maa, et al. Estimating bottom stress in tidal boundary layer from Acoustic Doppler Velocimeter data[J]. J. of Hydraulic Engineering，2000，126(5)：399-406.

[53] Akihiro Kadota, Lehisa Nezu. Three-dimensional structure of space-time correlation on coherent vortices generated behind dune crest[J]. J. of Hydraulic Research, 1999，37(1)：59-80.

[54] Hong-Yuan Lee, Yen-Hsu Chen, Jiing-Yun You, et al. Investigations of continuous bed load saltating process[J]. J. of Hydraulic Engineering，2000，126(9)：691-700.

[55] 禹明忠，王兴奎，庞东明，等. PIV 流场量测中图像变形的修正[J]. 泥沙研究，2001(5)：59-62.

[56] D. G. Rhodes, A. P. New. Preston tube measurement in low Reynolds number turbulent pipe flow[J]. J. of Hydraulic Engineering，2000，126(5)：407-415.

[57] S. Wu, N. Rajaratnam. A simple method for measuring shear stress on rough boundaries[J]. J. of Hydraulic Research，2000，38(5)：399-400.

[58] 吴中如. 高新测控技术在水利水电工程中的应用[J]. 水利水运工程学报，2001(1)：13-21.

[59] 左东启，俞国青. 工程水动力学研究中的合交模型[J]. 河海科技进展，1992，12(4)：1-23.

[60] Marian Muste, Ehab A. Meselhe, Larry J. Weber. Coupled physical-numerical analysis of flows in natural waterways[J]. J. of Hydraulic Research，2001，39(1)：51-60.

[61] 王协康，方铎，姚令侃. 非均匀沙床面粗糙度的分形特征[J]. 水利学报，1999(7)，70-74.

[62] Chih Ted Yang. Variational theories in hydrodynamics and hydraulics[J]. J. of Hydraulic Engineering, 1994，120(6)：737-756.

[63] Zhiqiang Deng, Vijay P. Singh. Mechanism and conditions for change in channel pattern[J]. J. of Hydraulic Research，1999，37(4)：465-478.

[64] Shuyou Cao, Donald W. Knight. Entropy-based design approach of threshold alluvial channels[J]. J. of Hydraulic Research，1997，35(4)：505-524.

[65] Jahangir Morshed, Jagath J. Kaluarachchi. Application of artifical neural network and genetic algorithm in flow and transport simulations[J]. Advances in Water Resources，1998，22(2)：145-158.

[66] Yonas B. Dibike, Dimitri Solomatine, Michael B. Abbott. On the encapsulation of numerical-hydraulic

models in artifical neural network[J]. J. of Hydraulic Research，1999，37(2)：189-198.

[67] H. M. Nagy, K. Watanabe，M. Hirano. Prediction of sediment load concentration in rivers using artificial neural network model[J]. J. of Hydraulic Engineering，2002，128(6)：588-595.

[68] 张小峰，许全喜，谈广鸣，等. 河道岸线变形的神经网络预测模型[J]. 泥沙研究，2001(5)：19-26.

[69] 李义天，李荣. 具有河网水沙运动特点的人工神经网络模型[J]. 水利学报，2001(11)：1-7.

[70] 杨国录. 河流数学模型[M]. 北京：海洋出版社，1993.

[71] 谢鉴衡，魏良琰. 河流泥沙模型的回顾与展望[J]. 泥沙研究，1987(3)：1-13.

[72] 陈国祥，郁伟族. 冲积河流数学模拟的进展[J]. 河海大学科技情报，1989，9(3)：50-63.

[73] 陈国祥，陈界仁，沙捞・巴里. 三维泥沙数学模型的研究进展[J]. 水利水电科技进展，1998(1)：13-19.

[74] Ching-Jen Chen, Shenq-Yuh. Fundamentals of turbulence modeling,Taylor & Francis[J]. Washington D. C., 1998.

[75] 金忠青. N-S 方程的数值解和紊流模型[M]. 南京：河海大学出版社，1989.

[76] Thiên Hiêp Lê，Bruno Troff, Pierre Sagaut, et al. A navier-stokes solver for direct numerical simulation of incompressible flows[J]. International J. for Numerical Methods in Fluids，1997，24(9)：833-861.

[77] Maurizio Quadrio, Stefano Sibilla. Numerical simulation of turbulent flow in a pipe oscillating around its axis[J]. J. of Fluid Mech.，2000，424：217-241.

[78] C. Li, A. Mosyak, G. Hetsroni. Direct numerical simulation of particle-turbulence interaction[J]. International J. of Multiphase Flow，1999，25：187-200.

[79] Rogallo R. S. ,Moin P.. Numerical simulation of turbulent flows[J]. Annual Review of Fluid Mechanics, 1984，16：99-137.

[80] K. F. Bradbrook, S. N. Lane, K. S. Richards, et al. Large eddy simulation of periodic characteristics at river channel confluences[J]. J. of Hydraulic Research，2000，38(3)：207-215.

[81] E. A. Meselhe, F. Sotiropoulos. Three-dimensional numerical model for open-channels with free-surface[J]. J. of Hydraulic Research，2000，38(2)：115-121.

[82] Botella O., Peyret R.. Computing singular solutions of the Navier-Stokes equations with the Chebyshev-collocation method[J]. International J. for Numerical Methods in Fluids，2001，36(2)：125-163.

[83] Matja Ramak, Leopold Kerget. Mixed boundary elements for laminar flows[J]. International J. for Numerical Methods in Fluids，1999，31(5)：861-877.

[84] 陈景仁. 湍流模型及有限分析法[M]. 上海：上海交通大学出版社，1989.

[85] Shiyi Chen，Gary D. Doolen. Lattice Boltzmann method for fluid flows[J]. Annual Review of Fluid Mechanics，1998，30：329-364.

[86] 王光谦. 河流泥沙研究进展[J]. 泥沙研究，2007(4)：64-81.

[87] Ming Hseng Tseng，Chia R . Chu. Two-dimensional shallow water flows simulation using TVD-MacCormack scheme[J]. J. of Hydraulic Research，2000，38(2)：123-131.

[88] 吴时强. 剖开算子法解三维粘性流动问题的研究[D]. 南京：南京水利科学研究院，2001.

[89] 张红武，黄远东，赵连军，等. 黄河下游非恒定输沙数学模型——I 模型方程与数值方法[J]. 水

科学进展，2002，13(3)：265-270.

[90] 张红武，黄远东，赵连军，等. 黄河下游非恒定输沙数学模型——II 模型验证[J]. 水科学进展，2002，13(3)：271-277.

[91] 陈界仁. 高含沙水流立面二维数学模型[J]. 河海大学学报，1994，22(4)：101-104.

[92] 曹志先. 水沙二相流立面二维数学模型及数值法研究[D]. 武汉：武汉水利电力学院，1991.

[93] 万洪涛，周成虎，吴应湘，等. 黄河下游花园口—夹河滩河段二维洪水模型[J]. 水科学进展，2002，13(2)：215-222.

[94] O'Brien J. S., Julien P. Y., Fullerton R. C.. Two-dimensional water flood and mudflow simulation[J]. J. of Hydraulic Engineering，1993，119(2)：244-261.

[95] 张世奇. 黄河下游游荡型河段的平面二维冲淤计算研究[J]. 泥沙研究，1994(1)：53-63.

[96] 于清来，窦国仁. 高含沙河流泥沙数学模型研究[J]. 水利水运科学研究，1999(2)：107-115.

[97] 张红艺，杨明，张俊华，等. 高含沙水库泥沙运动数学模型的研究及应用[J]. 水利学报，2002(11)：20-25.

[98] Hongwei Fang, Guangqian Wang. Three-dimensional mathematical model of suspend-sediment transport[J]. J. of Hydraulic Engineering，2000，126(8)：578-592.

[99] 刘金梅，王士强，王光谦. 河流冲刷过程中表层床沙粗化对不平衡输沙的影响[J]. 水科学进展，2000，11(3)：229-234.

[100] 张红武，江恩惠，刘月兰，等. 黄河河道数学模型的研究[C]//第二届全国泥沙基本理论研究学术讨论会论文集. 北京：中国建材工业出版社，1995.

[101] Nils R. B. Olsen, Hilde M. Kjellwsvig. Three-dimensional numerical modeling for estimation of maximum local scour depth[J]. J. of Hydraulic Research，1998，36(4)：579-590.

[102] Nils R. B. Olsen, Hilde M. Kjellwsvig. Three-dimensional numerical modeling of bed changes in a sand trap[J]. J. of Hydraulic Research，1999，37(2)：189-198.

[103] Yafei Jia, Tadanori Kitamura, Sam S. Y. Wang. Simulation of scour process in plunging poor of loose bed-material[J]. J. of Hydraulic Engineering，2001，127(3)：219-230.

[104] Sanjiv K. Sinha, Fotis Sotiropoulos, A. Jacob Odgaard. Three-dimensional numerical model for flow through natural rivers[J]. J. of Hydraulic Engineering，1998，124(1)：13 -24.

[105] Kamil H. M. Ali, Othman Karim. Simulation of flow around piers[J]. J. of Hydraulic Research, 2002，40(2)：161-174.

[106] Emily A. Zedler, Robert L. Street. Large-eddy simulation of sediment transport :current over ripples[J]. J. of Hydraulic Engineering，2001，127(6)：444 -453.

[107] C. W. Li. 3D simulation of deposition patterns due to sand disposal in flowing water[J]. J. of Hydraulic Engineering，2001，127(3)：209-218.

[108] Weiming Wu, Wolfgang Rodi, Thomas Wenka. 3D numerical modeling of flow and sediment transport in open channels[J]. J. of Hydraulic Engineering, 2000, 126(1)：4-15.

[109] 陆永军. 三维紊流泥沙数学模型及其应用[R]. 南京：南京水利科学研究院，2002.

[110] 夏云峰. 感潮河道三维水流泥沙数值模型研究与应用[D]. 南京：河海大学，2002.

[111] 马福喜，李志伟. 水中抛沙床面三维淤积形态研究[J]. 水利学报，2001(10)：72-77.

[112] 张华庆. 河道及河口海岸水流泥沙数学模型研究与应用[D]. 南京：河海大学，1998.

[113] 潘庆燊，杨国录，府仁寿. 三峡工程泥沙问题研究[M]. 北京：中国水利水电出版社，1999.

[114] 闻新，周露，王丹力，等. MATLAB 神经网络应用设计[M]. 北京：科学出版社，2000.

[115] A. W. Minns. Analysis of Experimental Data Using Artificial Neural[C]. 26th IAHR Congress, London,1995：218-223.

[116] Trent R., Moninas A., Gagarin N.. An artificial neural network for computing sediment transport[C]// Proceedings of the 1993 National Conference of Hydraulic Engineering, ASCE, California, 1993, 1：1049-1054.

[117] 窦国仁，王国兵，王向明，等. 黄河小浪底枢纽泥沙研究(报告汇编)[R]. 南京：南京水利科学研究院，1993.

[118] Zhaoyin Wang, Peter Larsen, Wei Xiang. Rheological properties of sediment suspensions and their implications[J]. J. of Hydraulic Research，1994，32(4)：495-516.

[119] Julien P. Y., Lan Y.. Rheology of hyperconcentrations[J]. J. of Hydraulic Engineering，1991，117(3)：346-353.

[120] Major J. J., Pierson T. C.. Debris flow rheology: Experimental analysis of fine-grained slurries[J]. Water Resources Research，1992，28(3)：841-857.

[121] 舒安平. 水流挟沙力公式的验证与评述[J]. 人民黄河，1993(1)：7-9.

[122] 黄才安. 冲积河流泥沙运动基本规律的研究[D]. 南京：河海大学，2004.

[123] 张红武，张清. 黄河水流挟沙力的计算公式[J]. 人民黄河，1992(11)：7-9.

[124] 李昌华. 明渠水流挟沙能力初步研究[J]. 水利水运科学研究，1980(3)：76-83.

[125] 刘继祥，安新代，石春先，等. 小浪底水库初期防洪减淤运用关键技术研究[R]. 郑州：黄河水利委员会勘测规划设计研究院，2002.

[126] 韦直林，谢鉴衡. 黄河一维泥沙数学模型研究[R]. 武汉：武汉水利电力大学河流模拟教研室，1993.

[127] 惠遇甲. 黄河小浪底水库修建后下游河道的断面河相关系[C]//第二届全国泥沙基本理论研究学术讨论会论文集. 北京：中国建材工业出版社，1995.

[128] 张仁，谢树楠，宋根培，等. 黄河下游河相关系[C]//黄河流域环境演变与水沙运动规律研究文集，第三集. 北京：地质出版社，1992.

[129] 徐士良. FORTRAN 常用算法程序集[M]. 2 版. 北京：清华大学出版社，1995.

[130] 王国兵，于为信，王向明，等. 河床形态的试验研究[R]. 南京：南京水利科学研究院河港研究所，1994.

[131] 陈雄波，王国兵. 高含沙河流河床形态的研究[J]. 水利水运科学研究，1998(1)：82-89.

[132] 汪德爟. 计算水力学理论与应用[M]. 南京：河海大学出版社，1989.

[133] Rodi W.. Turbulence models and their application in hydraulics[J]. IAHR,1980.

[134] 钱宁. 高含沙水流运动[M]. 北京：清华大学出版社，1989.

[135] 夏云峰，陈雄波. 挖入式港池回流概化模型试验及数值模拟[R]. 南京：南京水利科学研究院，1999.

[136] 陈雄波，邓柳言，孔凡哲，等. 邕宁邕江铁路大桥对行洪影响的分析[D]. 南京：河海大学，2002.

[137] 叶坚，单芳芳. 水电站坝区的水沙数学模型[R]. 南京：南京水利科学研究院河港研究所，1994.
[138] 南京水利科学研究所. 1958~1962 年研究报告汇编(河港分册)[R]. 南京：南京水利科学研究所，1962.
[139] Van Rijn L. C.. Mathematics modeling of suspended sediment in non-uniform flows[J]. J. of Hydraulic Engineering，1986，112(6)：435-455.
[140] Celik I., Rodi W.. Modeling suspended sediment transport in non-equilibrium situations[J]. J. of Hydraulic Engineering，1988，114(8)：1157-1191.
[141] Sylvain O. Bnoit，et al. Modeling non-cohesive suspended sediment transport in 2-D vertical free surface flows[J]. J. of Hydraulic Research，1996，34(2)：219-236.
[142] Van Rijn L. C.. Sediment transport, Part Ⅲ: Bed forms and alluvial roughness[J], J. of Hydraulic Engineering，1984，110(12)：1733-1754.
[143] 陶文铨. 数值传热学[M]. 2 版. 西安：西安交通大学出版社，2001.
[144] 韩其为，何明民. 论非均匀悬移质二维不平衡输沙方程及其边界条件[J]. 水利学报，1997(1)：1-10.
[145] Wang S. Y., Jia Y.. Computational modeling and hydroscience research, Advances in Hydro-Science and Engineering[C]// Proceedings of 2nd International Conference on Hydro-Science and Engineering, Tsinghua University Press,1995：2147-2157.
[146] 谭维炎. 计算浅水动力学[M]. 北京：清华大学出版社，1998.
[147] 陶文铨. 计算传热学的近代进展[M]. 北京：科学出版社，2000.
[148] Patankar. Numerical heat transfer and fluid flow[M]. Hemisphere, Washington D. C., 1980.
[149] 姚爱峰. 开敞水域挖槽水流数值模拟[D]. 南京：河海大学，1997.
[150] 刘超群. 多重网格及其在计算流体力学中的应用[M]. 北京：清华大学出版社，1997.
[151] 周思平. 三维含自由水面紊流流动的数值模拟——HH-SIMPLE 方法[D]. 南京：河海大学，1989.
[152] N. L. Coleman. Velocity profiles with suspended sediment[J]. J. of Hydraulic Research，1981，19(3)：211-229.
[153] 张远军. 流体力学大全[M]. 北京：北京航空航天大学出版社，1991.
[154] D. Naot, W. Rodi. Calculation of secondary currents in channel flow[J]. J. of the Hydraulics Division,ASCE，1982，108(8)：948-969.
[155] Speziale C. G.. On non-linear k-λ and k-ε model of turbulence[J]. J. of Fluid Mechanics，1987，178：459-475.
[156] Akihiro Tominaga, Iehisa Nezu. Turbulent structure in compound open channel flows[J]. J. of Hydraulic Engineering，1991，117(1)：21-41.
[157] Wang Z. B., Ribberink J. S. The validity of a depth-integrated model for suspended sediment transport[J]. J. of Hydraulic Research，1986，24(1)：53-66.
[158] 刘青泉. 盲肠河段回流区及主回流过渡区的水沙运动规律[D]. 武汉：武汉水利电力大学，1993.
[159] 陈雄波，唐洪武. 潮汐河段挖入式港池淤积的动力机制分析[J]. 水运工程，2002(11)：6-9.
[160] 黄才安，周济人，张瑾，等. 均匀沙床面动床阻力计算的人工神经网络模型[J]. 水利学报，2009，40(11)：1351-1356.

[161] 钟德钰，张红武，张俊华，等. 游荡型河流的平面二维水沙数学模型[J]. 水利学报，2009，40(9)：1040-1047.
[162] 王兴奎，Asim M.，王龙，等. 明渠浅水回流区泥沙淤积的试验研究[J]. 水力发电学报，2009，28(4)：149-153.
[163] 朱军敏. 象山港三维潮流特性的数值模拟[J]. 水力发电学报，2009，28(3)：145-151.
[164] 刘晓放，彭文启，刘静玲，等. 基于 POM 模式的感潮河段三维水动力模拟[J]. 水力发电学报，2009，28(1)：89-94.
[165] 假冬冬，邵学军，王虹，等. 考虑河岸变形的三维水沙数值模拟研究[J]. 水科学进展，2009，20(3)：311-317.
[166] 假冬冬，邵学军，周刚，等. 弯道三维水沙数值模拟中推移质输移方向的选取[J]. 水动力学研究与进展(A 辑)，2008，23(5)：546-553.
[167] 吴挺峰，罗潋葱，崔广柏. 河流型水库垂向二维水沙数学模拟[J]. 水科学进展，2009，20(2)：215-221.
[168] 余明辉，吴腾，杨国录. 剖面二维水沙数学模型及其初步应用[J]. 水力发电学报，2009，25(4)：66-69.
[169] 郜国明. 黄河治理人工智能体系设想[J]. 人民黄河，2002(1)：3-4.
[170] 郜国明，刘继祥，等. 人工神经网络理论在小浪底水库运用方式研究中的应用[J]. 人民黄河，2000(8).
[171] 姚文艺，郜国明，等. 黄河下游洪水冲淤相对平衡的分组含沙量阈值探讨[J]. 水科学进展，2008，19(4)：467-473.